高等学校计算机基础教育教材

MS Office
办公自动化高级应用

李淑梅 主　编
英昌盛 侯锟 罗琳 王晓宇 副主编

清華大學出版社
北　京

内 容 简 介

本书旨在帮助学生掌握图文混排、复杂表格处理、演示文稿制作等学习和工作必需的办公软件应用技能，提升工作岗位竞争力。

本书主要内容包括计算机基础知识、Word 2016 基础、Word 2016 高级应用、Excel 2016 基础、Excel 2016 高级应用、PowerPoint 2016 基础和 PowerPoint 2016 高级应用。书中配有大量案例，并融入思政元素，注重学生实践能力的培养。

全书内容丰富，结构清晰，语言简洁，通俗易懂，适合作为普通高等学校计算机通识课程的教材，也可作为全国计算机等级考试二级 MS Office 高级应用的应试教材和参考用书。

图书在版编目（CIP）数据

MS Office办公自动化高级应用 / 李淑梅主编. —北京：清华大学出版社，2023.8
高等学校计算机基础教育教材
ISBN 978-7-302-64133-9

Ⅰ. ①M… Ⅱ. ①李… Ⅲ. ①办公自动化－应用软件－高等学校－教材 Ⅳ. ①TP317.1

中国国家版本馆CIP数据核字（2023）第131334号

责任编辑：袁勤勇
封面设计：常雪影
责任校对：韩天竹
责任印制：曹婉颖

出版发行：清华大学出版社
网　　址：http://www.tup.com.cn, http://www.wqbook.com
地　　址：北京清华大学学研大厦 A 座　　邮　　编：100084
社 总 机：010-83470000　　邮　　购：010-62786544
投稿与读者服务：010-62776969，c-service@tup.tsinghua.edu.cn
质 量 反 馈：010-62772015，zhiliang@tup.tsinghua.edu.cn
课 件 下 载：http://www.tup.com.cn,010-83470236
印 装 者：三河市铭诚印务有限公司
经　　销：全国新华书店
开　　本：185mm×260mm　　印　　张：14.5　　字　　数：353 千字
版　　次：2023 年 8 月第 1 版　　印　　次：2023 年 8 月第 1 次印刷
定　　价：48.00 元

产品编号：098932-01

前　言

深入实施科教兴国战略，为国家培养造就大批德才兼备的高素质人才是高等学校义不容辞的责任。党的二十大报告关于加快建设数字中国的系列部署，提出加快数字社会建设，要求各行各业应不断提升数字化、信息化水平。这对新时代的大学生提出了更高的要求。

数字技术的发展日新月异，对每个学生而言，拥有熟练的办公自动化能力，不仅可以从容应对平时的学习、工作，而且能够在未来的岗位竞争中更具优势。为帮助学生更好地掌握办公软件应用技能，帮助考生顺利通过全国计算机等级考试（二级），编者结合多年在吉林师范大学的教学实践和等级考试辅导经验，依据教育部考试中心最新颁布的全国计算机等级考试（二级 MS Office 高级应用与设计）的考试大纲编写了本书。

全书以全国计算机等级考试（二级 MS Office 高级应用与设计）考点为主线，突出“课程思政”的引领作用，以“理论结合实践，学以致用”为原则，在重视理论知识的同时，强调实践能力的养成。本书主要内容包括计算机基础知识、Word 2016 基础、Word 2016 高级应用、Excel 2016 基础、Excel 2016 高级应用、PowerPoint 2016 基础和 PowerPoint 2016 高级应用，旨在帮助学生掌握文字处理、图文混排、长文档编辑、表格处理、数据计算分析、图表运用、演示文稿的设计与制作等学习和工作中所必备的办公软件应用技能，提升学生在未来工作中的岗位竞争力，同时有助于提高计算机等级考试过级率。

本书编者均为吉林师范大学数学与计算机学院从事一线教学工作的教师，具有丰富的教学实践经验。本书的第 1 章由英昌盛编写，第 2、3 章由侯锟编写，第 4、5 章由李淑梅编写，第 6、7 章由罗琳编写。全书由李淑梅统稿，由王晓宇校对。本书由吉林师范大学教材出版基金资助。

由于编者水平有限，书中难免存在不足之处，恳请广大读者批评指正。

编者

2023 年 6 月

目　录

第 1 章

计算机基础知识

计算机系统的硬件系统和软件系统相辅相成，只有了解计算机硬件系统中各个部件的基本工作原理及计算机的存储体系，才能理解现实世界中的数据如何映射到计算机系统中，才能掌握信息在计算机中的表示与存储，从而为办公自动化奠定基础。

本章主要介绍办公自动化所需要的计算机基础知识，具体包括计算机系统中各个部件及其功能、数据的抽象与三级存储体系、计算机中信息的表示与存储。

1.1 计算机系统概述

计算机系统由硬件系统和软件系统两部分组成。硬件系统是计算机进行工作的物质基础；软件系统是指在硬件系统上运行的各种程序及有关资料，用以管理和维护计算机，方便用户使用计算机，使计算机系统更好地发挥作用。计算机的硬件系统与软件系统相辅相成、不可分割：硬件系统相当于计算机的“躯体”，而软件系统则相当于计算机的“灵魂”；没有软件系统支持的计算机称为“裸机”，空有躯壳而无用武之力；失去了硬件系统的支持，软件系统就成了无源之水、无本之木，无法完成既定的计算任务。

计算机硬件是计算机系统中所有实体部件的统称，包括中央处理器（Central Processing Unit，CPU）、内存（Random Access Memory，RAM）、存储设备、输入设备、输出设备和通信设备等。这些部件之间通过主板连接在一起，通过电源来提供动力。部件间连接示意如图 1.1 所示。

软件是程序、程序运行所需要的数据以及与程序相关的文档资料的集合。其中，程序是一系列有序的指令集合。计算机自动而连续地完成预定的操作，就是特定程序运行的结果。计算机程序通常由计算机语言来编制，编制程序的工作称为“程序设计”。对程序进行描述的文本称为“文档”。因为程序是用抽象化的计算机语言编写的，非专业人员很难看懂，所以就需要用自然语言来对程序进行解释说明，形成程序的文档。

计算机的软件系统可以分为系统软件和应用软件两大部分。系统软件能够管理、监控和维护计算机资源，其核心部分是支持计算机正常高效工作的程序及相关数据的集合，包括操作系统、各种程序设计语言及其解释程序和编译程序、各种服务性程序（如监控管理程序、调试程序、故障检查和诊断程序）等。应用软件是为了解决用户的各种问题而编制的程序及相关资料的集合，因此应用软件都是针对某一特定问题或某一特定需要而编制的软件，如各种文字处理软件、财务软件、统计软件、科学计算软件、人事管理软件等。

图 1.1　硬件系统连接示意图

将各个部件置于主机箱中相应位置，固定并连接好之后接通电源，计算机才算真正“活”起来。而安装完操作系统等系统软件，再安装好与业务需求相关的应用软件之后，计算机才真正具备了为用户处理数据和解决问题的能力。

1.1.1　中央处理器

CPU 是计算机的“大脑”，负责从内存中读取指令并执行，是计算机系统的运算和控制核心，计算机中绝大部分工作都需要由 CPU 来处理。CPU 通常由控制单元和算术逻辑运算单元（Arithmetic Logic Unit，ALU）构成。控制单元负责控制和协调各个部件，是控制指挥中心，由指令寄存器、程序计数器和操作控制器 3 个部件组成。ALU 的功能是完成算术运算和逻辑运算。

CPU 基于单晶硅制造，从电子管到晶体管，再到大规模集成电路，制程越来越小、集成度越来越高、处理能力也越来越强，几百平方毫米的芯片上集成了上亿的晶体管。例如，Intel 公司生产的 i7 4770K CPU 制程为 22 纳米，拥有 4 核心，集成了约 14 亿个晶体管，芯片尺寸约为 37.5mm×37.5mm，其外观及局部放大图如图 1.2 所示。

（a）外观

（b）局部放大图

图 1.2　Intel i7 4770K CPU 外观及局部放大图

衡量 CPU 的重要指标是时钟频率，单位为赫兹（Hz）。生产商一直在致力于提高 CPU 的时钟频率，早期 Intel 8086 处理器的主频为 4.77 MHz，而今 Intel 的 i7 4770K 处理器的单核心时钟频率已达到 3.5GHz。常用的时钟频率分别为赫兹、千赫兹、兆赫兹和吉赫兹，各单位之间的换算关系为：1kHz=1000Hz、1MHz=1000kHz、1GHz=1000MHz。

1.1.2　内存

RAM 用于临时存储程序运行时相关的指令和数据，是 CPU 与硬盘等外部存储设备进行沟通的桥梁，相当于“办公桌”。关闭计算机电源，内存中的数据就会失效。指令和数据在计算机中以二进制形式进行存储，二进制的基数为 2，数值只能取 0 或 1。RAM 在硬件上由各种门电路构成的元器件实现，一个元器件可表示 0 或 1 两种状态，称为 1 个 bit（也称“位”，用字母 b 表示）。为了提高数据存取效率，以 8 位为一组（也称“字节”，Byte）对数据存取与传输。字节是计算机中表示数据大小的基本单位，通常用大写字母 B 表示。

1．常用存储单位

除了字节外，计算机中常用 KB、MB、GB、TB 等来表示数据大小的计量单位，这些单位以倍数 2^{10}=1024 依次递增，具体换算关系如下。

1Byte = 8 bit　　　　1KB = 1024Byte = 2^{10}B

1MB = 1024KB = 2^{20}B　　　　1GB = 1024MB = 2^{30}B

1TB = 1024GB = 2^{40}B　　　　1PB = 1024TB = 2^{50}B

1EB = 1024PB = 2^{60}B

字也称为“字长”，是处理器在一次操作中可以处理的最大数据量，即能够一次操作的二进制数位的最大长度。字长反映了计算机的计算精度，决定了虚拟地址空间的最大值。对于 32 位字长计算机系统而言，字长限制其虚拟地址空间为 2^{32} B，即 4GB。

2．常用字符编码

数据可以采用不同的编码方式编码成单个字节或多个字节进行存储，最常用的编码方式为 ASCII 编码。ASCII 编码是基于拉丁字母的编码系统，也是现今最通用的单字节编码系统，主要用于英文字符编码。ASCII 编码将字符集中每个字符映射为一个数字，0～31 和 127 是控制字符或通信专用字符；32～126 是字符编码，其中 48～57 为阿拉伯数字 0～9 的编码，65～90 为 26 个大写英文字母，97～122 为 26 个英文小写字母，其余为标点符号及运算符号等字符的编码。ASCII 编码使用 1 字节进行编码，最高位用作奇偶检验位。

使用计算机处理中文时，会涉及中文字符的编码问题。常用的汉字编码方案包括 GB2312 和 GBK 等编码方式。GB2312 使用 2 字节进行编码，字符集中收录了 6763 个常用汉字以及 682 个特殊符号。GB2312 编码（也称“区位码”）对汉字采取分区编码的方式将 7445 个字符组成 94×94 的方阵，方阵中每一行称为一个区、每一列称为一个位，编号变化范围均为 01～94。为了兼容 ASCII 编码，GB2312 采用双字节进行编码，第一字节称为“高字节”对应区码，第二字节称为“低字节”对应位码，存储编码时需要将高字节中的 01～87 分区和低字节中的 01～94 分区的区号加上 0xA0。例如，汉字“啊”的区位码为 1601（区号为 16，位号 01），存储时高字节为 16 + 0xA0 = 0xB0，低字节为 01 + 0xA0 = 0xA1，其 GB2312 编码为 0xB0A1。

其他常用的字符编码方案还包括 GB18030、UTF8、ANSI 和 Latin1 等编码方式，但无论采用哪种编码方式，都要转换为二进制补码在计算机内部存储。

3．内存的线性编址

作为 CPU 与外部存储器间的协调者，内存的根本功能是存储程序运行期间的指令和数据，并根据需求对之进行随机存取。对内存中的指令和数据进行存取时，既需要指定开始操作的内存位置又需要指定待存取的字节数。为了能够唯一标识内存中的每一字节，需要为每字节设定唯一的标识(标识内存中全部存储空间中的各个字节，且各标识间不会重复)，这个唯一标识称为“地址”。线性编址是将所有内存中的字节在逻辑上看作一个“字节串”，为字节串中的每字节从小到大分配唯一序号作为标识。假设当前计算机系统为 32 位，采用 4 字节对内存进行线性编址，地址范围为 0x00000000～0xFFFFFFFF（十六进制，每个数位为 4 位，共 32 位），内存中的第 1 字节地址为 0x00000000，第 2 字节地址为 0x00000001，依此类推，直至最后 1 字节编址完毕。

1.1.3 外部存储设备

计算机的内存通常是指动态内存。由于其物理特性限制，必须有额外的电路进行定时刷新才能保持数据。因此，内存中的数据无法长久保存，当计算机断电后数据就会丢失。为了持久保存代码和数据，需要使用非易失性存储设备。在处理数据时，计算机先将数据从非易失性设备传输到内存中进行处理，处理完毕后再将数据保存回非易失性存储设备。非易失性存储设备根据其存储介质可分为磁介质存储器、光介质存储器和闪存存储器等几类。

1．磁介质存储器

磁介质存储器包括软磁盘（简称“软盘”）、磁带和硬磁盘（简称“硬盘”），如图 1.3 所示。软盘容量非常小，通常只有几十 KB 到几 MB，在计算机发展的初期使用，现在几近绝迹。磁带是“冷”数据最理想的存储介质（热数据是需要被频繁访问的数据，冷数据是很少被访问的归档数据），具有成本低、数据存储时间长等优点，通常作为备份设备使用。硬盘具有存储空间大、价格低、使用寿命长等优点，在个人计算机存储领域占主导地位。

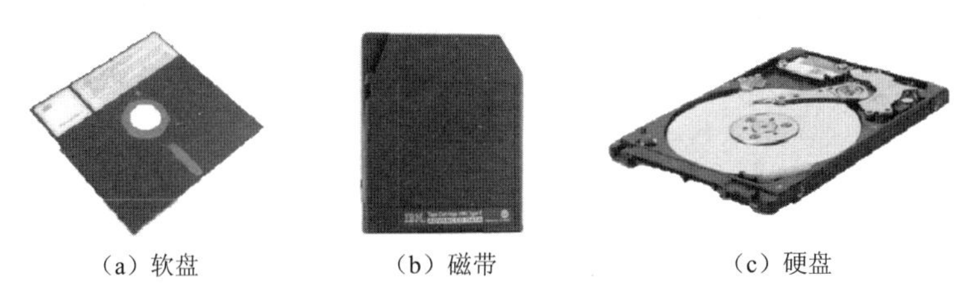

（a）软盘　　（b）磁带　　（c）硬盘

图 1.3　常用磁介质存储器

2．光介质存储器

光介质存储器是以光作为媒介进行信息存储的存储器，具有价格便宜、容量大及可长期保存等优点，包括不可擦写光盘（CD-ROM、DVD-ROM、BD-ROM 等）和可擦写光盘（CD-RW、DVD-RW、BD-RW 等）两大类。

3．闪存存储器

闪存（flash）是电可擦写可编程只读存储器（EEPROM）的变体，能在块存储单位中进行删除和修改，具有功耗小、读写速度快和便携等优点。优盘、SD 卡、TF 卡、固态硬盘等都是闪存存储设备。

1.1.4　输入输出设备

计算机处理数据涉及数据的输入及输出，需要用到输入设备和输出设备。

1．输入设备

输入设备用于将不同类型的原始数据（含指令）输入计算机中，是使用者与计算机进行信息交互的主要装置。常用的输入设备包括键盘、鼠标、扫描仪、读卡器、手写板、摄像头及麦克风等，其中键盘和鼠标最为常用。

2．输出设备

输出设备用于将数据处理的结果以字符、声音、图像等形式呈现给用户。常用的输出设备包括显示器、打印机、绘图仪等，其中显示器和打印机最为常用。

1.1.5　其他设备

除了前述部件之外，计算机还需要声音设备、图形设备和网络设备才能更好地工作。

1．声音设备

声音适配器是计算机多媒体系统中最基本的组成部分，能够实现声音与数字信号间的相互转换。现在大多数计算机都已经在主板上集成了声音适配器，在无特殊需求的情况下不需要额外购买声音适配器。

2．显示设备

显示适配器的主要功能是将待显示的处理结果进行转换，驱动显示设备输出字符、图形或图像。许多主板厂商已经将显示适配器集成到主板上，对于无高端要求的办公应用场景，使用带集成显卡的主板是经济实惠之选。

3．网络设备

常用的网络设备包括网络适配器（也称“网卡”）、集线器、交换机、路由器及调制解调器等。绝大多数主板厂商已经将网络适配器集成到主板上，笔记本计算机的主板还会集成无线网卡，对无特殊需求的家庭用户而言，只需要将计算机通过有线或无线方式与路由器连接，通过网络服务提供商的服务便可访问互联网。

1.1.6 总线

计算机各个功能部件通过主板连接构成一个整体，各部件之间的信息传送需要通过总线来完成。以信息的种类作为划分依据，总线一般可分为数据总线、地址总线和控制总线三大类。数据总线负责传送待处理的数据，地址总线用于指定数据在内存中的存储地址，控制总线则将控制信号传送到各个部件。

主板上，北桥芯片和南桥芯片是两个极为重要的芯片。以 CPU 位置作为参照，北桥芯片靠近 CPU，主要负责与 CPU 的联系并控制内存和 PCI-E 相关的数据传输。南桥芯片负责 PCI、USB、LAN、ATA 等 I/O 总线之间的通信。

1.2 现实世界到计算机世界的抽象与三级存储体系

1.2.1 数据的抽象

现实世界的数据经由计算机加工和处理后再以适当的方式呈现，需要经历多次抽象和分层处理。以拍摄汽车图片为例，从现实世界的汽车到最后计算机输出的汽车图片经历了以下抽象和分层处理过程。

1．获取现实世界数据并转换为设备中的信息表示——第 1 次抽象

在现实世界中，汽车有尺寸、外观、动力及操控等多种属性和行为特征。计算机无法

直接对汽车进行加工和处理来获得照片。因此，只能通过数码相机等数字成像设备对现实世界中的汽车进行抽象，将三维空间中汽车的“不重要”信息压缩掉，转换为数码相机能够表示的二维方式来呈现。

数码相机成像的关键基于 CCD/CMOS 等成像芯片的光电效应。CCD/CMOS 芯片可以获得入射光的光谱信息及其强弱变化，但却无法表示空间信息及物体的行为特性及其他信息。因此，数码相机成像时，只能舍弃这些信息，将三维压缩到二维，用芯片上获取的亮度和光谱特征来表示汽车的信息，这是第 1 次抽象。

2．数据从设备输入计算机——第 2 次抽象

将数码相机获取的带有亮度和颜色的二维信息输入计算机时，涉及采用何种数据结构对之进行描述和存储，这是第 2 次抽象。在计算机中，可能会使用一个颜色索引表、一个与亮度信息匹配的多维数组及一些附加的数据结构来表示数码相机获得的原始图像信息。在计算机中，不同的图像格式需要使用不同的数据结构来表示。

3．数据在计算机中存储——第 3 次抽象

经过图像格式编码后就获得了汽车原始图像信息，要将图像数据存储到计算机中还需要经历从图像信息到计算机内部存储间的第 3 次抽象。无论数据采用何种编码方式，在计算机中都需要使用二进制补码形式存储数据。

4．数据的加工和处理

保存在计算机中的汽车原始图像数据还需要经过亮度调节、尺寸缩放、空间旋转及其他线性或非线性编辑操作及后期处理才能达到预期效果。

5．加工后数据的呈现

经过计算机加工和处理后的汽车图片，可以在显示器上呈现给用户，也可以经过打印机或制图仪输出后呈现给用户。

至此，数据完成了从现实世界到计算机世界，再到现实世界的抽象和分层处理过程，原始数据和处理后的数据具有完全不同的特征。

1.2.2 计算机系统的三级存储体系

计算机系统中与存储相关的部件包括高速缓存（位于 CPU 内部）、内存和外存 3 部分。计算机中几乎所有的任务都需要 CPU 进行处理，CPU 的速度最快，价格也最高。为了实现程序和数据的持久保存，需要将之保存到硬盘等外部存储设备中，这些设备容量大、价格低，但速度慢的缺点也相当明显。为了缓解 CPU 与外存之间的速度差异问题，引入内存作为存储体系的第二级，其速度、价格、容量介于 CPU 与外存之间，可在一定程度上缓解速度差异导致的性能瓶颈问题。同理，为了缓解内存与 CPU 之间速度不匹配的问题，CPU 内部集成了高速缓存，其速度接近 CPU。除了上述三部分内容之外，还有位于 CPU 内部的寄存器和高速缓存。高速缓存分为一级高速缓存、二级高速缓存和三级高速缓存。存储器

的层次结构示意图如图 1.4 所示。

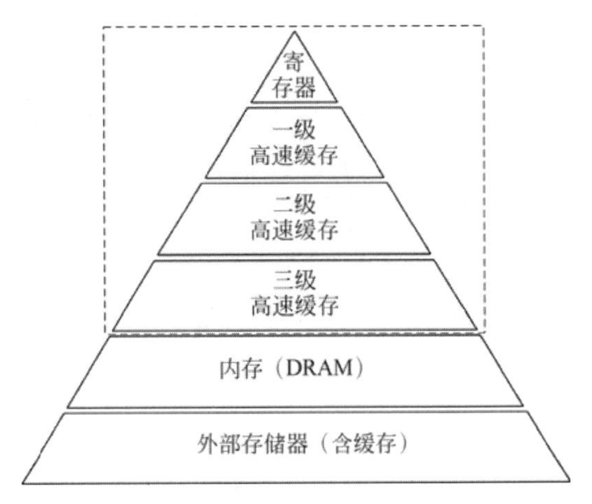

图 1.4　存储器层次结构示意图

为了简化分析，只采用高速缓存、内存和外存三级存储体系来对计算机中程序和数据的处理过程进行描述。执行程序或进行处理数据时，需要先将程序或数据加载到内存，再将之由内存调入高速缓存，然后由 CPU 执行或处理；当 CPU 执行或处理完毕后，先将结果经由高速缓存写回内存，再将内存中的数据保存到硬盘等外部存储设备中。

三级存储体系结构示意如图 1.5 所示。在三级存储体系中进行数据处理时，CPU 和外部存储设备之间不直接联系，内存是 CPU 和外存之间连接的纽带和桥梁，需要进行线性编址。三级存储体系中，CPU 是真正的决策者和执行者，程序和数据只有在高速缓存和内存中才能被执行或处理。外存是数据持久保存的关键，只有在外存中数据才能实现持久保存。

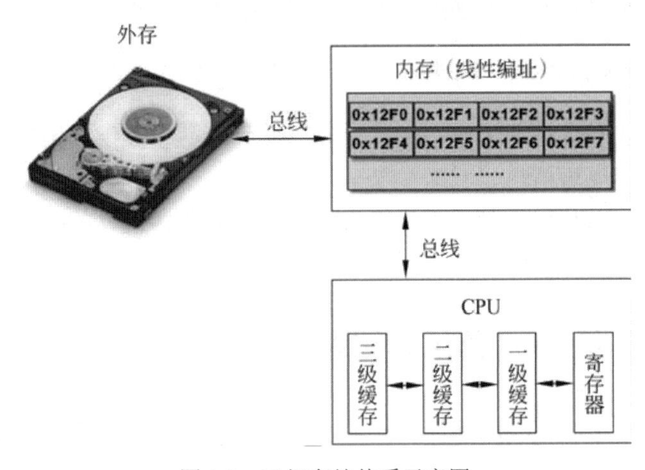

图 1.5　三级存储体系示意图

1.3　信息的表示与存储

计算机是一种信息处理的自动机，可以进行大量的数据运算和数据处理，其所有的数据信息均以数字编码形式表示。诸如数字、字符、声音、图像和视频等各种需要计算机处理的数据，需要经过编码之后才能进行加工和处理。编码方式不同的数据在计算机内部均以二进制补码的形式进行存储。因此掌握与二进制相关的各种数制及其处理和转换规则非常必要。

1.3.1 进位计数制

人类在长期的实践中创造了各种数的表示方法，并把数的表示系统称为“数制”。在进位计数制中，表示数值大小的符号与其所处的位置有关。常用的进位计数制包括十进制、六十进制（如时钟）、七进制（如星期）、十二进制（如农历）、二十四进制（如节气）等。计算机中常用的进位计数制主要有十进制、二进制、八进制和十六进制。

1. 十进制数

十进制数有两个主要特点：①有 10 个不同的数字符号，即 0，1，2，…，9；②采用“逢十进一”的进位原则。

同一个数字符号在不同位置所代表的数值含义不同。在 999.99 中，小数点左侧第 1 位的 9 代表个位，就是数值 9，或写成 9×10^0；小数点左侧第 2 位的 9 代表十位，值为 9×10^1；小数点左侧第 3 位的 9 代表百位，值为 9×10^2；小数点右侧第 1 位的 9 代表十分位，值为 9×10^{-1}；小数点右侧第 2 位的 9 代表百分位，值为 9×10^{-2}。因此，十进制数 999.99 可以写成 $999.99=9\times10^2+9\times10^1+9\times10^0+9\times10^{-1}+9\times10^{-2}$。

一般来说，任意一个十进制数 $D = d_{n-1}d_{n-2}\cdots d_1d_0.d_{-1}\ \cdots\ d_{-m}$ 都可以表示为：

$$D = d_{n-1}\times10^{n-1}+d_{n-2}\times10^{n-2}+\cdots+d_1\times10^1+d_0\times10^0+d_{-1}\times10^{-1}+\cdots+d_{-m}\times10^{-m} \quad (1\text{-}1)$$

式 1-1 称为十进制数的按权展开式，其中 $d_i\times10^i$ 中的 i 表示数的第 i 位；d_i 表示第 i 位的数码，可以是 0～9 中的任一个数字，由具体的 D 确定；10^i 称为第 i 位的权，数位不同其权的大小也不同，表示的数值也就不同；m 和 n 为正整数，n 为小数点左面的位数，m 为小数点右面的位数；10 为可用符号的总数，也称其为“基数”。

2. 二进制数

与十进制数类似，二进制数的两个主要特点为：①有两个不同的数字符号，即 0、1；②采用“逢二进一”的进位原则。

与十进制相同，二进制中同一数字符号在不同的位置所代表的数值含义不同。二进制数 1101.11 可以写成 $1101.11=1\times2^3+1\times2^2+0\times2^1+1\times2^0+1\times2^{-1}+1\times2^{-2}$。

一般来说，任意一个二进制数 $B =b_{n-1}b_{n-2}\cdots b_1b_0.b_{-1}\cdots b_{-m}$ 都可以表示为：

$$B = b_{n-1}\times2^{n-1}+b_{n-2}\times2^{n-2}+\cdots+b_1\times2^1+b_0\times2^0+b_{-1}\times2^{-1}+\cdots+b_{-m}\times2^{-m} \quad (1\text{-}2)$$

式 1-2 称为二进制数的按权展开式，其中 $b_i\times2^i$ 中的 b_i 只能取 0 或 1，由具体的 B 确定；2^i 称为第 i 位的权；m、n 为正整数，n 为小数点左面的位数，m 为小数点右面的位数；2 是计数制的基数。十进制数与二进制数的对应关系见表 1.1。

表 1.1　十进制数与二进制数的对应关系

十进制数	二进制数	十进制数	二进制数
0	0	5	101
1	1	6	110
2	10	7	111
3	11	8	1000
4	100	9	1001

3．八进制数和十六进制数

八进制数的基数为 8，使用 8 个数字符号（0，1，2，…，7），采用“逢八进一，借一当八”的原则。任意一个八进制数 $Q = q_{n-1}q_{n-2}\cdots q_1q_0.q_{-1}\cdots q_{-m}$ 均可表示为：

$$Q = q_{n-1}\times 8^{n-1}+q_{n-2}\times 8^{n-2}+\cdots+q_1\times 8^1+q_0\times 8^0+q_{-1}\times 8^{-1}+\cdots+q_{-m}\times 8^{-m} \quad (1\text{-}3)$$

十六进制数的基数为 16，使用 16 个数字符号（0，1，2，…，9，A，B，C，D，E，F），采用“逢十六进一，借一当十六”的原则。任意一个十六进制数 $H = h_{n-1}h_{n-2}\cdots h_1h_0.h_{-1}\cdots h_{-m}$ 均可表示为：

$$H = h_{n-1}\times 16^{n-1}+h_{n-2}\times 16^{n-2}+\cdots+h_1\times 16^1+h_0\times 16^0+h_{-1}\times 16^{-1}+\cdots+h_{-m}\times 16^{-m} \quad (1\text{-}4)$$

4．进位计数制的基本概念

若 j 代表某进制的基数，k_i 表示第 i 位数的符号，则 j 进制数 N 均可表示为：

$$N = k_{n-1}\times j^{n-1}+k_{n-2}\times j^{n-2}+\cdots+k_1\times j^1+k_0\times j^0+k_{-1}\times j^{-1}+\cdots+k_{-m}\times j^{-m} \quad (1\text{-}5)$$

式 1-5 称为 j 进制的按权展开式，其中，$k_i \times j^i$ 中的 k_i 可取 0～$j-1$ 的值，取决于 N；j^i 称为第 i 位的权；m 和 n 为正整数，n 为小数点左面的位数，m 为小数点右面的位数。

1.3.2　数制间的转换

数制间转换的实质是进行基数的转换。不同数制间的转换依据如下规则进行。如果两个有理数相等，则两数的整数部分和小数部分一定分别相等。

1．二进制数转换为十进制数

二进制数转换为十进制数的方法：根据有理数的按权展开式，将各数位的权与数位值的乘积项相加，其和便是相应的十进制。通常将待处理的数用小括号括起来，在括号外右下角加一个下标以表示数制。

【例 1-1】 求$(110111.101)_2$的等值十进制数。

$$\begin{aligned}(110111.101)_2 &= 1\times 2^5+1\times 2^4+0\times 2^3+1\times 2^2+1\times 2^1+1\times 2^0+1\times 2^{-1}+0\times 2^{-2}+1\times 2^{-3}\\ &= 32+16+4+2+1+0.5+0.125\\ &=(55.625)_{10}\end{aligned}$$

2. 十进制数转换为二进制数

十进制整数转换为二进制整数的方法称为“除 2 取余法”，具体过程为：用 2 不断地去除要转换的十进制数，直至商为 0；每次的余数为二进制数码，最初得到的为整数的最低位 b_0，最后得到的是 b_{n-1}。“除 2 取余法”的本质就是设法寻找十进制数对应的一种二进制组合，获得二进制数的按权展开式 1-2 中的系数 $b_{n-1},b_{n-2},\cdots,b_1,b_0,b_{-1},\cdots,b_{-m}$。

假设有一个十进制整数 215，根据二进制的定义，可列出如下等式：

$$(215)_{10}=b_{n-1}\times2^{n-1}+b_{n-2}\times2^{n-2}+\cdots+b_1\times2^1+b_0\times2^0$$

显然，上式右侧除了最后一项 b_0 以外，其他各项都包含有 2 的因子，都能被 2 除尽。因此，若用 2 作除数，去除十进制数$(215)_{10}$，则它的余数必然为 b_0，且 b_0=1，并有：

$$(107)_{10}=b_{n-1}\times2^{n-2}+b_{n-2}\times2^{n-3}+\cdots+b_2\times2^1+b_1$$

同理，上式右侧除最后一项 b_1 外，其他各项都含有 2 的因子，都能被 2 除尽。因此，用 2 作除数，去除$(107)_{10}$可得余数 b_1=1。

依此类推，直至商为 0，就可得到 $b_{n-1}, b_{n-2}, \cdots, b_1, b_0$ 的值。整个过程如图 1.6 所示。

除数	被除数	余数	
2	215	1	…… 最低位
2	107	1	
2	53	1	
2	26	0	
2	13	1	
2	6	0	
2	3	1	
2	1	1	…… 最高位
	0		

图 1.6 十进制数转换为二进制数的过程

逆向取各位余数进行组合，可得$(215)_{10}=(11010111)_2$。

十进制纯小数转换为二进制小数的方法称为“乘 2 取整法”，具体过程为：不断用 2 去乘要转换的十进制小数，将每次所得的整数（0 或 1）依次记为 b_{-1}，b_{-2}，…，b_{-m+1}，b_{-m}。转换过程应注意以下两点。

（1）若乘积的小数部分最后能为 0，那么最后一次乘积的整数部分记为 b_{-m}，则 $0.b_{-1}b_{-2}\cdots b_{-m}$ 即为十进制小数的二进制表达式。

（2）若乘积的小数部分永不为 0，表明十进制小数不能用有限位的二进制小数精确表示，则可根据精度要求取 m 位而得到十进制小数的二进制近似表达式。

假设十进制小数 0.6875 需转换成二进制数，根据二进制小数的定义可表示为

$$(0.6875)_{10}=b_{-1}\times2^{-1}+b_{-2}\times2^{-2}+\cdots+b_{-m+1}\times2^{-m+1}+b_{-m}\times2^{-m}$$

将上式两侧均乘以 2，得$(1.375)_{10}=b_{-1}+b_{-2}\times2^{-1}+\cdots+b_{-m+1}\times2^{-m+2}+b_{-m}\times2^{-m+1}$。

显然等式右侧括号内的数小于 1（乘以 2 以前是小于 0.5 的），两个数相等，必定是整数部分和小数部分分别相等，因此有 b_{-1}=1。将等式两侧同时减去 1 后变为：

$$(0.375)_{10}=b_{-2}\times2^{-1}+b_{-3}\times2^{-2}+\cdots+b_{-m+1}\times2^{-m+2}+b_{-m}\times2^{-m+1}$$

将上式两侧均乘以 2，得$(0.75)_{10}=b_{-2}+b_{-3}\times2^{-1}+\cdots+b_{-m+1}\times2^{-m+3}+b_{-m}\times2^{-m+2}$，于是有 b_{-2}=0。

依此类推，直至乘积的小数部分为 0 或达到需要的数据精度时，逐个合并各数位 b_{-1}，b_{-2}，…，b_{-m+1}，b_{-m} 可获得转换结果$(0.6875)_{10}=(0.1011)_2$。整个求解过程如图 1.7 所示。

计算	取整数部分
0.6875	
× 2	
1.3750	$b_{-1}=1$ —— 最高位
0.375	
× 2	
0.7500	$b_{-2}=0$
× 2	
1.50	$b_{-3}=1$
0.5	
× 2	
1.0	$b_{-4}=1$ —— 最低位

图 1.7　小数转换过程

混合小数只需要分别将整数部分和小数部分转换为相应的二进制数，然后将转换后的结果相加即为转换后的结果。

3．十进制数与 *J* 制数之间的相互转换

与十进制数和二进制数间的相互转换方法相同，十进制数与 *J* 进制数间的相互转换只需要将对应的二进制数替换为 *J* 进制数，然后再进行相应的转换即可。

【例 1-2】 分别求出$(155.65)_8$和$(234)_8$的十进制数表示。

$$
\begin{aligned}
(155.65)_8&=1\times8^2+5\times8^1+5\times8^0+6\times8^{-1}+5\times8^{-2}\\
&=64+40+5+0.75+0.078125\\
&=109+0.828125\\
&=(109.828\ 125)_{10}
\end{aligned}
$$

$$
\begin{aligned}
(234)_8&=2\times8^2+3\times8^1+4\times8^0\\
&=128+24+4\\
&=(156)_{10}
\end{aligned}
$$

【例 1-3】 求$(125)_{10}$的八进制数表示。

计算十进制整数转换为八进制整数时，按“除 8 取余”的方法得$(125)_{10}=(175)_8$。

【例 1-4】 求$(12.A)_{16}$的十进制表示。

$$(12.A)_{16}=1\times16^1+2\times16^0+10\times16^{-1}=(18.625)_{10}$$

十进制数转换为十六进制数，同样是对其整数部分按“除 16 取余”的方法，小数部分按“乘 16 取整”的方法进行转换。

【例 1-5】 求$(30.75)_{10}$的十六进制表示。

$$(30.75)_{10}=(1E.C)_{16}$$

4．二进制数与八进制数、十六进制数间的转换

为了便于二进制数的阅读和显示，计算机中常使用八进制或十六进制的形式表示等价二进制数。

实现八进制数、十六进制数与二进制数的转换很方便。因为 $2^3=8$，所以 1 位八进制数

恰好等于 3 位二进制数。同样，因为 $2^4=16$，所以 1 位十六进制数可表示成 4 位二进制数。

把二进制整数转换为八进制数（十六进制）时，首先从最低位开始，向左每 3 位（4 位）设为一个分组，不足 3 位（4 位）时前面用 0 补足，然后按表 1.2 中的对应关系将每 3 位（4 位）二进制数用相应的八进制（十六进制）数替换，即为所求的八进制（十六进制）数。

表 1.2　十进制、二进制、八进制、十六进制数间的对应关系

十进制	0	1	2	3	4	5	6	7	8	9	10	11	12	13	14	15
二进制	0	1	10	11	100	101	110	111	1000	1001	1010	1011	1100	1101	1110	1111
八进制	0	1	2	3	4	5	6	7	10	11	12	13	14	15	16	17
十六进制	0	1	2	3	4	5	6	7	8	9	A	B	C	D	E	F

【例 1-6】 求$(11101100111)_2$的等值八进制数。

按 3 位分组，得

011　101　100　111
↓　↓　↓　↓
3　5　4　7

因此，$(11101100111)_2=(3547)_8$。

对二进制小数进行转换时，则首先要从小数点开始向右每 3 位（4 位）设为一个分组，不足 3 位（4 位）的在后面补 0，然后写出对应的八进制（十六进制）数即为所求的八进制（十六进制）数。

【例 1-7】 求$(0.01001111)_2$的等值八进制数。

按 3 位分组，得

0.010　011　110
↓　↓　↓
2　3　6

因此，$(0.01001111)_2=(0.236)_8$。

由例 1-6 和 1-7 可得到等式$(11101100111.01001111)_2=(3547.236)_8$。

【例 1-8】 将二进制数$(1011111.01101)_2$转换成十六进制数。

按 4 位分组，得

0101　1111　.　0110　1000
↓　↓　　↓　↓
5　F　　6　8

因此，$(1011111.01101)_2=(5F.68)_{16}$。

将八进制（十六进制）数转换成二进制数，只要将上述转换过程逆过来，即把每 1 位八进制（十六进制）数用所对应的 3 位（4 位）二进制替换，就可完成转换。

【例 1-9】 将十六进制数$(D57.7A5)_{16}$转换为二进制数。

1 位十六进制数对应 4 位二进制数，得

D　5　7　.　7　A　5
↓　↓　↓　　↓　↓　↓
1101　0101　0111　.　0111　1010　0101

因此，$(D57.7A5)_{16}=(110101010111.011110100101)_2$。

【例 1-10】 分别求$(17.721)_8$和$(623.56)_8$的二进制表示。

1 位八进制数对应 3 位二进制数，得

$$\begin{array}{ccccccc} 1 & 7 & . & 7 & 2 & 1 \\ \downarrow & \downarrow & & \downarrow & \downarrow & \downarrow \\ 001 & 111 & . & 111 & 010 & 001 \end{array}$$

因此，$(17.721)_8=(1111.111010001)_2$。

$$\begin{array}{cccccc} 6 & 2 & 3 & . & 5 & 6 \\ \downarrow & \downarrow & \downarrow & & \downarrow & \downarrow \\ 110 & 010 & 011 & . & 101 & 110 \end{array}$$

因此，$(623.56)_8=(110010011.10111)_2$。

习 题 演 练

1．在下列存储器中，存取速度最快的是（　　）。

A．软盘　　B．光盘　　C．硬盘　　D．内存

2．通常计算机系统是指（　　）。

A．主机和外设　　B．软件

C．Windows　　D．硬件系统和软件系统

3．微型计算机系统中存储容量最大的部件是（　　）。

A．硬盘　　B．内存　　C．高速缓存　　D．光盘

4．计算机硬件系统主要由（　　）、存储器、输入设备和输出设备等部件构成。

A．硬盘　　B．声卡　　C．运算器　　D．CPU

5．CPU 的中文含义是（　　）。

A．运算器　　B．控制器　　C．中央处理器　　D．主机

6．（　　）设备分别属于输入设备、输出设备和存储设备。

A．CRT、CPU、ROM　　B．磁盘、鼠标、键盘

C．鼠标、绘图仪、光盘　　D．磁盘、磁带、键盘

7．在表示存储器容量时，1M 的准确含义是（　　）。

A．1024B　　B．1024KB　　C．1000B　　D．1000KB

8．所谓“裸机”是指（　　）。

A．单片机　　B．没装任何软件的计算机

C．单板机　　D．只装备操作系统的计算机

9．十六进制数 5C 对应的十进制数为（　　）。

A．92　　B．93　　C．75　　D．90

10．将十进制数 178 转换为八进制表示是（　　）。

A．259　　B．268　　C．269　　D．262

11．ASCII 码是一种字符编码，常用（　　）位码。

A．7　　B．8　　C．15　　D．16

12．十六进制数 365 对应的八进制数为（　　）。

A．3022　　B．1702　　C．1545　　D．3072

13．一个字节由 8 位二进制数组成，其最大容纳的十进制数是（　　）。

A．256　　B．255　　C．128　　D．127

14．二进制数 10101100 转换为八进制数为（　　）。

A．254　　B．167　　C．160　　D．264

15．将十六进制数 1AD 转换为二进制数为（　　）。

A．000110101101　　B．100010101010　　C．001111001100　　D．101010100101

第2章

Word 2016 基础

Word 2016 是 Microsoft 公司推出的 Office 2016 套装软件的一个重要组成部分，它集成了文字编辑、表格制作、图文混排、文档管理等多项功能，可帮助用户创建和共享具有专业外观的文档，具有操作简单、易学易用、功能强大等优点，是当今流行的文字处理软件。

本章主要介绍 Word 2016 的基础知识，包括 Word 2016 工作界面的组成、文档的创建与编辑、文档格式化、多窗口和多文档的编辑，以及文档视图的使用。

2.1 Word 2016 概述

2.1.1 Word 2016 工作界面

启动 Word 2016，打开 Word 2016 的工作界面，如图 2.1 所示。窗口由标题栏、快速访问工具栏、选项卡、功能区、文档编辑区等部分组成。

图 2.1 Word 2016 窗口构成

1. 快速访问工具栏

Word 2016 的快速访问工具栏包括各种常用工具和自定义工具，用于快速访问频繁使用的工具。

2. 标题栏

标题栏显示当前文档名和应用程序名称。若文档已保存，则标题栏显示完整的文件名。

3. 文件选项卡

Word 2016 的文件选项卡为用户提供了一组文件操作命令，如“信息”“新建”“打开”“保存”“另存为”“打印”“选项”等，如图 2.2 所示。

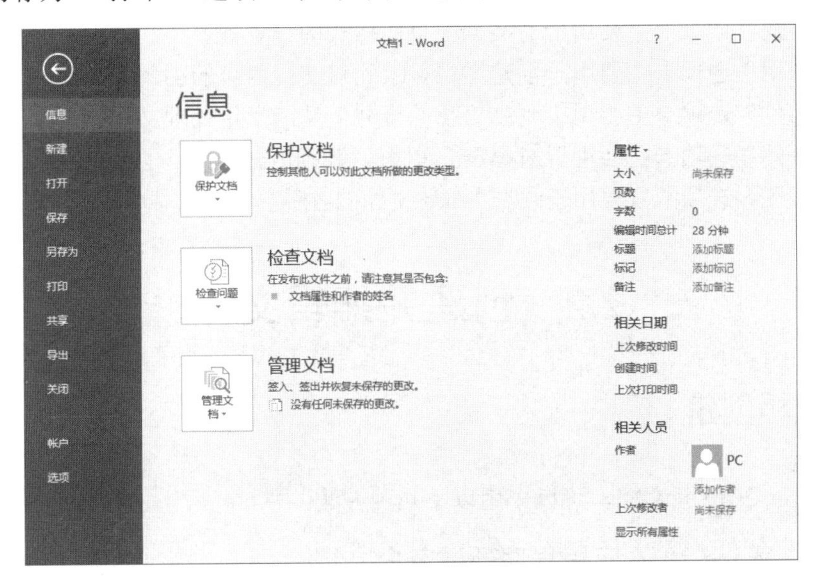

图 2.2　文件选项卡

4. 选项卡及其功能区

选项卡显示功能区的命令按钮和命令，Word 2016 应用界面除了包含“开始”“插入”“设计”“布局”“引用”“邮件”“审阅”“视图”8 个标准选项卡外，还包含一些上下文选项卡。功能区以分组形式进行管理，称为“功能组”。

5. 文档编辑区

文档编辑区是完成文字录入、编辑排版等操作的区域。

6. 状态栏

状态栏用于显示当前正在编辑文档的状态信息。右击状态栏空白处，可在弹出的“自定义状态栏”快捷菜单中进行自定义设置。

7. 标尺

标尺有水平标尺和垂直标尺两种，用来设置页面左右边距、左右缩进、首行缩进、悬挂缩进、制表位等。

2.1.2 Word 2016 选项卡

（1）“开始”选项卡主要用于文本的编辑和格式的设置等。

（2）“插入”选项卡主要用于向文档中插入表格、图片、艺术字、页眉和页脚等元素。Word 2016 中新增了可以加载微软和第三方应用的“加载项”功能组，能够直接截取屏幕的“屏幕截图”功能按钮，以及可以通过手写方式输入数学公式的“墨迹公式”功能。

（3）“设计”选项卡主要用于对文档格式的设计和背景的编辑等。

（4）“布局”选项卡主要用于对文档中页面样式的设置等。

（5）“引用”选项卡主要用于创建文档目录和对文档内容的引用等。

（6）“邮件”选项卡主要用于利用“邮件合并”功能批量处理文档。

（7）“审阅”选项卡主要用于对 Word 文档的校对和修订。

（8）“视图”选项卡主要用于设置 Word 文档的各种显示方式。

2.2 创建并编辑文档

2.2.1 文档创建

创建 Word 2016 新文档，可以采用以下几种方法。

1. 启动 Word 2016 应用程序新建空白文档

首先在操作系统中启动 Word 2016 应用程序，然后单击开始界面中“空白文档”，即可新建 Word 空白文档，系统将自动为新创建的文档命名。

2. 在已打开的 Word 文档中，利用“文件”选项卡新建空白文档

单击“文件”→“新建”命令按钮，再单击“空白文档”选项，此时 Word 将创建一个新的空白文档，并自动为新创建的文档命名。

3. 利用快速访问工具栏的“新建”按钮创建空白文档

单击快速访问工具栏中的“新建”命令按钮，可以创建一个新的空白文档。

4. 使用快捷键创建空白文档

按 Ctrl+N 组合键也可以创建一个新的空白文档。

5. 使用模板快速创建文档

Word 2016 提供了丰富的模板用于文档的建立。

选择“文件”→“新建”命令按钮，在开始界面中，系统提供了“脱机工作”模式下的各类模板，可以直接根据需要选择使用。新创建的文档具有该模板所提供的外观、结构及内容等。

如果已经安装的模板不能满足工作的需要，也可以在联机模板搜索框中通过输入模板关键字进行联机搜索，将模板文件下载到本地计算机，并利用该模板创建文档。

2.2.2 文本输入

文档建立以后，往往需要在文档的编辑区内输入文字、特殊字符、日期等内容，完成文档基本内容的录入。

1. 输入基本字符

在 Word 中输入普通文本的方法比较简单，只需要将光标定位到文本输入的位置，切换到适当的输入法，通过键盘即可输入汉字、英文、数字和标点符号等。

使用 Ctrl+Space 组合键可进行中/英文输入法的切换；使用 Ctrl+Shift 组合键可在各种汉字输入法之间切换。

2. 输入特殊字符

在 Word 文档制作过程中，有些符号（如图形符号、数学运算符号和特殊的数字序号等）无法通过键盘输入，可以通过特殊符号的插入功能完成。

首先将光标定位到插入点的位置，然后单击“插入”→“符号”→“符号”下拉按钮，便可在弹出的列表中，通过单击将近期使用过的符号和一些常用符号添加到文档中。如果列表中没有需要的符号，还可以单击“其他符号”命令按钮，打开“符号”对话框，从中选取符号插入，如图 2.3 所示。

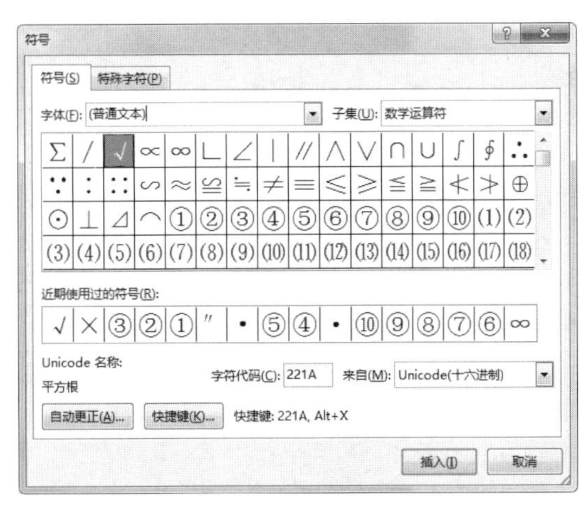

图 2.3 “符号”对话框

3. 插入日期和时间

在 Word 文档中通过中文和数字等符号的结合可以录入日期和时间，也可以通过 Word 的“日期和时间”命令按钮，快速输入当前的日期和时间。

首先将光标定位到文档需要添加日期的位置，单击“插入”→“文本”→“日期和时间”命令按钮，打开“日期和时间”对话框，如图 2.4 所示。然后在“可用格式”列表框中选择一种日期和时间格式，选中“自动更新”复选框，单击“确定”命令按钮，则当前的日期和时间以所选的格式插入文档中，并且可以根据系统时间自动更新。

图 2.4 “日期和时间”对话框

2.2.3 文本选择

在对文本进行编辑处理时，无论是复制、移动还是格式设置，一般都要先选定文本，然后再执行相应的操作。实际应用中，将鼠标与键盘结合操作，可灵活实现文本选定。

1. 选择任意文本

拖动鼠标即可选定一段连续的文本。若按住 Ctrl 键的同时拖动鼠标，则可选定任意不连续的文本。

2. 选择长文本或跨页文本

将光标置于文本的起始位置，按住 Shift 键的同时单击文本的终止位置，即可选定介于起始位置与终止位置之间的文本。

3. 选择词组

双击待选词组，即可自动识别词组并选定。

4. 选择行文本、段落及整篇文档

将鼠标指针移至文本行左侧的起始位置处，待其形状变为↗时单击即可选定一行文本；向上或向下拖动鼠标即可选定连续的多行文本；双击可选定该行所在的整个段落；连续单击 3 次可选定整篇文档。

5. 选择整篇文档

按 Ctrl+A 组合键可选定整篇文档。

2.2.4 文本编辑

在文本编辑过程中，经常需要做文本的插入、删除和修改操作。

1. 插入文本

将光标定位到文本插入的位置，然后输入文本，即可完成插入操作。上述操作是在 Word 窗口状态栏显示“插入”状态的前提下完成的，若此时状态栏显示为“改写”，则插入的文本将覆盖现有内容。

单击状态栏中显示的“插入”或“改写”按钮，或利用键盘的 Insert 键均可实现插入或改写状态的切换。

2. 删除文本

（1）按 Backspace 键可删除光标之前的字符。

（2）按 Delete 键可删除光标之后的字符。

（3）选中文本后，按 Delete 键可删除选中文本。

3. 修改文本

应用上述文本删除方法删除文本后，再插入新的文本，即可实现文本内容的修改。

2.2.5 文本的复制与移动

1. 鼠标拖曳法

首先选择文本，然后用鼠标将文本直接拖动到目标位置处，即可实现文本的移动。若在按住 Ctrl 键的同时将鼠标拖曳到目标位置处，即可实现文本的复制。

2. 快捷键法

首先选择文本，按 Ctrl+C 组合键，然后将光标定位于目标位置处，按 Ctrl+V 组合键，即可实现文本的复制。若在选择文本后，按 Ctrl+X 组合键，然后将光标置于目标位置处，按 Ctrl+V 组合键，则可实现文本的移动。

3. 命令法

首先选择文本，单击“开始”→“剪贴板”中的“复制”命令按钮，然后将光标置于目标位置处单击“粘贴”命令按钮，即可实现文本复制。若单击“剪切”命令按钮后单击“粘贴”命令按钮，则可实现文本的移动。

单击“剪贴板”→“粘贴”下拉按钮，可在弹出的列表中看到3种“粘贴选项”：“保留原格式”“合并格式”“只保留文本”，如图2.5所示。

图2.5　粘贴选项

- **“保留原格式”**：被粘贴的内容保留原始内容的格式，如字体、字号、颜色、底纹等。
- **“合并格式”**：被粘贴的内容保留原始内容的格式，并且合并应用目标位置的格式。
- **“只保留文本”**：被粘贴文本清除所有的原始格式，仅保留文本内容。

2.2.6　文本的查找与替换

在编辑文档时，经常需要在文中查找定位指定文本，或对某些存在错误的文本进行修正。使用 Word 中的查找与替换命令，可快速实现文本定位以及准确的批量文本替换功能，从而提高工作效率。

1. 查找文本

单击“开始”→“编辑”组中的“查找”命令按钮，或按 Ctrl+F 组合键，打开“导航”任务窗格。在“搜索文档”搜索框中输入需要查找的文本，单击按钮。“导航”窗格将显示所有包含该文字的搜索结果，同时匹配的文本在正文中以黄色底纹突出显示，如图2.6所示。

图2.6　“导航”任务窗格

2. 替换文本

单击“开始”→“编辑”组中的“替换”命令按钮，或按 Ctrl+H 组合键，打开“查找和替换”对话框，如图2.7所示。在“查找内容”文本框中输入需要查找的文本，在“替换为”文本框中输入替换文本，单击“替换”命令按钮完成第一个查找结果的替换，单击“全部替换”按钮，Word 将自动替换文档中的所有匹配文本。

图 2.7 “查找和替换”对话框

按 Esc 键或单击“取消”按钮，可以取消正在进行的查找、替换操作并关闭此对话框。

在“查找和替换”对话框中，单击“更多”命令按钮，展开查找与替换的高级选项，如图 2.8 所示。在“搜索选项”部分，可修改文本的搜索方向，添加或取消某些搜索条件限制。在“替换”部分，若将“格式”和“特殊格式”按钮的功能应用在“查找内容”上，则查找时，仅搜索已具有某种格式设置或使用了某特殊格式符的内容；若应用在“替换为”上，则将替换结果设置为指定格式，或在替换结果中使用某特殊格式符。“不限定格式”按钮可删除查找内容或替换结果中的格式设置。

图 2.8 “查找和替换”对话框之“更多”选项

下面通过一个示例进一步演示“替换”功能：删除图 2.9 文字中的段落符号，使其合成为一个段落。具体操作步骤如下。

“蛟龙号”载人深潜器是中国首台自主设计、
自主集成研制的作业型深海载人潜水器，
设计最大下潜深度为 7000 米级，
是目前世界上下潜能力最深的作业型载人潜水器。
“蛟龙号”可在占世界海洋面积 99.8%的广阔海域中使用，
对于我国开发利用深海的资源有着重要的意义。

图 2.9 “查找和替换”示例文字

（1）单击“开始”→“编辑”组中的“替换”命令按钮，或按 Ctrl+H 组合键，打开“查找和替换”对话框。

（2）将光标定位在“查找内容”文本框中，然后单击对话框底部的“特殊格式”按钮，选择“段落标记”，如图 2.10 所示。

（3）“替换为”文本框中不输入任何字符。

（4）单击“全部替换”按钮，执行结果如图 2.11 所示。

图 2.10 “特殊格式”选择

图 2.11 “查找和替换”执行结果

2.2.7 文档的保存与关闭

文档编辑完成后，需要将文档存储到磁盘上，以便长期保存和使用。

1. 保存新建文档

直接单击快速访问工具栏上的“保存”按钮，或选择“文件”→“保存”命令按钮，或按 Ctrl+S 组合键，然后单击“浏览”按钮，均可打开“另存为”对话框。在“另存为”对话框中指定文件保存的位置和文件名，单击“保存”按钮，即可完成新建文档的保存。保存操作完成后自动返回到 Word 编辑界面。

2. 保存原有文档

对于已经保存过的文档，仍然可以使用上述方法进行文档保存，此时不会弹出“另存为”对话框，而是直接覆盖原有文档。保存操作后，依然处于当前文档的编辑状态。

3. 另存为新文件

如果需要将文档保存为另一个文件，可以选择“文件”→“另存为”命令按钮，打开“另存为”对话框，根据需要设定文件新的保存位置或新的文件名。该操作会在磁盘指定位置上创建一个新的文件，而不会改变原有文档。

4. 保存为其他类型文件

在 Word 2016 中，文档的默认保存类型为 docx。为了兼容 Word 以前的版本，Word 2016 在保存类型中提供了兼容模式“Word 97-2003 文档(*.doc)”，只需要在“另存为”对话框的“保存类型”列表中选择此模式，文件就可以在以前版本的 Word 中打开和编辑。

也可以在 Word 2016 中单击“文件”→“导出”命令按钮，选择“创建 PDF/XPS 文档”或“更改文件类型”选项，根据需要选择适当的文件类型保存文件。“更改文件类型”列表如图 2.12 所示。

图 2.12 “更改文件类型”列表

5. 自动保存文档

Word 提供了自动保存功能，以防止意外断电等情况发生时，未及时存盘的文档内容丢失。默认情况下，自动保存功能每隔 10 分钟自动保存一次文件。选择“文件”→“选项”命令按钮，打开“Word 选项”对话框。单击“保存”选项卡，如图 2.13 所示，选择“保存自动恢复信息时间间隔”复选框，修改自动保存的时间数值，单击“确定”按钮完成自动保存功能的间隔时间设置。

图 2.13　设置自动保存文档

文件保存操作完成后，直接单击 Word 窗口右上角的“关闭”按钮，或单击“文件”→“关闭”命令按钮，或按 Alt+F4 组合键均可关闭该文档。若文档修改后尚未保存，此时在窗口关闭操作前，Word 会自动弹出确认文档是否保存的对话框，用户可根据需要选择“保存”“不保存”或“取消”操作。

2.2.8　文档的保护

为防止文档被无权限的人随意打开和使用，Word 中的文档保护功能可以将文档设置为以只读方式打开，或使用密码加密的方式。

1. 以只读方式打开文件

在文档保存时可设置文件以只读方式打开。首先，在“另存为”对话框中，设置文件的保存位置与文件名后，单击“工具”列表中的“常规选项”。然后在“常规选项”对话框中，选择“建议以只读方式打开文档”复选框，单击“确定”按钮返回“另存为”对话框，单击“确定”按钮保存设置。当再次执行此文件的打开操作时，Word 自动弹出“建议以只读方式打开文档”对话框。单击“是”按钮，文档处于只读方式。以只读方式打开的 Word 文档允许用户进行“另存为”操作，从而将当前打开的只读方式 Word 文档另存为一份可以编辑的 Word 文档。

以只读方式打开的文档，会限制用户对原始 Word 文档进行编辑和修改，从而有效保护文档的原始状态。

2. 为文件设置保护密码

选择“文件”→“信息”命令按钮，在右侧的面板中选择“保护文档”→“用密码进行加密”命令按钮，打开“加密文档”对话框，如图 2.14 所示。在“密码”文本框中输入密码并确认，保存文档后加密功能生效。

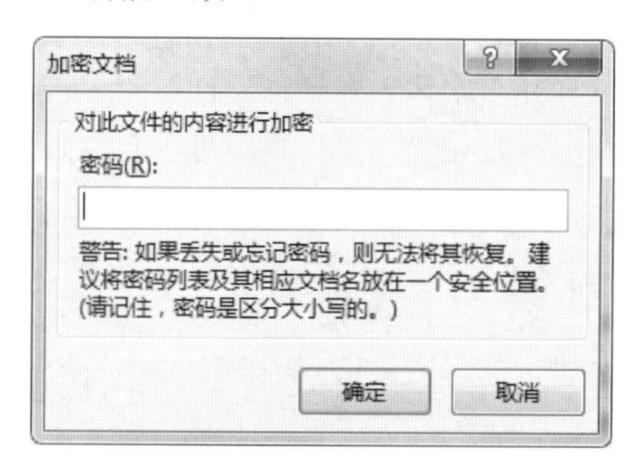

图 2.14 “加密文档”对话框

2.3 文档的格式化

对文档完成内容的基本编辑以后，可接着对其进行格式化，以美化文档的外观。其具体操作包括文本格式化、段落格式化和页面格式化等。

2.3.1 文本格式设置

文本格式化是对文本外观的设置，主要包括字体、字号、颜色、下画线、加粗、倾斜、边框、底纹等的设置。

1. 利用浮动工具栏设置

在 Word 2016 中选择文本后，被选中文本的右上方会显示一个包含文本常用处理命令的浮动工具栏，如图 2.15 所示。单击工具栏中的按钮，或在相应的下拉列表框中选择需要的选项，即可对选中文本进行格式设置。

2. 利用“字体”组设置

“开始”→“字体”组中可设置的字体样式更多，功能更加全面。其中，不仅有字体、字号、加粗、倾斜、下画线、颜色等命令按钮，还包括删除线、上标、下标、文本效果、底纹以及字符边框等命令按钮，如图 2.16 所示。“字体”组中命令按钮的使用与浮动工具栏中按钮的使用方法相同。

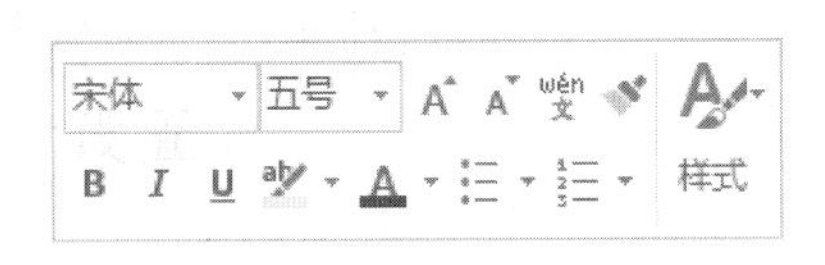

图 2.15　浮动工具栏

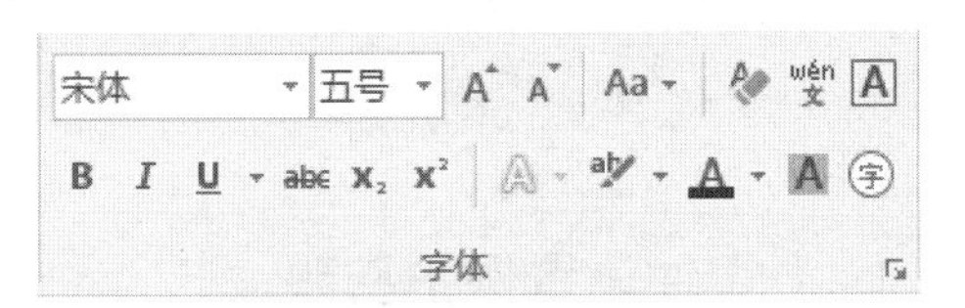

图 2.16　“字体”组

3. 利用“字体”对话框设置

单击“字体”组的对话框启动器按钮，或右击选定的文本，在弹出的快捷菜单中选择“字体”命令按钮，均可打开“字体”对话框，如图 2.17 所示。“字体”对话框中包含更全面的文本格式设置选项，同时在“预览”框中可以查看到文本外观样式的改变。

图 2.17　“字体”对话框

在“字体”对话框中，可以对当前选中文本中的中、西文分别设置字体，Word 2016 中增加了对复杂文种字体、字形与字号的设置。另外，“字体”对话框中有更丰富的文字效果选项。在“高级”选项卡中，可以对选中文本的字符间距、字符缩放比例和字符位置进行设置。

2.3.2 段落格式设置

段落格式设置是对整个段落的外观设置，包括更改对齐方式、设置段落缩进、设置行间距、设置段落间距、设置项目符号和编号等。段落可以作为一个独立的排版单位，在设置段落格式时，要先将光标定位在要设置段落中的任意位置，然后再进行格式设置操作。若要同时对多个段落进行格式设置，则需要首先选中多个段落，然后再进行格式设置操作。

可以利用“开始”→“段落”组中的命令对当前光标所在段落，或选中段落进行格式设置，也可以单击“段落”组的对话框启动器按钮，在打开的“段落”对话框中进行格式设置，“段落”对话框如图 2.18 所示。

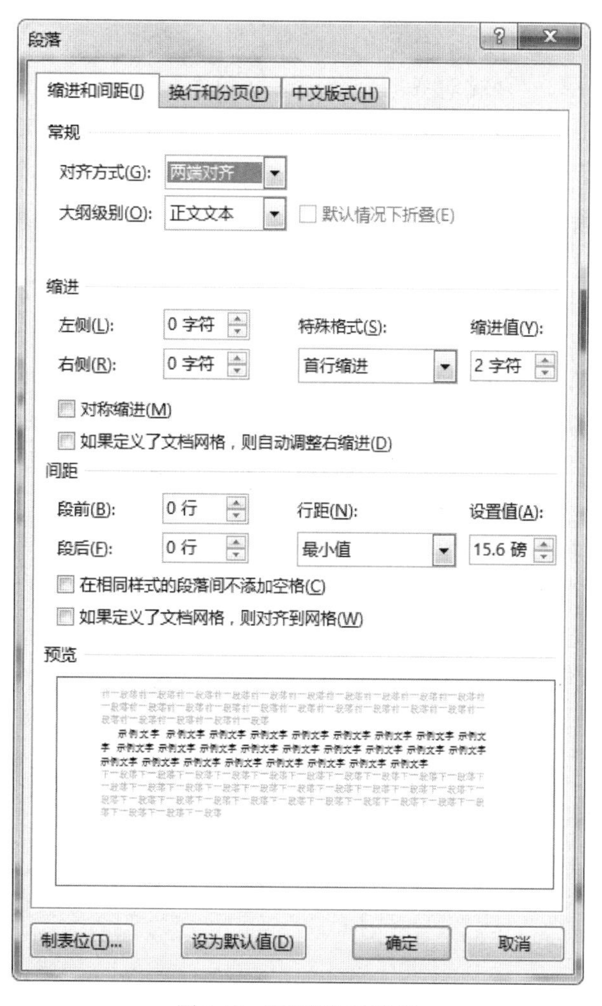

图 2.18 “段落”对话框

1．设置段落的对齐方式

Word 中段落的对齐方式有左对齐、居中对齐、右对齐、两端对齐与分散对齐。

（1）左对齐。

段落文本与页面左边距对齐。

（2）居中对齐。

段落文本在页面中居中对齐。

（3）右对齐。

段落文本与页面右边距对齐。

（4）两端对齐。

段落文本默认使用两端对齐，段落中占满一行的文本在页面左右边距之间均匀分布，若最后一行的文本没有占满一行，则以左对齐的方式显示。

（5）分散对齐。

段落文本在页面左右边距之间均匀分布文本，即使最后一行没有占满一行，也会均匀分布在页面的左右边距之间。

可以单击“开始”→“段落”组中的“左对齐”命令按钮、“居中对齐”命令按钮、“右对齐”命令按钮、“两端对齐”命令按钮和“分散对齐”命令按钮进行对齐方式的设置，也可以在“段落”对话框中的“常规”选项组内，在“对齐方式”下拉列表框中选择适当的对齐方式。

2．设置段落缩进

段落缩进指调整段落文本与页面边界之间的距离。段落缩进有 4 种形式，分别是首行缩进、悬挂缩进、左缩进和右缩进。首行缩进指段落中第一行第一个字符的起始位置相对页面左边界的缩进量，中文段落普遍采用首行缩进方式，一般设置缩进量为 2 字符；悬挂缩进指段落中除首行以外的其他行相对页面左边界的缩进量；左缩进指整个段落距离页面左边界的缩进量；右缩进指整个段落距离右边界的缩进量。

（1）使用“段落”对话框设置段落缩进。

在“段落”对话框“缩进和间距”选项卡的“缩进”选项组中，可以精确设置段落左、右缩进的数值。在“特殊格式”下拉列表框中，可选择“首行缩进”“悬挂缩进”为段落设置相应的缩进，或选择“(无)”取消对段落缩进格式的设置。

（2）使用标尺设置段落缩进。

Word 的水平标尺以度量单位为刻度，横穿在文档窗口的顶部，用于测量和对齐文档中的对象。单击“视图”→“显示”组中的“标尺”复选框，可以显示或隐藏标尺。水平标尺有左缩进、右缩进、首行缩进和悬挂缩进 4 个滑块，如图 2.19 所示。拖动标尺上对应功

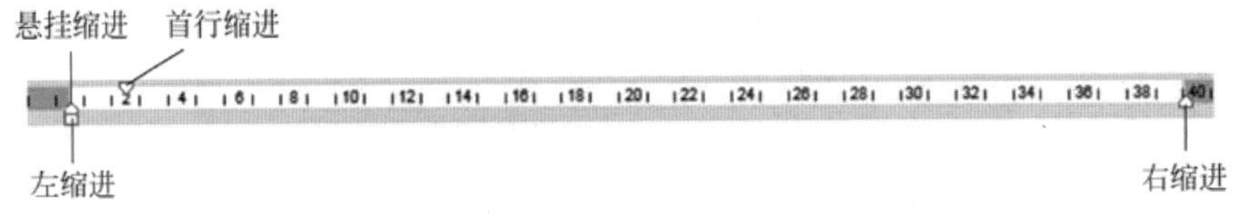

图 2.19　水平标尺

能的滑块，即可对当前光标所在段落，或当前选中段落进行缩进格式设置。若按住 Alt 键的同时拖动滑块，则能够查看缩进设置的精确数值。

（3）使用“段落”组命令设置段落左缩进。

在“段落”组中有“减少缩进量”命令按钮与“增加缩进量”命令按钮，单击即可减少或增加段落的左缩进量。

3．设置行间距与段落间距

行间距指文本行与行之间的距离，有单倍行距、1.5 倍行距、2 倍行距、最小值、固定值和多倍行距，Word 2016 中默认的行间距值为单倍行距。

段落间距指段落与段落之间的距离。打开“段落”对话框，在“缩进和间距”选项卡的“间距”选项组中，输入或微调“段前”“段后”文本框中的数值，即可分别设置当前段落的段前间距和段后间距。在“行距”下拉列表框中，可根据需要设置行距的最小值、固定值、多倍行距值，从而改变光标所在段落的行间距。

2.3.3 边框和底纹设置

Word 中的边框和底纹常用于突出文字或段落内容，修饰和美化文档。

1．设置边框

边框效果可应用于当前选中的文字或光标所在的段落。首先选定边框效果施加的对象，然后单击“开始”→“段落”组中的“边框”下拉按钮，在弹出的列表中单击“边框和底纹”命令按钮，打开“边框和底纹”对话框，如图 2.20 所示。

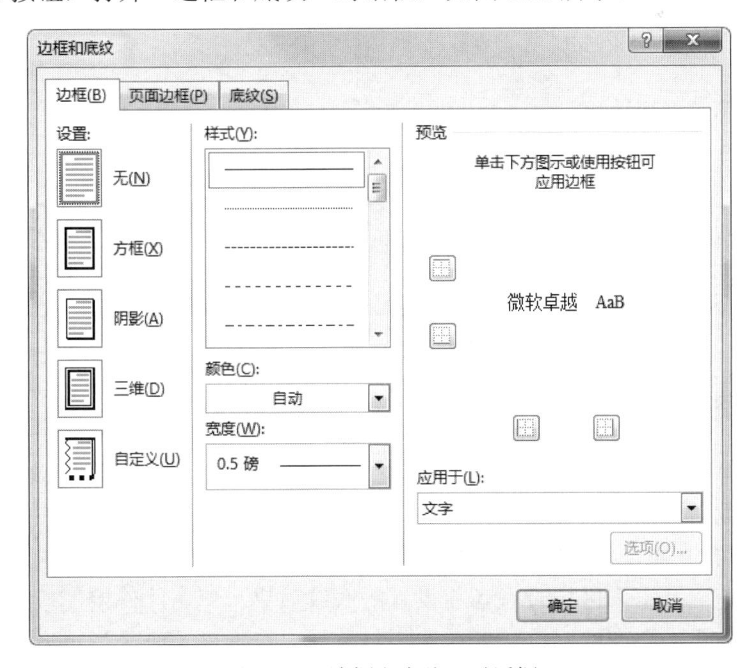

图 2.20 “边框和底纹”对话框

在“边框”选项卡中，根据需要选择“方框”“阴影”“三维”或“自定义”，若要删除当前已经存在的边框，则选择“无”。根据需要在“样式”列表框中选择边框线的线型、“颜色”下拉列表框中选择边框线的颜色、“宽度”下拉列表框中选择边框线的线宽、“应用于”下拉列表框中选择边框效果作用的对象。之后，在“预览”区即可同步浏览边框设置后的效果，单击此区域对应位置的边框按钮，可添加或删除该位置的边框线。若在设置了“样式”“颜色”“宽度”后，单击“边框”按钮添加框线，则可以设置出更具个性化的边框效果。

边框效果还可以应用于表格、图片等其他文档元素，操作方法同上。

2. 设置页面边框

如果要为整个页面添加边框，则可选择“边框和底纹”对话框中的“页面边框”选项卡，如图 2.21 所示。页面边框的设置过程与文字或段落的边框设置相类似。其中，需要在“应用于”下拉列表框中根据页面边框作用的对象选择“整篇文档”“本节”“本节-仅首页”等选项。“艺术型”下拉列表框则提供了一组具有艺术效果的页面边框。

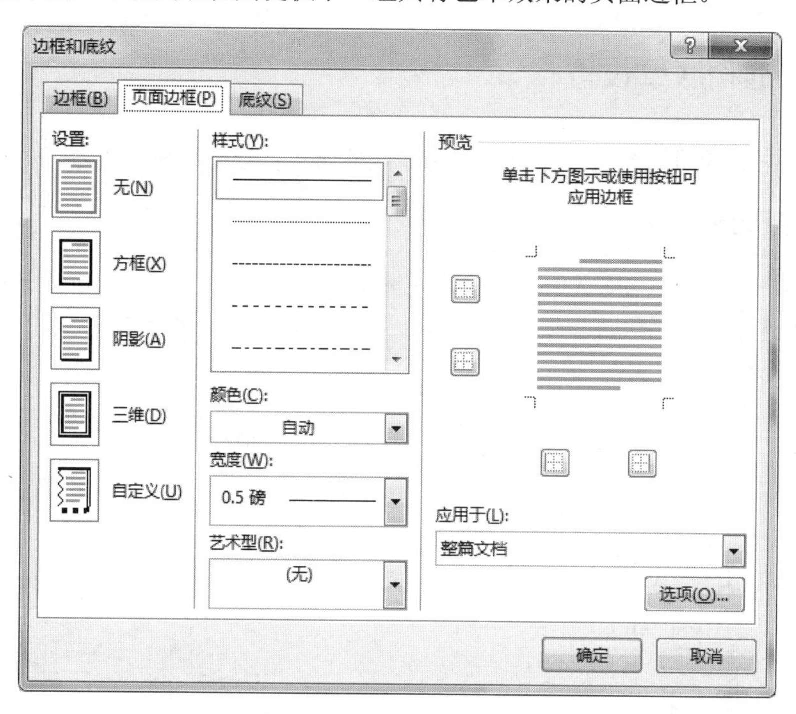

图 2.21 “页面边框”选项卡

3. 设置底纹

在“边框和底纹”对话框的“底纹”选项卡中可对文字或段落设置底纹效果，如图 2.22 所示。设置底纹首先需要选择底纹施加的对象，然后在“填充”下拉列表框中选择填充颜色、“图案”下拉列表框设置图案的样式和颜色、“应用于”下拉列表框中选择底纹作用的对象，同时可在“预览”区中查看当前设置的底纹效果，单击“确定”按钮完成底纹的设置。要删除当前已经存在的底纹，可在选择对象后，选择“无颜色”填充与“清除”样式即可。

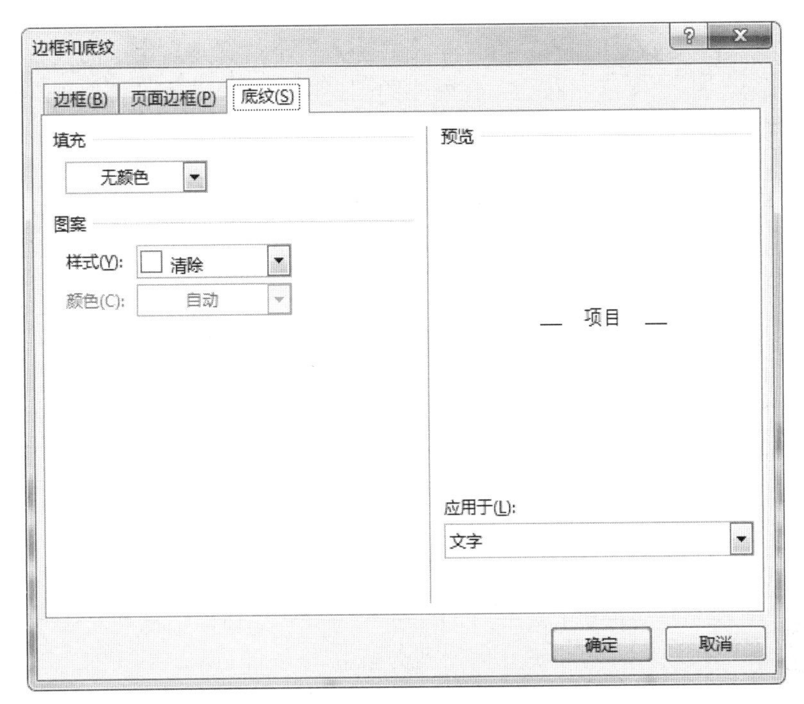

图 2.22 “底纹”选项卡

2.3.4 格式刷

Word 中的“格式刷”工具可以快速将指定段落或文本的格式沿用到其他段落或文本上。因此，在为文档中大量的内容重复添加相同的格式（如复制文字格式、段落格式、图片及图形格式）时，就可以利用格式刷来完成。下面以复制文字格式为例，介绍使用格式刷的具体操作步骤。

（1）选中待复制格式的文本，或者将光标置于待复制格式的文本中。

（2）单击“开始”→“剪贴板”组中的“格式刷”命令按钮，此时鼠标指针变为刷子形状。

（3）在目标文本上拖动鼠标，鼠标经过的文本即实现了相同文本格式的设置。

若双击“格式刷”命令按钮，则鼠标指针会在格式复制操作完成后变为刷子形状，此时可多次使用格式刷复制当前格式，直到再次单击“格式刷”命令按钮或按 Esc 键，结束格式复制操作。

2.3.5 首字下沉

Word 文字排版过程中，常常会将段落中的首字以下沉方式显示，以凸显文档内容，增加文档的美感。

首字下沉功能实现的具体操作步骤如下。

（1）将光标定位到设置首字下沉的段落中。

图 2.23 “首字下沉”对话框

（2）单击“插入”→“文本”组中的“首字下沉”下拉按钮，在弹出的列表中单击“首字下沉选项”命令按钮，打开“首字下沉”对话框，如图 2.23 所示。

（3）在“位置”选项组中选择“下沉”选项，并在“选项”组中设置字体、下沉行数和距正文的距离。

（4）设置完毕后单击“确定”命令按钮，即可完成首字下沉的设置。

2.3.6 在文档中使用图片

1. 插入图片

（1）从文件插入图片。

将光标定位到图片待插入位置，然后单击“插入”→“插图”组中的“图片”命令按钮，在打开的“插入图片”对话框中选择要插入的图片文件，单击“插入”命令按钮，即可将图片插入到文档中。

（2）插入联机图片。

将光标定位到图片待插入位置，然后单击“插入”→“插图”组中的“联机图片”命令按钮，联机搜索并选择图片，实现图片的插入。

（3）插入形状。

单击“插入”→“插图”组中的“形状”下拉按钮，在弹出的列表中选择任意形状，之后鼠标指针呈“+”形状，拖动鼠标即可在文档中插入形状。

（4）插入屏幕截图。

单击“插入”→“插图”组中的“屏幕截图”下拉按钮，弹出图 2.24 所示的列表，然后直接在“可用的视窗”中单击获取屏幕截图，或单击“屏幕剪辑”命令按钮，在当前活动窗口内拖动鼠标截取屏幕，并将获得的屏幕截图插入当前文档中。

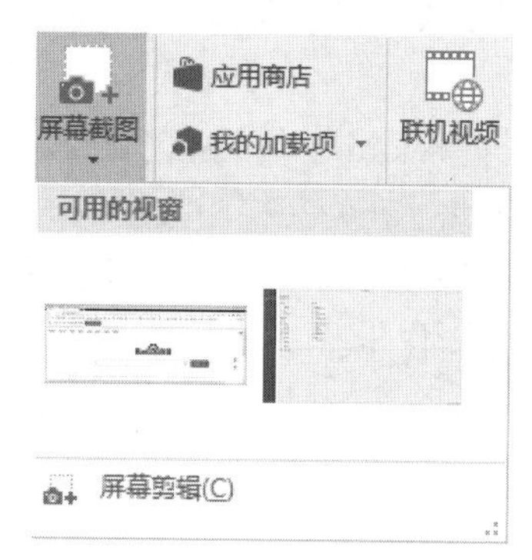

图 2.24 “屏幕截图”列表

2. 选择、移动和改变图片大小

（1）选择图片：单击图片，图片边框出现控制点。

（2）移动图片：选中图片后，将鼠标指针移动到图片边框上，待指针变为✥形状时拖动即可实现图片的移动。

（3）改变图片大小：选中图片后，将鼠标指针移动到图片边框的控制点上，待指针变为↕形状时拖动图片边框到合适位置，即可实现图片的缩放。若要精确地设置图片大小，可在选中图片后，在“图片工具”→“格式”→“大小”组中直接输入图片的高度和宽度值。

3. 图片样式设置

选中图片，Word 便会同步显示“图片工具”上下文选项卡，如图 2.25 所示。利用“图片工具”→“格式”→“图片样式”组中的命令按钮可对文档中插入的图片进行样式设置。

图 2.25 “图片工具”上下文选项卡

- **“图片样式”**列表：提供多种内置图片样式，单击即可应用图片样式。
- **“图片边框”**：可以设置当前图片边框的样式、粗细以及颜色等。
- **“图片效果”**：可以为所选图片设置预设、阴影、映像等效果。
- **“图片版式”**：将所选的图片转换为 SmartArt 图形。
- **“裁剪”**：用于裁剪图片。单击“图片工具”→“大小”组中的“裁剪”命令按钮，然后拖动图片四周的控制点到合适位置，再次单击“裁剪”命令按钮完成图片的裁剪；也可以输入图片的高度和宽度值，对图片进行精确的裁剪。
- **“旋转”**：用于设置图片的旋转效果。

2.3.7 在文档中使用艺术字

1. 插入艺术字

单击“插入”→“文本”组中的“艺术字”下拉按钮，在弹出的列表中选择一种艺术字样式，如图 2.26 所示，然后在文本框中输入要创建的艺术字文本。

图 2.26 艺术字样式

2. 艺术字样式设置

选中文档中插入的艺术字，即可在“绘图工具”的“格式”选项卡中对艺术字进行进一步的编辑。“格式”选项卡如图 2.27 所示。

图 2.27 “格式”选项卡

选中艺术字，在“格式”→“艺术字样式”组中，可以直接单击选择更换艺术字样式。在“形状填充”下列表框中，可以修改填充的颜色或应用渐变色；在“形状轮廓”下拉列表框中，可以设置轮廓线的样式、粗细以及颜色；在“形状效果”下拉列表框中，可以修改艺术字的艺术效果。

2.3.8 在文档中使用 SmartArt 图形

在 Word 2016 中，SmartArt 图形拥有丰富的类型和布局，可轻松创建各种图形图表，实现快速、轻松、有效的信息传达。

1. 创建 SmartArt 图形

单击“插入”→“插图”组中的“SmartArt”命令按钮，打开“选择 SmartArt 图形”对话框，如图 2.28 所示，选择所需要的类型和布局，单击“确定”按钮即可创建 SmartArt 图形。

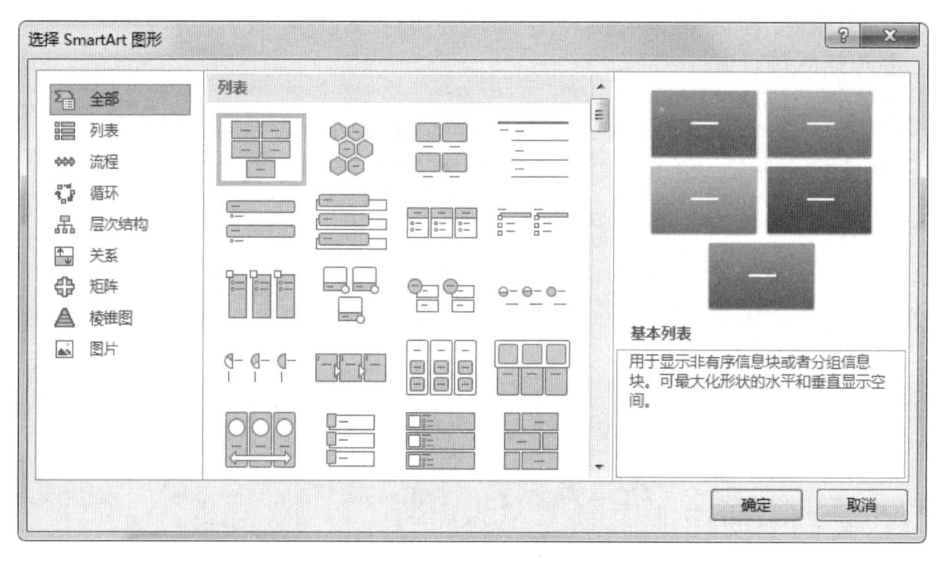

图 2.28 “选择 SmartArt 图形”对话框

2. 输入文本内容

（1）使用文本窗格输入。

单击“设计”→“创建图形”选项组中的“文本窗格”命令按钮，或单击 SmartArt 图形边框上的推拉按钮，均可打开文本窗格。然后在文本窗格中输入文字，此时在右侧的图形中会同步显示输入的内容。

（2）通过文本占位符输入。

单击图形上的文本占位符，文本框处于编辑状态，此时直接输入文本即可。

3. SmartArt 图形设计

单击 SmartArt 图形中的现有形状，进入“SmartArt 工具”→“设计”选项卡，如图 2.29 所示。在“设计”选项卡中可以对图形的结构布局、样式风格进行设置。

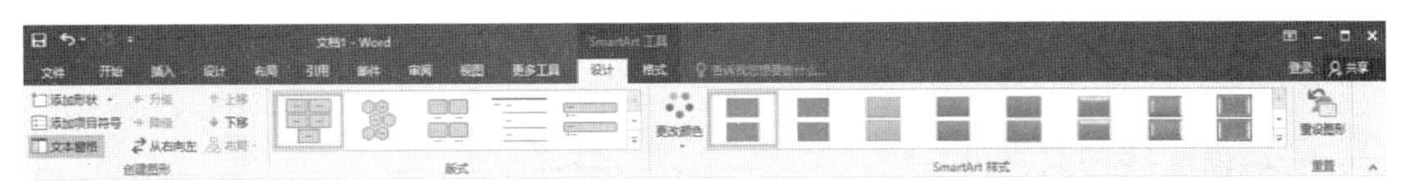

图 2.29 “SmartArt 工具”→“设计”选项卡

（1）添加或删除形状。

单击 SmartArt 图形中的形状，在“创建图形”组中的“添加形状”下拉列表中选择一种添加方式，即可实现形状的添加。

单击要删除的形状，然后按 Delete 键，即可删除该形状。单击 SmartArt 图形的边框，按 Delete 键，则可删除整个 SmartArt 图形。

（2）添加项目符号。

单击“创建图形”组中的“文本窗格”命令按钮，打开文本窗格，然后单击“添加项目符号”命令按钮，即可在项目列表中添加项目。此时，若单击“升级”或“降级”命令按钮，则可以调整项目的级别；若单击“上移”或“下移”命令按钮，即可调整当前项在序列中向前或向后移动。

（3）更改版式。

单击 SmartArt 图形区域内的空白处，选中整个图形。在“设计”→“版式”选项组中单击系统内置版式，即可更改布局。也可以将图形转换为其他类型的 SmartArt 图形。当切换布局时，文字、颜色、样式、效果和文本格式等会自动带入新布局中。

（4）更改颜色和样式。

选中 SmartArt 图形，单击“设计”→“SmartArt 样式”组中的“更改颜色”下拉按钮，在弹出的列表框中选择颜色，即可更改图形颜色。此时，单击“SmartArt 样式”组中的选项可进一步更改其样式。

2.3.9 在文档中使用文本框

文本框是一种可以容纳文字或图片等内容的矩形框，能够置于文档中的任何位置，并可像图片一样对其进行移动、重设大小和设置格式。

1. 插入文本框

（1）单击“插入”→“文本”组中的“文本框”下拉按钮，在弹出的列表框中选择一种内置文本框样式，即可生成一个具有选定样式的文本框。

（2）单击“插入”→“文本”组中的“文本框”下拉按钮，在弹出的列表框中单击“绘制文本框”（或“绘制竖排文本框”）命令按钮，此时鼠标指针变为“+”形状，在文档的适当位置拖动鼠标，即可绘制出文本框。若在绘制文本框之前选中了文字，则可将选中的文字直接置于生成的文本框中。

2. 输入文字

右击文本框的边框，在弹出的快捷菜单中单击“编辑文字”命令按钮，或直接单击文本框内部空白处，待光标定位到文本框内部，便可输入文字。随后可应用文本格式化的方法对输入的文字进行格式化。

3. 选择、移动文本框

（1）选择文本框：将鼠标指针移动到文本框的边框上，当指针变为✥形状时，单击即可选中该文本框。

（2）移动文本框：将鼠标指针移动到文本框的边框上，当指针变为✥形状时，拖动鼠标即可移动文本框。

4. 设置文本框格式

在 Word 中，文本框是作为图形处理的，可以采用与设置图形格式相同的方式对文本框的格式进行设置，包括设置填充色、边框色及形状效果等。

（1）设置填充色。

选中文本框，Word 便会同步显示“绘图工具”上下文选项卡。在“绘图工具”→“格式”→“形状样式”组中，单击“形状填充”列表中的相应命令，可以向文本框内部填充颜色、图片、渐变或纹理等，如图 2.30 所示。

（2）设置边框色。

选中文本框后，在“绘图工具”→“格式”→“形状样式”组中，单击“形状轮廓”列表中的相应命令，可以改变文本框轮廓的颜色、线条的粗细以及线条样式等，实现对文本框边框样式的设置，如图 2.31 所示。若单击“无轮廓”命令按钮，则文本框采用无框线显示。

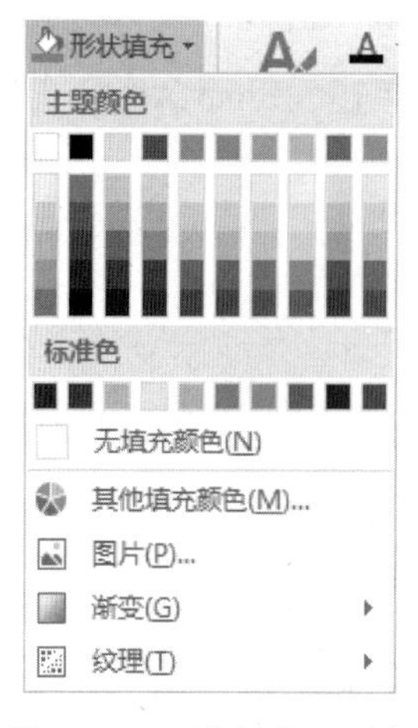

图 2.30 “形状填充”列表

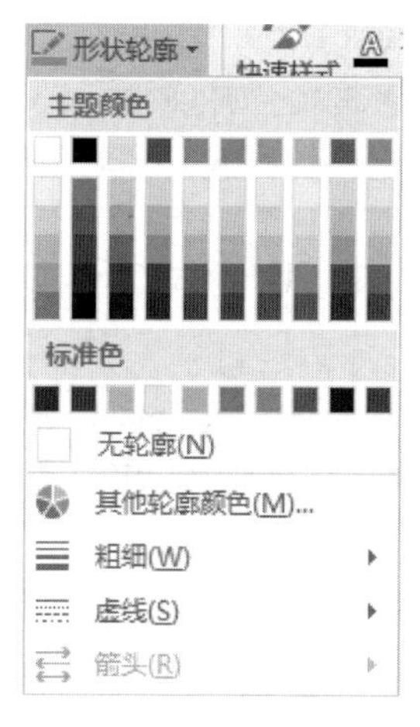

图 2.31 “形状轮廓”列表

（3）设置形状效果。

选中文本框后，在“绘图工具”→“格式”→“形状样式”组中，单击选择“形状效果”列表中各种内置样式，可以改变文本框的形状效果，如图 2.32 所示。

如果需要手动设置文本框的样式，可单击“形状样式”组的对话框启动器，在打开的“设置形状格式”任务窗格中进行相关设置，如图 2.33 所示。

图 2.32 “形状效果”列表

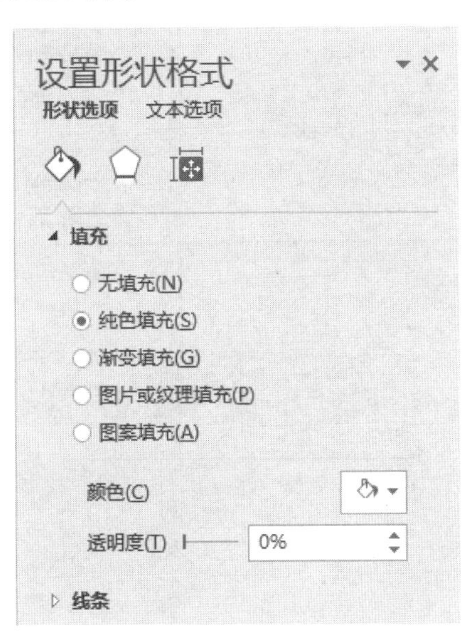

图 2.33 “设置形状格式”任务窗格

5. 排列设置

选中图片、艺术字、文本框或自选图形等对象，即可在“格式”→“排列”组中设置对象的排列方式，如图 2.34 所示。

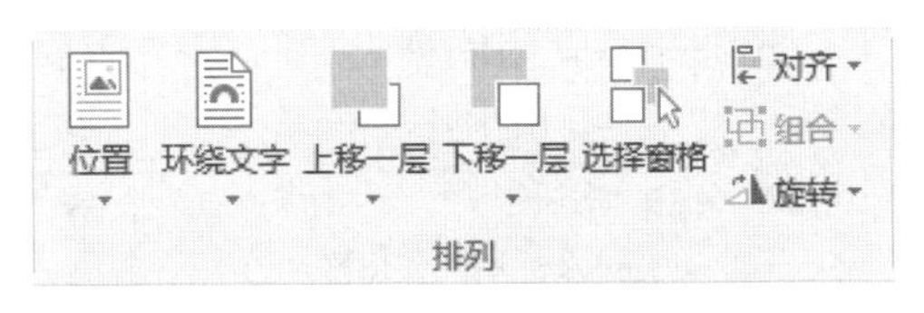

图 2.34 “格式”→“排列”组

（1）位置。

对象的位置有两类，即“嵌入文本行中”和“文字环绕”。单击“位置”下拉按钮，在弹出的“位置”列表中设置对象的位置，如图 2.35 所示。若选择“文字环绕”方式，则默认以“四周型”文字环绕方式设置对象的位置为顶端居左、顶端居中、顶端居右、中间居左、中间居中、中间居右、底端居左、底端居中或底端居右。若“位置”列表中的选项不能满足设计需要，则单击“其他布局选项”命令按钮，在打开的“布局”对话框中精确设置该对象的位置数据，如图 2.36 所示。

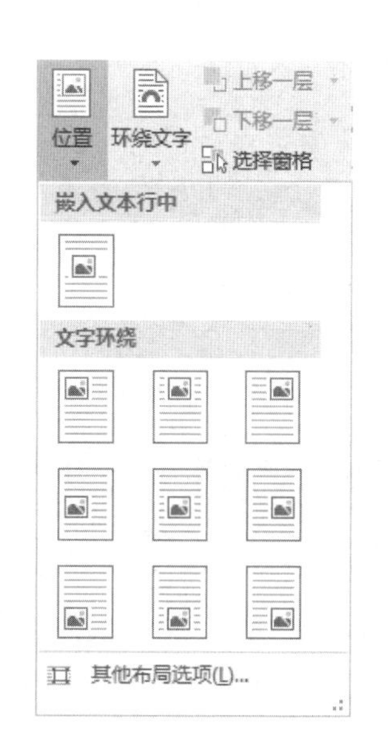

图 2.35 “位置”列表

图 2.36 “布局”→“位置”选项卡

（2）环绕文字。

“环绕文字”设置对象与周围文字间的位置关系。图文混排时，文字环绕效果有 7 种，分别是嵌入型、四周型、紧密型环绕、穿越型环绕、上下型环绕、衬于文字下方、浮于文字上方。单击“环绕文字”下拉按钮，弹出的列表如图 2.37 所示。

图 2.37 “环绕文字”列表

下面以图形为例介绍各种文字环绕方式的特点，如图 2.38 所示。

“嵌入型”：默认插入方式，将图形作为普通字符或文字插入文档，如图 2.38 中的“嵌入型”所示。

“四周型”：文字以矩形方式环绕在图形四周，如图 2.38 中“四周型”所示。

“紧密型环绕”：如果图形是矩形，则文字以矩形方式环绕在其周围；如果图形不规则，则文字将紧密环绕在图形四周，如图 2.38 中“紧密型环绕”所示。

“穿越型环绕”：文字可以穿越不规则图形的空白区域环绕图片。紧密型和穿越型的显示效果会受到“环绕顶点”分布的影响，环绕顶点连线无凹陷时，无明显差异，环绕顶点连线有凹陷时，则环绕效果明显不同，如图 2.38 中“穿越型环绕”所示。

“上下型环绕”：图形左右两侧都没有文字，图形占据整个文本行，如图 2.38 中“上下型环绕”所示。

“衬于文字下方”：图形显示在文字下方，此时图形被文字遮挡，如图 2.38 中“衬于文字下方”所示。此时若要选择图形，可单击“开始”→“编辑”→“选择”下拉按钮，在列表中单击“选择对象”命令，然后单击对象即可选中。

“浮于文字上方”：图形显示在文字上方，此时图形遮挡部分文字，如图 2.38 中“浮于文字上方”所示。

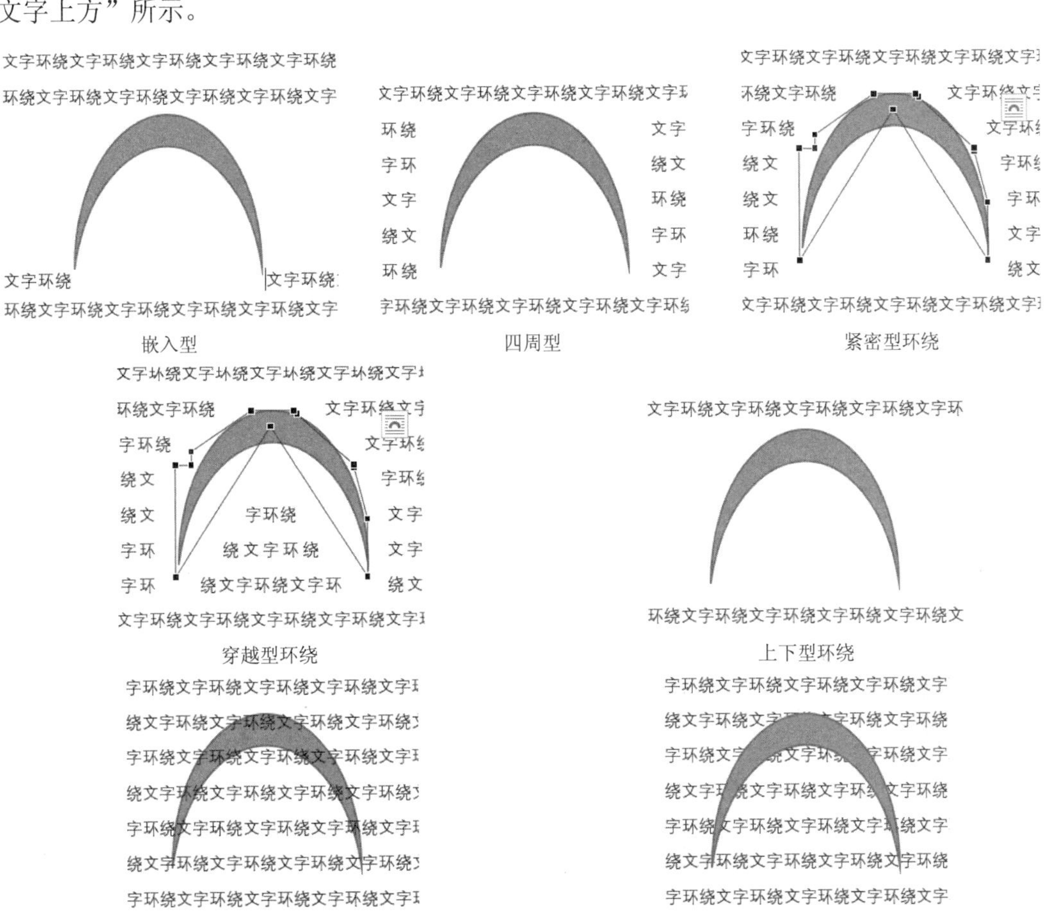

图 2.38　文字环绕

单击“其他布局选项”命令按钮，在打开的“布局”→“文字环绕”选项卡中，可通过设置环绕方式、环绕文字的位置以及距正文的距离等参数进行更加精确的布局，如图 2.39 所示。

（3）对齐。

按住 Ctrl 键依次选中多个对象，单击“排列”组中的“对齐”下拉按钮，弹出图 2.40 所示的列表。即可根据排列要求，对选择对象执行“对齐页面”“对齐边距”“对齐所选对象”等对齐操作。

图 2.39 “布局”→“文字环绕”选项卡

图 2.40 “对齐”列表

（4）组合。

按住 Ctrl 键依次选中多个对象，单击“组合”下拉按钮，在弹出的列表中单击“组合”命令按钮，此时，选中的多个对象组合成一个对象。

2.3.10 在文档中使用表格

Word 2016 提供的表格处理功能不仅可以方便地在文档中插入和编辑表格，还可以利用表格输出文字、图片以及进行数据的统计运算。表格由水平的行和垂直的列组成，行与列交叉形成的方框称为“单元格”。

1. 创建表格

（1）使用“表格”命令插入表格。

将光标置于要插入表格的位置，单击“插入”→“表格”命令按钮，弹出图 2.41 所示的列表。将鼠标指针移到“插入表格”区域，文档将根据指针掠过的表格区域生成相应行列大小的表格。

（2）利用“插入表格”对话框创建表格。

在“表格”列表中单击“插入表格”命令按钮，打开“插入表格”对话框，如图 2.42 所示。在“列数”和“行数”微调框中设置表格的列数和行数。在“‘自动调整’操作”选项组中，根据需要设置表格宽度。若选中“为新表格记忆此尺寸”复选框，则再次创建表格时将使用当前的设置。

图 2.41 “表格”列表

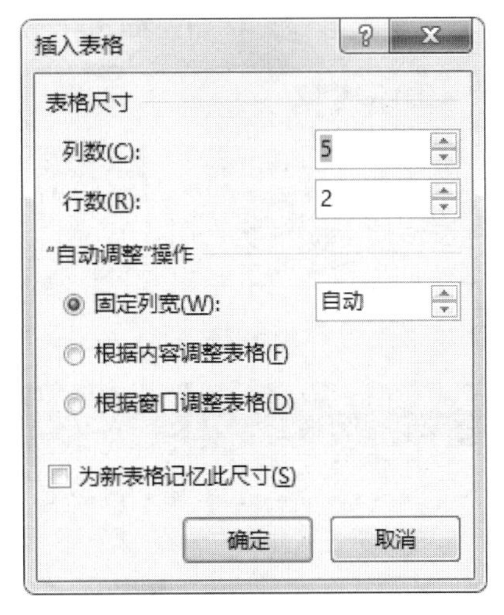

图 2.42 “插入表格”对话框

（3）利用工具按钮绘制表格。

使用 Word 中的表格绘制工具可以便捷地绘制不规则的表格。

在“表格”列表中单击“绘制表格”命令按钮，待鼠标指针变为铅笔形状后，根据需要在文档页面中拖动鼠标，即可绘制表格。

（4）将文字转换成表格。

在 Word 中，由有规则的分隔符分隔的文本可以转换生成表格。具体的操作步骤如下。

① 选中要转换成表格的所有文本。

② 在“表格”列表中单击“文本转换成表格”命令按钮，打开“将文字转换成表格”对话框，如图 2.43 所示。

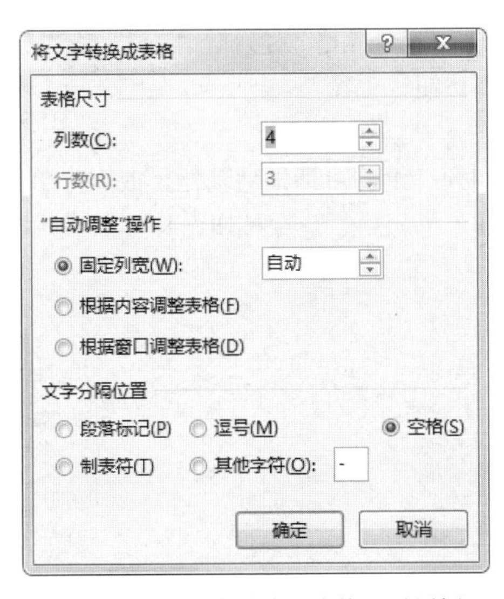

图 2.43 “将文字转换成表格”对话框

③ Word 自动识别文字分隔位置，并显示转换后表格的行数和列数。根据需要还可进一步判断并修改“文字分隔位置”和“列数”等设置。

④ 单击“确定”按钮，即可生成表格。

2. 编辑表格

表格建立以后，经常要对表格的结构和样式进行修改。

当表格处于编辑状态时，Word 会同步显示“表格工具”上下文选项卡。在“表格工具”→“布局”选项卡中可实现对表格结构的修改，如表格行（列）的插入与删除，单元格的合并与拆分，单元格大小与文字对齐方式设置等。“布局”选项卡如图 2.44 所示。

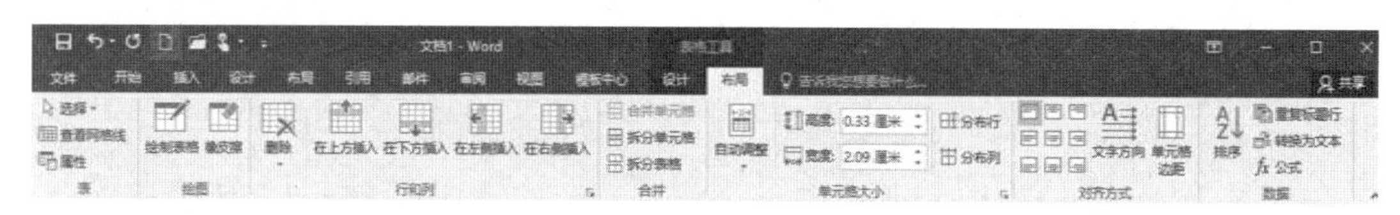

图 2.44 “表格工具”→“布局”选项卡

（1）插入行（列）。

单击“布局”→“行和列”→“在上方插入”（或“在下方插入”）命令按钮，可向表格中插入行；单击“布局”→“行和列”→“在左侧插入”（或“在右侧插入”）命令按钮，可向表格中插入列。

插入行/列的操作也可以通过右击行/列，并在弹出的快捷菜单中选择“插入”的相关命令来完成。

（2）删除行（列）。

单击“布局”→“行和列”→“删除”→“删除行”（或“删除列”）命令按钮，可删除表格行/列。

删除行/列的操作也可以通过右击行/列，并在弹出的快捷菜单中选择“删除单元格”命令按钮来完成：在打开的“删除单元格”对话框中单击选择“删除整行”（或“删除整列”）单选按钮，并单击“确定”按钮，如图 2.45 所示。

（3）插入和删除单元格。

单击“布局”→“行和列”组的对话框启动器，或右击单元格插入处，在弹出的快捷菜单中选择“插入”→“插入单元格”命令按钮，打开“插入单元格”对话框，如图 2.46

图 2.45 “删除单元格”对话框

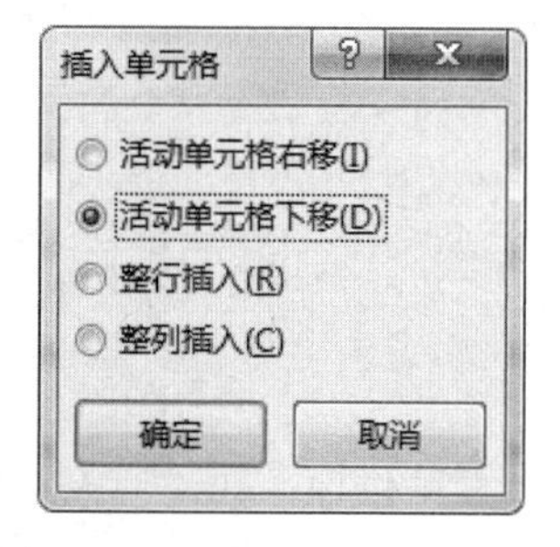

图 2.46 “插入单元格”对话框

所示。在“插入单元格”对话框中单击选择“活动单元格右移”或“活动单元格下移”单选按钮，并单击“确定”按钮便可实现单元格的插入操作。

要删除单元格，可以先选定单元格，然后单击“布局”→“行和列”→“删除”→“删除单元格”命令按钮，打开“删除单元格”对话框，在其中选择一种删除方式，单击“确定”按钮即可。

（4）合并单元格。

合并单元格的 3 种方法如下：

① 选择待合并单元格，单击“表格工具”→“布局”→“合并单元格”命令按钮。

② 右击待合并单元格，在弹出的快捷菜单中单击“合并单元格”命令按钮。

③ 单击“布局”→“绘图”→“橡皮擦”命令按钮，单击需要去除的单元格框线，实现单元格合并。

（5）拆分单元格。

拆分单元格的 3 种方法如下：

① 将光标置于待拆分的单元格中，单击“表格工具”→“布局”→“合并”组中的“拆分单元格”命令按钮。

② 将光标置于待拆分的单元格中，右击并在弹出的快捷菜单中单击“拆分单元格”命令按钮，打开“拆分单元格”对话框，如图 2.47 所示。指定拆分的行数和列数，单击“确定”按钮即可。

图 2.47 “拆分单元格”对话框

③ 单击“布局”→“绘图”→“绘制表格”命令按钮，在需要拆分的单元格内绘制线条，实现单元格的拆分。

（6）拆分表格。

在“布局”→“合并”组中，单击“拆分表格”命令按钮，可以将当前表格拆分为两个表格，当前行成为新表格的首行。

（7）删除表格。

单击“布局”→“行和列”组中的“删除”下拉按钮，在弹出的列表中单击“删除表格”命令按钮，即可将光标所在的表格删除。也可以在选中整个表格的情况下，右击并在弹出菜单中单击“删除表格”命令按钮，实现表格的删除。

（8）设置单元格大小。

拖动单元格的边框线是改变单元格大小最直接的方法。但实际工作中，往往需要综合使用“表格工具”→“布局”→“单元格大小”组的各种命令，实现整齐、美观的表格设计。

① 自动调整。将光标置于表格内，单击“表格工具”→“布局”→“单元格大小”组中的“自动调整”下拉按钮，在弹出的列表中设置整个表格的宽度，同时也改变了单元格的大小。

② 设置精确值。在“表格工具”→“布局”选项卡中，在“单元格大小”组中输入或微调“高度”或“宽度”的数值来设置表格准确的行高或列宽。

③ 平均分布行/列。单击表格左上角的表格选择按钮⊞，选中整个表格，或选中待调

整大小的行或列，单击“表格工具”→“布局”→“单元格大小”组中的“分布行”（“分布列”）命令按钮，可实现将行（列）在所选行（列）范围内均匀分布。

（9）设置表格对齐方式。

在“表格工具”→“布局”→“对齐方式”组中共有 9 种对齐方式设置，单击即可为单元格中文字设置相应的对齐方式。

（10）设置表格样式。

利用“表格工具”→“设计”选项卡可设计表格样式。“设计”选项卡如图 2.48 所示。

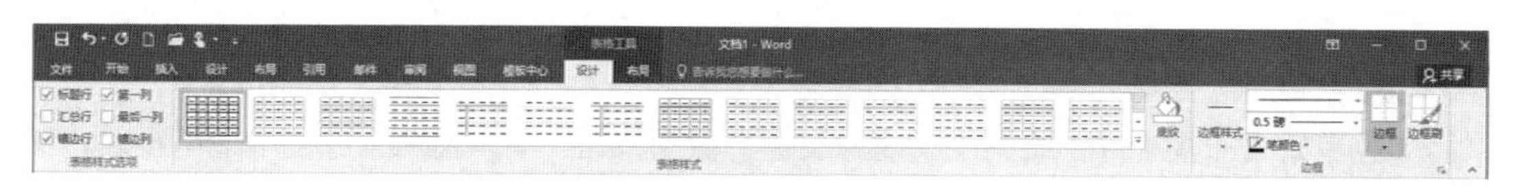

图 2.48 “设计”选项卡

① 套用表格样式。将光标置于表格内，在“表格样式”组中选择一种表格样式。

② 设置单元格边框和底纹。选中表格、行、列，或将光标置于某个单元格内，在“边框”组中，设置框线的样式、粗细与颜色等，然后单击“边框”下拉按钮，在弹出的列表中选择一种框线，即可改变边框的显示样式。

选中一组单元格，或将光标置于某个单元格内，单击“表格样式”组中的“底纹”下拉按钮，在弹出的列表中选择一种颜色，即可为选中的单元格设置底纹颜色。若在列表中选择了“无颜色”，则会清除当前选中单元格现有的底纹颜色。

表格的边框和底纹的设置同样可以在“边框和底纹”对话框中完成。单击“边框”下拉按钮，在弹出的列表中单击“边框和底纹”命令按钮，打开“边框和底纹”对话框，即可参照 2.3.3 节“设置边框和底纹”的相关内容进行设置。

2.3.11 公式的输入与编辑

1. 公式的插入

在 Word 2016 文档中插入公式的方法如下。

（1）直接插入 Word 内置公式。

单击“插入”→“符号”组中的“公式”下拉按钮，在弹出的列表中单击需要的内置常用数学公式，即可将其插入到当前文档中。

（2）利用“插入新公式”命令。

单击“公式”下拉按钮，在弹出的列表中单击“插入新公式”命令，即可在当前光标所在位置插入公式编辑器，此时界面中会显示“公式工具”上下文选项卡，如图 2.49 所示。根据需要输入普通文本、数学符号或公式结构进行公式编辑，如单击“上下标”下拉按钮，在列表中单击“上标”命令，并在公式编辑器的虚线框内输入字符，即可编辑产生需要的公式。

（3）使用“墨迹公式”功能。

单击“公式”下拉按钮，在弹出的列表中单击“墨迹公式”命令，在弹出窗口的黄色编辑区中，拖动鼠标书写数学公式，输入的字符会被自动识别为数学符号。

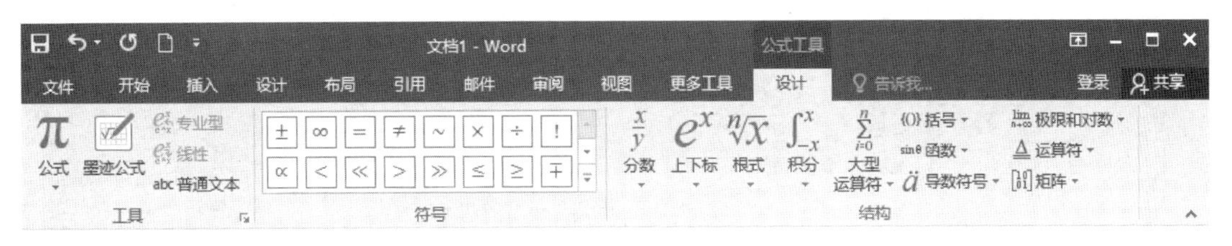

图 2.49 “公式工具”→“设计”选项卡

2. 公式的编辑

单击公式中需要编辑的位置，然后用键盘输入新的字符，或在“公式工具”→“设计”→“符号”组中单击相应的数学符号，或在“公式工具”→“结构”组中单击相应的公式结构等。

3. 公式的保存

编辑好的公式可以保存起来以方便再次使用。单击公式编辑器右下角按钮，在弹出的列表中单击“另存为新公式”命令。之后，单击“插入”→“符号”组的“公式”下拉按钮，可在弹出的列表中查看到已保存的公式，单击即可将其插入当前文档中。

2.3.12 页面设置

Word 文档在排版过程中往往采用默认的页面设置。若新的页面版式对纸张大小、纸张方向、页边距等有具体的要求，那么一般建议在文档排版之前先进行页面设置。

1. 设置页边距

页边距是页面四周的空白区域，包括上边距、下边距、左边距和右边距。单击“布局”→“页面设置”组中的“页边距”下拉按钮，在弹出的列表中可以直接选择一种页边距设置，也可以单击“自定义边距”命令，在打开的“页面设置”对话框中进行页边距的设置，如图 2.50 所示。

2. 设置纸张

纸张设置包括对纸张方向和纸张大小的设置。单击“布局”→“页面设置”组中单击“纸张方向”下拉按钮，在弹出的列表中单击“横向”或“纵向”命令即可设置纸张方向。单击“纸张大小”下拉按钮，即可在弹出的列表中选择纸张大小，也可以单击“其他纸张大小”命令，在打开的“页面设置”对话框的“纸张”选项卡中完成对纸张尺寸的具体设置，如图 2.51 所示。

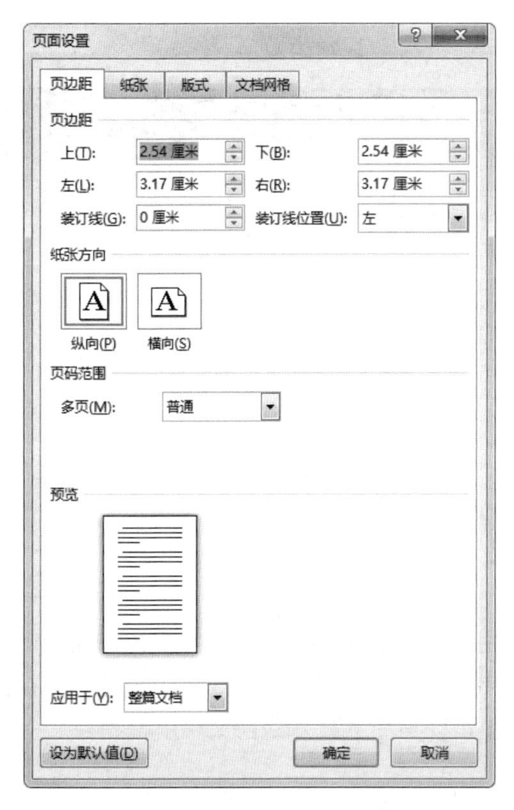

图 2.50 “页面设置”对话框

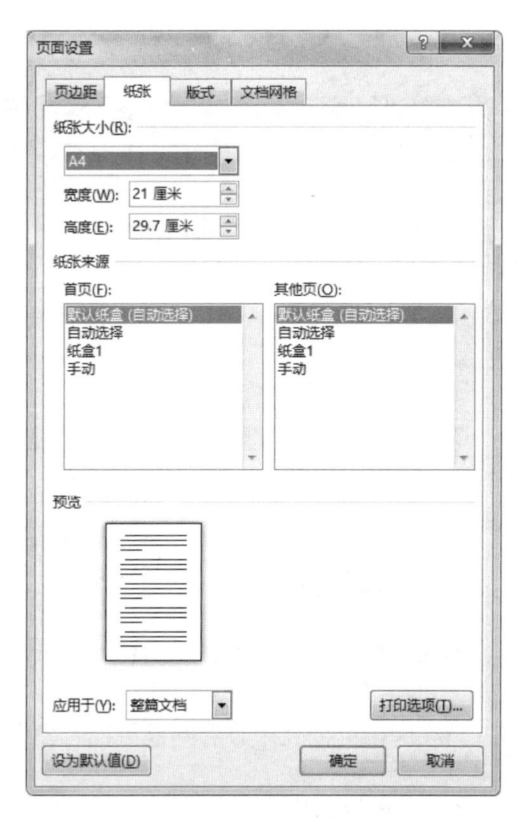

图 2.51 “纸张”选项卡

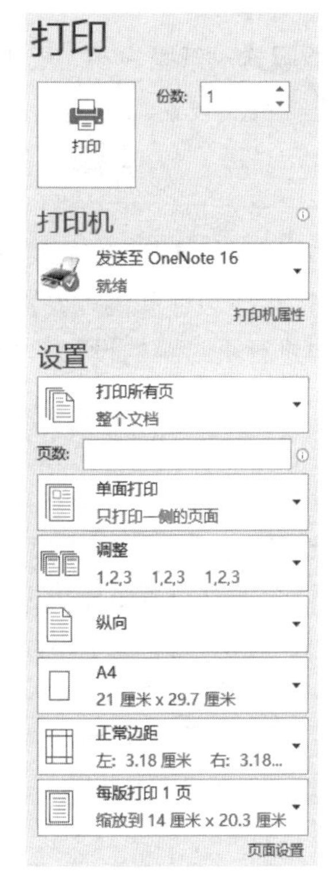

图 2.52 打印设置界面

2.3.13 文档打印

当文档编辑、排版完成以后，便可以打印输出。

（1）打印设置。

单击“文件”→“打印”命令按钮，打开的打印设置界面如图 2.52 所示。

- **“份数”**：设置文档打印的数量。
- **“打印机”**：设置连接的打印机，以及打印机属性。
- **“打印所有页”**：定义文档打印范围。
- **“单面打印”**：设置文档的单面/双面打印。
- **“纵向”**：设置横向/纵向打印。
- **“A4”**：设置打印的纸张大小。
- **“正常边距”**：设置页边距。
- **“每版打印 1 页”**：设置一版打印的页数。

（2）打印预览。

为了保证打印效果，在打印之前，可先通过 Word 的打印预览功能查看文档的输出效果。单击“文件”→“打印”命令按钮，在打开的“打印”窗口右侧窗格即可同步预览文档的打印效果。单击窗格底端的页面切换按钮和页面缩放按钮，可实现页面的跳转和缩放，方便对打印效果的预览。

（3）打印。

单击“文件”→“打印”命令按钮，单击窗口顶端的“打印”按钮，即可连接打印机打印文档。

2.4 多窗口和多文档的编辑

在文档的编辑过程中，往往要在同一个文档内的不同位置间反复切换，以及多个文档间来回切换进行编辑浏览，因此，窗口的拆分、排列以及文档窗口的切换是文档编辑的必要手段。

1. 窗口的拆分

Word 中窗口拆分功能可以将一个文档拆分为上、下两个部分，分别显示在两个窗口中，方便对文档的编辑。

单击“视图”→“窗口”组中的“拆分”命令按钮，文档窗口会被一条水平分割线拆分为上下两个窗格，将鼠标指针移动到分割线上，拖动分割线，即可调整窗格的大小。

单击“视图”→“窗口”组中的“取消拆分”命令按钮即可将拆分的窗口复原。

2. 在多个文档窗口间切换

Word 允许同时打开多个文档，在文档编辑过程中，常常需要在文档之间进行切换。单击“视图”→“窗口”组中的“切换窗口”下拉按钮，在弹出的列表中可根据文档名称进行选择，即可切换到被选文档窗口。

3. 排列窗口

（1）全部重排。

单击“视图”→“窗口”组中的“全部重排”命令按钮，将所有打开的文档窗口排列在屏幕上，再单击某个窗口，可使其成为当前窗口。

（2）并排查看。

“并排查看”功能可以将两个已经打开的文档并排显示在屏幕上，并默认具有“同步滚动”功能。可通过此项操作进行文档的比较、切换与编辑。单击“视图”→“窗口”组中的“并排查看”命令按钮时，若当前已有多个文档打开，则需要在“并排比较”对话框中选择并排比较的文档对象，方可实现文档的并排查看功能。

单击“视图”→“窗口”组中的“同步滚动”命令按钮，即可取消同步滚动。

2.5 文档视图

文档视图是指文档的显示方式。Word 2016 提供了 5 种文档视图，包括页面视图、阅读视图、Web 版式视图、大纲视图和草稿。可以在“视图”→“视图”组中进行选择（见图 2.53），也可以在 Word 工作界面底部的“视图”栏中进行文档视图的选择。

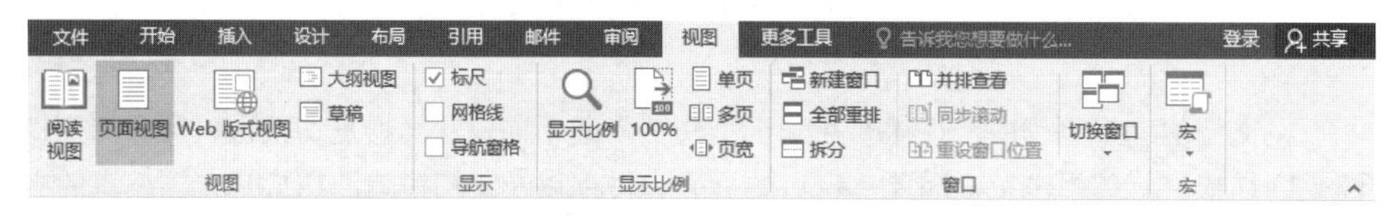

图 2.53 “视图”组

1. 页面视图

页面视图是 Word 的默认视图，页面视图的显示效果与打印效果基本一致。在页面视图下可以编辑页眉、页脚、文本、图形对象，并进行分栏设置。

2. 阅读视图

阅读视图是一种专门用来阅读文档的视图。在阅读版式视图中，Word 工作界面的功能区、标尺等部分被隐藏。“工具”菜单中的阅读工具使阅读更加方便，单击“视图”菜单的“编辑文档”命令可以退出阅读视图。

3. Web 版式视图

Web 版式视图是以网页形式显示文档，当拖动鼠标调整窗口的大小时，文本会以适应窗口的大小自动换行，完整地显示所编辑文档的网页效果。

4. 大纲视图

大纲视图主要用于长文档的快速浏览和设置。切换到大纲视图后，Word 中会显示“大纲”选项卡，如图 2.54 所示。“大纲工具”组中的列表框中显示出当前段落级别，单击两侧的按钮可以使段落级别提升或降低，单击▲或▼按钮可以调整段落在文档中的位置，从而实现对文档结构的调整。

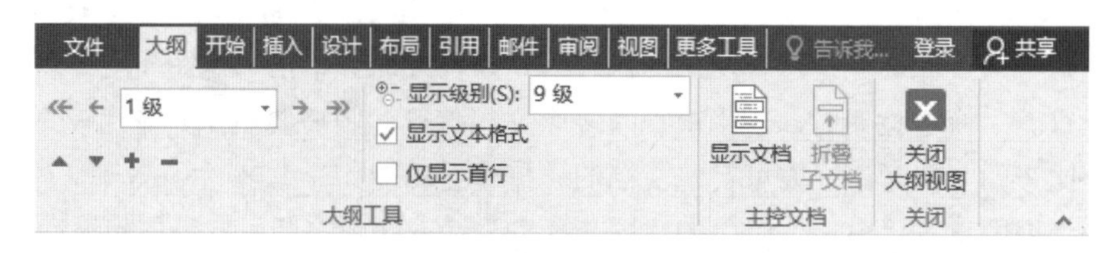

图 2.54 “大纲”选项卡

5．草稿视图

草稿视图适用于文本的录入和编辑，能够进行字符和段落格式的设置。草稿视图简化了页面的布局，不显示页边距、页眉、页脚、背景、图形等对象，仅显示标题和正文。

2.6 案例——共圆中国梦

2.6.1 任务 1 “共圆中国梦”之文档的创建

1. 案例要求

新建一个 Word 文档，录入以下方框中的内容，并以“共圆中国梦.docx”为文件名保存在 d:\doc 文件夹中。

> 共圆中国梦
>
> 在实现中华民族伟大复兴的道路上，各行各业都有自己的梦想，如“航天梦”“航母梦”“强军梦”“大飞机梦”“体育强国梦”……
>
> 1970 年，我国第一颗人造地球卫星“东方红一号”在酒泉发射成功。
>
> 2003 年，神舟五号首次成功进行载人航天飞行。
>
> 2008 年，神舟七号实现载人出舱活动。
>
> 2013 年，神舟十号实现空间飞行器对接和太空授课。
>
> 2016 年，神舟十一号与天宫二号空间实验室实现对接，中国载人航天创造了太空驻留 33 天的新纪录。
>
> 2019 年，嫦娥四号成功登月，实现了人类探测器首次月背软着陆。
>
> 2020 年，嫦娥五号首次实现了我国地外天体采样返回。
>
> 中国“航天梦”正逐步实现。

2. 案例实现

（1）在 D 盘根目录下创建文件夹 doc。

（2）启动 Word 2016，录入文本。

（3）单击“文件”→“保存”命令按钮，在“另存为”对话框中设定文件保存的位置和文件名，如图 2.55 所示。

2.6.2 任务 2 “共圆中国梦”之文档的格式化

1. 案例要求

对任务 1 文档“共圆中国梦.docx”进行以下格式设置。

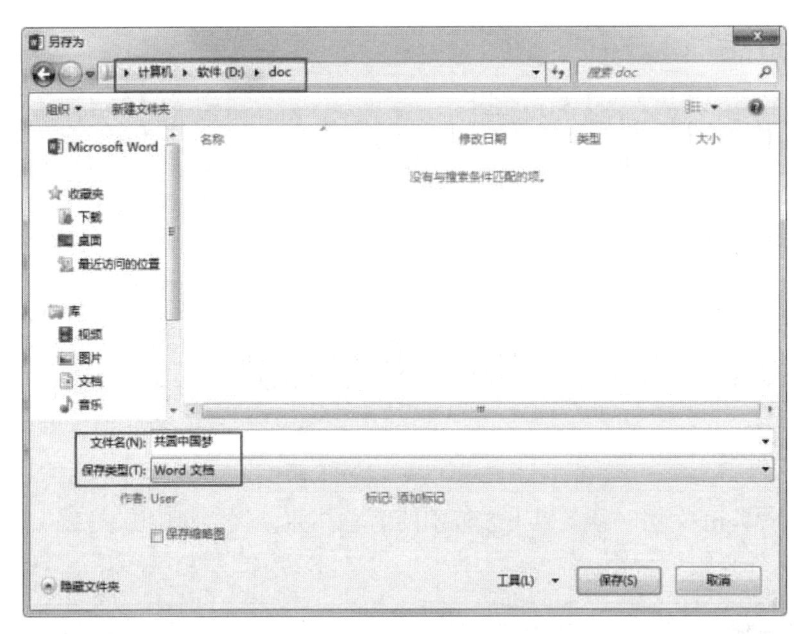

图 2.55 “另存为”对话框

（1）页面设置：纸张大小为 A4，上、下页边距都为 3.5 厘米，左、右页边距都为 1.75 厘米，纸张方向为纵向。

（2）标题文字：字体为“幼圆”，字号为“小初”、加粗，字体颜色为“深红”，文本效果为“阴影，外部，右下斜偏移”，字符间距“加宽 2 磅”，段前、段后各 2 行，对齐方式为居中对齐。

（3）正文：中文字体为“黑体”，西文字体为 Times New Roman，字号为“小三”，行间距为“2 倍行距”，第 1 段和第 9 段首行缩进 2 字符。

（4）为第 2～8 段添加项目符号✧，并设置项目符号字号为“小三”，颜色为“深红”。

最终效果如图 2.56 所示。

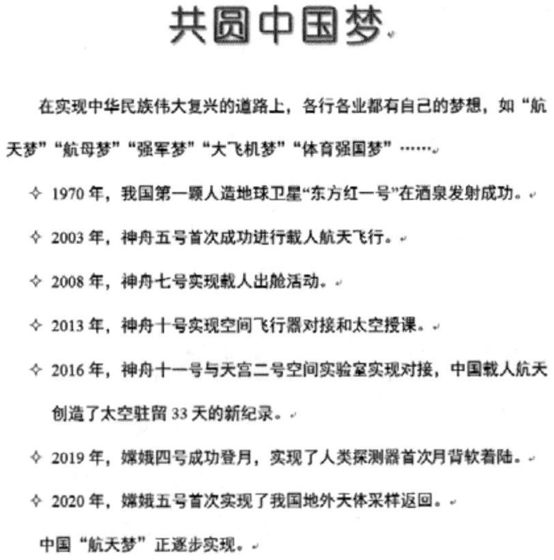

共圆中国梦

在实现中华民族伟大复兴的道路上，各行各业都有自己的梦想，如“航天梦”“航母梦”“强军梦”“大飞机梦”“体育强国梦”……

✧ 1970 年，我国第一颗人造地球卫星“东方红一号”在酒泉发射成功。

✧ 2003 年，神舟五号首次成功进行载人航天飞行。

✧ 2008 年，神舟七号实现载人出舱活动。

✧ 2013 年，神舟十号实现空间飞行器对接和太空授课。

✧ 2016 年，神舟十一号与天宫二号空间实验室实现对接，中国载人航天创造了太空驻留 33 天的新纪录。

✧ 2019 年，嫦娥四号成功登月，实现了人类探测器首次月背软着陆。

✧ 2020 年，嫦娥五号首次实现了我国地外天体采样返回。

中国“航天梦”正逐步实现。

图 2.56 任务 2 效果图

2. 案例实现

1）页面设置

（1）打开文档“共圆中国梦.docx”，删除第一段文字。

（2）单击“布局”→“页面设置”组的对话框启动器，在“页面设置”对话框的“页边距”选项卡中设置上、下页边距都为 3.5 厘米，左、右页边距都为 1.75 厘米，纸张方向为“纵向”。切换到“纸张”选项卡，设置纸张大小为“A4”。

2）字体和段落设置

（1）选中标题文字，在“开始”→“字体”组中设置字体为“幼圆”，字号为“小初”、加粗，字体颜色为“深红”。单击“文本效果和版式”下拉按钮，在弹出的列表中选择“阴影”→“外部”→“右下斜偏移”。

（2）选中标题文字，单击“开始”→“字体”组的对话框启动器，在“字体”对话框的“高级”选项卡中，设置“字符间距”为加宽，“磅值”为 2 磅，如图 2.57 所示。

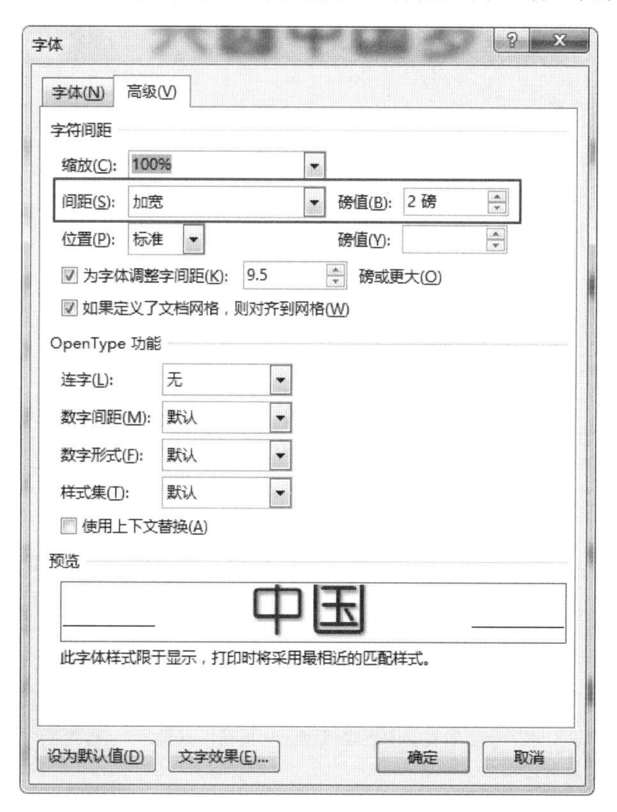

图 2.57 “字符间距”设置

（3）选中标题文字，单击“开始”→“段落”组的对话框启动器，在“段落”对话框的→“缩进和间距”选项卡中，设置“段前”和“段后”间距都为 2 行，“对齐方式”为居中。

（4）选中正文文字，启动“字体”对话框，在“字体”选项卡中设置中文字体为“黑体”，西文字体为 Times New Roman，字号为“小三”。

（5）选中正文文字，启动“段落”对话框，“缩进和间距”选项卡中设置“行距”为 2

倍行距。

（6）选中第 1 段和第 9 段文字，启动“段落”对话框，设置“特殊格式”→“首行缩进”为 2 字符。

3）添加项目符号

选中第 2 段至第 8 段文字，单击“开始”→“段落”组中的“项目符号”下拉按钮，在弹出的列表中单击“定义新项目符号”命令按钮。在打开的对话框中首先单击“符号”按钮，选择符号✧，然后单击“字体”按钮，设置“字号”为小三，“颜色”为深红。

4）保存文档

单击快速工具栏中的“保存”按钮，保存文档。

2.6.3 任务 3 “共圆中国梦”之图片与文本框

1. 案例要求

对任务 1 文档“共圆中国梦.docx”进行以下格式设置。

（1）删除第 1 段文字。

（2）页面设置：纸张大小为 A4，上、下页边距都为 3.17 厘米，左、右页边距都为 4.45 厘米，纸张方向为横向。

（3）文字格式：标题文字字体为“楷体”，字号为“小二”，正文字体为“楷体”，字号为“小四”，全文行距为“1.5 倍行距”。

（4）文本框：将全部文字插入新建文本框中，文本框“高度”为“9.4 厘米”，“宽度”为“20.6 厘米”，放至文档中部，设置文本框形状样式为“透明，彩色轮廓-橙色，强调颜色 2”，修改文本框“形状轮廓”→“粗细”值为 1 磅，设置文本框的内部“左边距”和“上边距”均为 0.6 厘米，参照图 2.58 修改部分文字颜色为“蓝-灰，文字 2，深色 25%”。

共圆中国梦

1970 年，我国第一颗人造地球卫星“东方红一号”在酒泉发射成功。

2003 年，神舟五号首次成功进行载人航天飞行。

2008 年，神舟七号实现载人出舱活动。

2013 年，神舟十号实现空间飞行器对接和太空授课。

2016 年，神舟十一号与天宫二号空间实验室实现对接，中国载人航天创造了太空驻留 33 天的新纪录。

2019 年，嫦娥四号成功登月，实现了人类探测器首次月背软着陆。

2020 年，嫦娥五号首次实现了我国地外天体采样返回。

中国“航天梦”正逐步实现。

图 2.58 任务 3 效果图

（5）图片：在文档中插入图片，设置图片高度为“4.36 厘米”、宽度为“5.76 厘米”。设置“图片样式”为“映像圆角矩形”，“旋转”10 度，设置图片的“环绕方式”为“衬于文字下方”，将图片调整到图 2.58 所示位置。

最终效果如图 2.58 所示。

2. 案例实现

1）页面设置

（1）打开任务 1 文档“共圆中国梦.docx”。

（2）在“页面设置”对话框中设置纸张大小为 A4，上、下页边距均为 3.17 厘米，左、右页边距均为 4.45 厘米，纸张方向为横向。

2）文字格式

在“开始”→“字体”组中设置标题文字为“楷体”“小二”，设置正文文字为“楷体”“小四”，在“段落”对话框中设置“行距”为“1.5 倍行距”。

3）文本框

（1）按 Ctrl+A 组合键选中全部文字，然后在“插入”→“文本”→“文本框”列表中单击“绘制文本框”命令，文字全部被插入到新建文本框中。

（2）单击文本框边框，选中文本框，在“绘图工具”→“大小”组中设置文本框的“高度”为 9.4 厘米、“宽度”为 20.6 厘米。

（3）拖动文本框到文档中间位置。

（4）选中文本框，在“绘图工具”→“形状样式”组的内置样式中选择“透明，彩色轮廓-橙色，强调颜色 2”，单击“形状样式”组中的“形状轮廓”下拉按钮，在弹出的列表框中将“粗细”修改为 1 磅。

（5）选中文本框并右击，在弹出的快捷菜单中单击“设置形状格式”命令。在“设置形状格式”窗格中，单击切换到“形状选项”的“布局属性”界面，修改“左边距”为 0.6 厘米、“上边距”为 0.6 厘米，如图 2.59 所示。

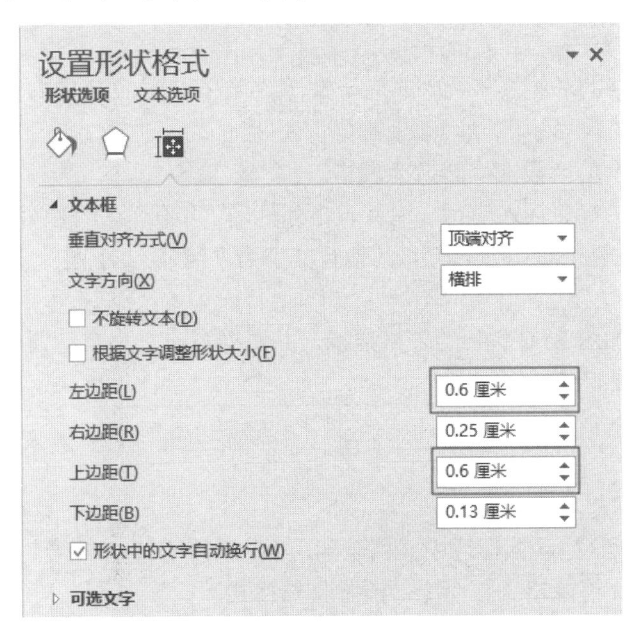

图 2.59 “设置形状格式”任务窗格

（6）修改文本框中部分文字的颜色为“蓝-灰，文字 2，深色 25%”。

4）图片

（1）将光标置于文本框外，单击“插入”→“插图”→“图片”命令，在打开的“插入图片”对话框选择插入的图片。

（2）选中图片，在“绘图工具”→“格式”→“大小”组中设置图片的“高度”为 4.36 厘米、“宽度”为 5.76 厘米。

（3）选中图片，在“图片工具”→“格式”→“图片样式”组中，设置图片样式为“映像圆角矩形”。在“图片工具”→“格式”→“排列”组中，单击“旋转”下拉按钮，设置旋转角度为 25 度。

（4）选中图片，在“绘图工具”→“格式”→“排列”组中单击“环绕文字”下拉按钮，在弹出的列表中单击“衬于文字下方”命令，拖放图片到适当位置。

2.6.4 任务 4 “共圆中国梦”之艺术字与表格

1. 案例要求

对文档“共圆中国梦.docx”进行以下格式设置。

（1）清除文档所有文本的格式。

（2）设置标题文字的字体为“华文行楷”，字号为“小初”，段前 2 行、段后 1 行，行距为“1.5 倍行距”。

（3）设置正文文字字体为“楷体”，字号为“四号”。

（4）第 1 段和第 9 段首行缩进“2 字符”，行距为“1.5 倍行距”。设置第 1 段的段后间距为“1 行”，第 9 段的段前间距为“1 行”。

（5）设置标题文字为艺术字，格式为“填充-白色，轮廓-着色 2，清晰阴影-着色 2”，文本轮廓颜色为“深红”。

（6）设置艺术字的环绕文字为“四周型”，位置在第 1 段文字的右侧，距离正文左侧为“0.6 厘米”。

（7）将第 2 段至第 8 段文字转换为表格。

（8）在表格第 1 行前插入空行，输入表格列标题“年份”和“事件”。表格标题文字为“黑体”“小四”，对齐方式为“居中”，其他行文字为“楷体”“小四”。表格中文字“行距”为 1.5 倍行距。

（9）为表格添加图 2.60 所示的表格框线，并根据窗口大小自动调整表格宽度。

最终效果如图 2.60 所示。

2. 案例实现

1）清除文档格式

打开任务 2 文档，拖动鼠标选中文档全部内容，或按 Ctrl+A 组合键全选，然后单击“开始”→“样式”→“清除格式”命令，清除文档格式。

在实现中华民族伟大复兴的道路上，各行各业都有自己的梦想，如“航天梦”“航母梦”“强军梦”“大飞机梦”“体育强国梦”……

年份	事件
1970	我国第一颗人造地球卫星“东方红一号”在酒泉发射成功。
2003	神舟五号首次成功进行载人航天飞行。
2008	神舟七号实现载人出舱活动。
2013	神舟十号实现空间飞行器对接和太空授课。
2016	神舟十一号与天宫二号空间实验室实现对接，中国载人航天创造了太空驻留33天的新纪录。
2019	嫦娥四号成功登月，实现了人类探测器首次月背软着陆。
2020	嫦娥五号首次实现了我国地外天体采样返回。

中国“航天梦”正逐步实现。

图 2.60　任务 4 效果图

2）字体和段落设置

（1）选择标题文字，在“开始”→“字体”选项组中设置“字体”为华文行楷，“字号”为小初。在“段落”对话框中设置“段前间距”为 2 行，“段后间距”为 1 行，“行距”为 1.5 倍行距。

（2）选中正文，在“开始”→“字体”选项组中设置“字体”为楷体，“字号”为四号。

（3）选中第 1 段和第 9 段文字，在“段落”对话框中设置“首行缩进”为 2 字符，“行距”为 1.5 倍行距。光标置于第 1 段，在“段落”对话框中设置“段后间距”为 1 行。光标置于第 9 段，在“段落”对话框中设置“段前间距”为 1 行。

3）设置艺术字

（1）选中标题文字，单击“插入”→“文本”→“艺术字”下拉按钮，在弹出的列表中选择“填充-白色，轮廓-着色 2，清晰阴影-着色 2”，单击“绘图工具”→“格式”→“艺术字样式”→“文本轮廓”下拉按钮，选择标准色深红。

（2）选中艺术字，单击“绘图工具”→“格式”→“排列”→“环绕文字”下拉按钮，在弹出的列表中单击“四周型”命令，将其拖曳到文字的右侧。单击“环绕文字”列表中的“其他布局选项”命令，设置“距正文”左侧 0.6 厘米。

4）文本转换为表格

（1）选中第 2 段至第 8 段文字，单击“开始”→“编辑”→“替换”命令按钮，在“查找和替换”对话框的“查找内容”文本框中输入“年,”，在“替换为”文本框中输入空格，然后单击“全部替换”，如图 2.61 所示。

（2）选中第 2 段至第 8 段文字，单击“插入”→“表格”→“表格”下拉按钮，在弹出的列表中单击“文本转换成表格”命令，在打开的对话框中，在“文字分隔位置”选项组中单击选择“空格”单选按钮，确认转换，适当调整表格第 1 列的宽度，结果如图 2.62 所示。

图 2.61 “查找和替换”对话框

1970	我国第一颗人造地球卫星“东方红一号”在酒泉发射成功。
2003	神舟五号首次成功进行载人航天飞行。
2008	神舟七号实现载人出舱活动。
2013	神舟十号实现空间飞行器对接和太空授课。
2016	神舟十一号与天宫二号空间实验室实现对接，中国载人航天创造了太空驻留 33 天的新纪录。
2019	嫦娥四号成功登月，实现了人类探测器首次月背软着陆。
2020	嫦娥五号首次实现了我国地外天体采样返回。

图 2.62 文本转换为表格

（3）将光标置于表格第 1 行位置，单击“表格工具”→“布局”→“行和列”组中的“在上方插入”命令，插入一个新行，在插入的行中输入列标题“年份”和“事件”。

（4）选中表格中全部文字，设置“行间距”为 1.5 倍行距；选中表格中标题文字，设置文字为“黑体”“小四”，“对齐方式”为居中；选中表格中其他文字，设置文字为“楷体”“小四”。

（5）选中表格，单击“开始”→“段落”→“边框”下拉按钮，在弹出的列表中单击“边框和底纹”命令按钮，在“边框和底纹”对话框中首先选择边框样式、“深红”颜色以及 1.5 磅宽度，然后在“预览”界面中单击边框线，使其只保留表格的上、下横线，如图 2.63 所示。同理，选中表格第 1 行，在“边框和底纹”对话框中选择样式后，在“预览”界面中单击添加下框线，如图 2.64 所示。

图 2.63　表格外边框设置

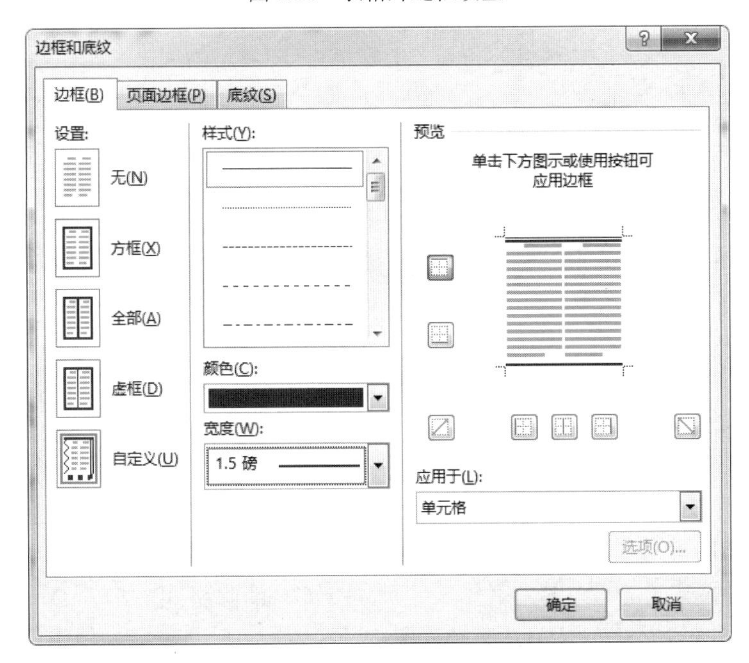

图 2.64　表格内框线设置

（6）选中表格，单击“表格工具”→“布局”→“单元格大小”→“自动调整”下拉按钮，在弹出的列表中单击“根据窗口自动调整表格”命令。

5）保存文档

单击快速工具栏中的“保存”按钮，保存文档。

习 题 演 练

一、选择题

1．在 Word 编辑状态下，单击“开始”选项卡中的（　　）命令按钮，可将文档中选中的文本放到剪贴板上。

A．“复制”　　B．“删除”　　C．“粘贴”　　D．“格式刷”

2．在 Word 2016 中，打开文档“文档 1.docx”，修改后另存为“文档 2.docx”，则“文档 1.docx”（　　）。

A．被“文档 2.docx”覆盖　　B．被修改未关闭

C．被修改并关闭　　D．未修改被关闭

3．在 Word 2016 编辑状态下，若要调整光标所在段落的行距，首先进行的操作是（　　）。

A．选择“开始”选项卡　　B．选择“插入”选项卡

C．选择“页面布局”选项卡　　D．选择“视图”选项卡

4．在 Word 2016 中，选中文本块后，如果（　　）拖动鼠标指针到需要处，可实现文本块的复制。

A．按住 Ctrl 键　　B．按住 Shift 键

C．按住 Alt 键　　D．不需要按键

5．按（　　）键，可删除光标位置前的一个字符。

A．Insert　　B．Alt　　C．Backspace　　D．Delete

6．在 Word 文档正文中，段落对齐方式有左对齐、右对齐、居中对齐、（　　）和分散对齐。

A．上下对齐　　B．前后对齐　　C．两端对齐　　D．内外对齐

7．Word 2016 中的“格式刷”命令按钮可用于复制文本或段落的格式，若要将选中的文本或段落格式重复应用多次，应该（　　）。

A．单击“格式刷”命令按钮　　B．双击“格式刷”命令按钮

C．右击“格式刷”命令按钮　　D．拖动“格式刷”命令按钮

8．Word 2016 中去掉已经排版的格式可以使用（　　）功能完成。

A．主题　　B．字体　　C．清除格式　　D．存为网页

9．下列（　　）不属于 Word 文档视图。

A．草稿视图　　B．浏览视图　　C．大纲视图　　D．页面视图

10．Word 2016 中删除文档中所有多余的空格，可能通过（　　）来实现。

A．替换　　B．查找　　C．选择　　D．定位

二、操作题

1．启动 Word 2016，录入以下文字，并保存为“中华世纪坛序.docx”。

中华世纪坛序

大风泱泱，大潮滂滂。洪水图腾蛟龙，烈火涅槃凤凰。文明圣火，千古未绝者，唯我无双；和天地并存，与日月同光。

中华文化，源远流长；博大精深，卓越辉煌。信步三百米甬道，阅历五千年沧桑。社稷千秋，祖宗百世，几多荣辱沉浮，几度盛衰兴亡。圣贤典籍，浩如烟海；四大发明，寰球共享。缅怀漫漫岁月，凝聚缕缕遐想。

回首近代，百年三万六千日，饱尝民族苦难，历尽变革风霜。烽火硝烟，江山激昂。挽狂澜于既倒，撑大厦于断梁。春风又绿神州，华夏再沐朝阳。

登坛远望：前有古人，星光灿烂；后有来者，群英堂堂。看乾坤旋转：乾恒动，自强不息之精神；坤包容，厚德载物之气量。继往开来，浩浩荡荡。立民主，兴文明，求统一，图富强。中华民族伟大复兴，定将舒天昭晖，磅礴东方。

世纪交汇，万众景仰；共襄盛举，建坛流芳；昭示后代，永世莫忘。

根据以下要求完成文档的排版。

（1）页面设置：上、下页边距均为 2.54 厘米，左、右页边距均为 3.17 厘米，A4 纸张大小，纵向。

（2）标题文字：楷体、四号、居中对齐，段前间距 1 行、段后间距 0.5 行。

（3）正文文字：楷体、五号、两端对齐，单倍行距，首行缩进 2 字符。

（4）首字下沉：设置第 1 段首字下沉，下沉行数为 3。

（5）图片格式：插入图片，设置高 3.96 厘米、宽 5.28 厘米，文字环绕方式为“四周型”，调整图片位置到文字的右侧。

（6）形状格式：插入形状“圆角矩形”，设置高 9.59 厘米、宽 15.26 厘米，“形状样式”为“彩色轮廓-蓝色，强调颜色 5”，修改“形状轮廓”的“粗细”为 1 磅，设置“形状填充”为渐变，“渐变光圈”停止点 1“白色，个性色 1，淡色 95%”，停止点 2 位置“76%”“白色，背景 1”，停止点 3“浅蓝，个性色 1，淡色 70%”，类型“线性”，角度“70 度”。

（7）形状位置：设置形状的“文字环绕”为“衬于文字下方”，拖动形状到文字区域，适当调整其与文字上、下、左、右的位置关系。

最终效果如图 2.65 所示。

2．打开任务 1 文档，另存为“航天梦.docx”。

根据以下要求完成文档的排版。

（1）删除标题、第 1 段和第 9 段文字。

（2）页面设置：上、下页边距均为 3.17 厘米，左、右页边距均为 2 厘米，A4 纸张大小，横向。

（3）SmartArt 图表格式：插入 SmartArt，版式“流程”→“交替流”，SmartArt 样式“砖块场景”，按图示插入文字，调整图表高 7.2 厘米、宽 25.17 厘米。

（4）文本框格式：插入文本框，形状样式为“彩色轮廓-橙色，强调颜色 2”，文字环绕方式“嵌入型”，对齐方式“居中”。

（5）文本格式：楷体、五号、1.5 倍行距。

（6）将文字置于文本框中，调整文本框内部文字距离，左、右边距均为 0.4 厘米，上、下边距均为 0.2 厘米。

中华世纪坛序

大风泱泱，大潮滂滂。洪水图腾蛟龙，烈火涅槃凤凰。文明圣火，千古未绝者，唯我无双；和天地并存，与日月同光。

中华文化，源远流长；博大精深，卓越辉煌。信步三百米甬道，阅历五千年沧桑。社稷千秋，祖宗百世，几多荣辱沉浮，几度盛衰兴亡。圣贤典籍，浩如烟海；四大发明，寰球共享。缅怀漫漫岁月，凝聚缕缕遐想。

回首近代，百年三万六千日，饱尝民族苦难，历尽变革风霜。烽火硝烟，江山激昂。挽狂澜于既倒，撑大厦于断梁。春风又绿神州，华夏再沐朝阳。

登坛远望：前有古人，星光灿烂；后有来者，群英堂堂。看乾坤旋转：乾恒动，自强不息之精神；坤包容，厚德载物之气量。继往开来，浩浩荡荡。立民主，兴文明，求统一，图富强。中华民族伟大复兴，定将舒天昭晖，磅礴东方。

世纪交汇，万众景仰；共襄盛举，建坛流芳；昭示后代，永世莫忘。

图 2.65　操作题 1 效果图

最终效果如图 2.66 所示。

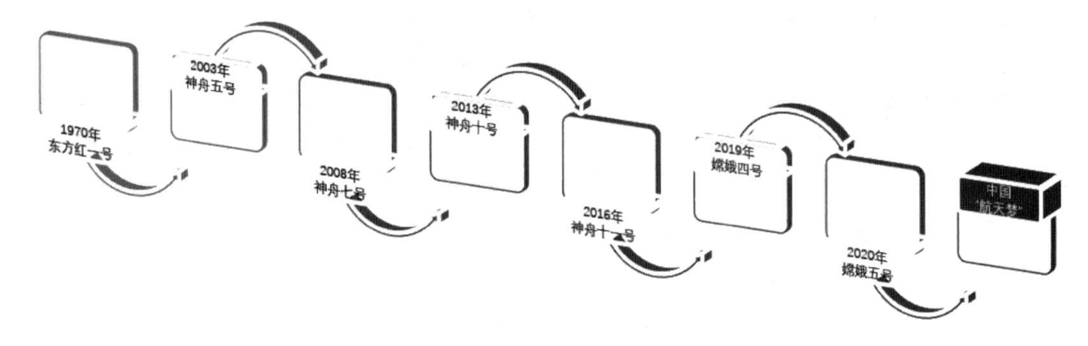

2003 年，神舟五号首次成功进行载人航天飞行。

2008 年，神舟七号实现载人出舱活动。

2013 年，神舟十号实现空间飞行器对接和太空授课。

2016 年，神舟十一号与天宫二号空间实验室实现对接，中国载人航天创造了太空驻留 33 天的新纪录。

2019 年，嫦娥四号成功登月，实现了人类探测器首次月背软着陆。

2020 年，嫦娥五号首次实现了我国地外天体采样返回。

图 2.66　操作题 2 效果图

第3章

Word 2016 高级应用

在学习了 Word 2016 文档的创建、编辑与格式化的操作方法之后，本章进一步介绍 Word 2016 的高级应用，包括长文档的编辑与管理，文档的审阅与修订，以及使用邮件合并功能批量处理文档等内容。

3.1 长文档的编辑与管理

毕业论文、工作总结、调查报告、项目合同等都是日常生活中常见的长文档。在对长文档的处理过程中，正确地使用分隔符、设置页眉和页脚、自动生成文档目录以及应用样式实现快速格式化等操作，是快速规范制作长文档的基本方法和必要手段。

3.1.1 定义并使用样式

在 Word 中，样式是文本和段落等格式的集合，应用样式时，将应用该样式中存储的所有格式。在编辑文档过程中，正确设置和应用样式能够极大地提高工作效率。

1．应用 Word 内置样式

Word 2016 提供了内置的样式库，可以直接使用其中的样式。选中需要应用样式的文本，然后在“开始”选项卡的“样式”组的快速样式库中单击选择的样式，即可完成样式的应用。

2．自定义样式

除了可以直接使用 Word 2016 内置的样式外，也可以根据需要创建新的样式。新建样式包括新建样式的属性和格式等，样式的属性包括样式的名称、样式的类型、样式的基准，格式主要是字体、段落格式等。

自定义样式的具体操作步骤如下。

（1）单击“开始”→“样式”组的对话框启动器，打开“样式”任务窗格，如图 3.1 所示。单击任务窗格底部的“新建样式”按钮，或者在展开的“样式”组列表中单击“创建样式”命令（见图 3.2），打开“根据格式设置创建新样式”对话框，如图 3.3 所示。

图 3.1 “样式”任务窗格

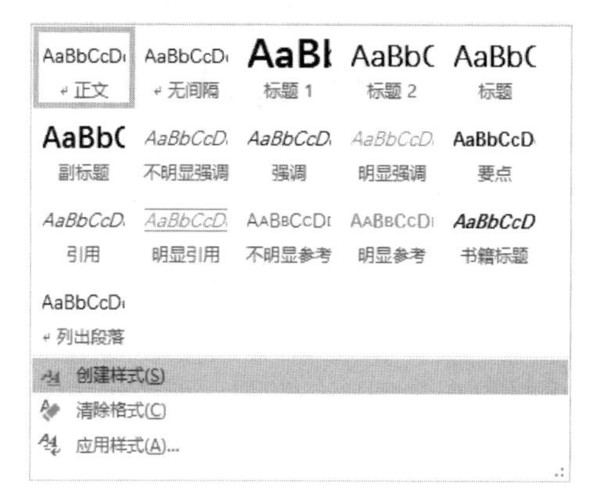

图 3.2 “样式”组列表

（2）在“名称”文本框中输入新建样式的名称，在“样式类型”下拉列表框中选择需要的样式类型，在“样式基准”下拉列表框中选择一种样式作为新建样式的基准样式，在“后续段落样式”下拉列表框中选择应用于后续段落的样式。

（3）在对话框的“格式”选项组中，可以根据需要设置字体、字号、字形、颜色、对齐方式、段落间距等字符和段落格式，也可以单击对话框左下角的“格式”按钮，在弹出的列表中单击“字体”“段落”等命令（见图 3.4），启动相应的对话框，在对话框中对格式进行设置。

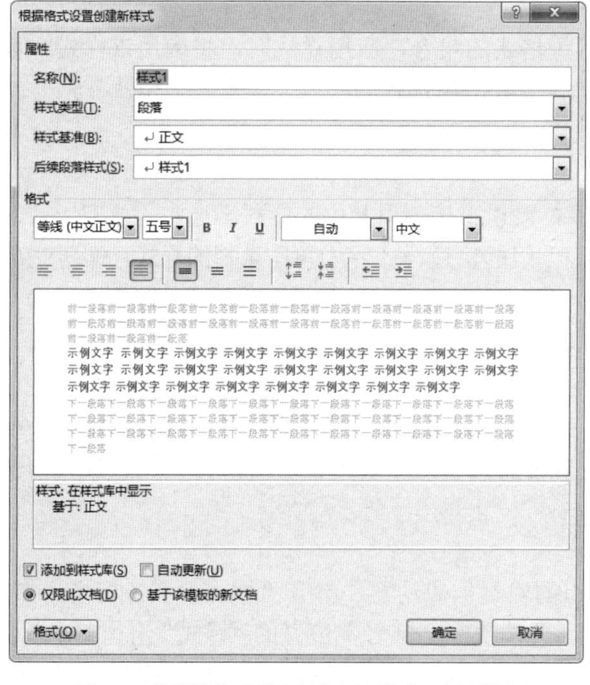

图 3.3 “根据格式设置创建新样式”对话框

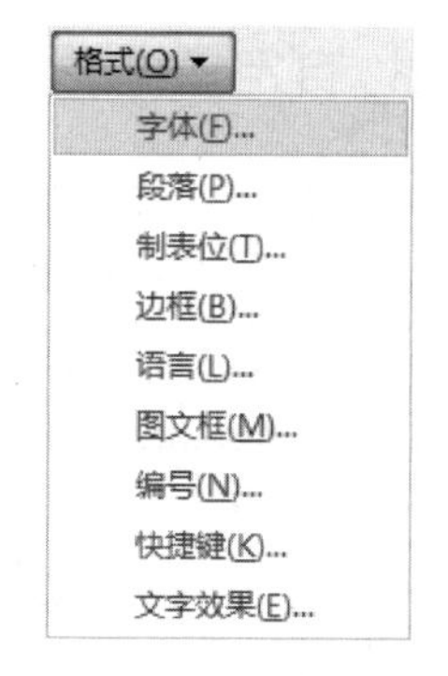

图 3.4 “格式”列表

（4）单击“确定”按钮，完成新样式的创建。新建样式名将出现在样式列表框中。

3．修改样式

启动“管理样式”对话框完成样式修改的两种方法如下。

（1）单击“样式”任务窗格底部的“管理样式”按钮，打开“管理样式”对话框，如图 3.5 所示。在“编辑”选项卡中选择要编辑的样式，单击“修改”命令按钮，即可在打开的“修改样式”对话框中对样式进行修改，如图 3.6 所示。

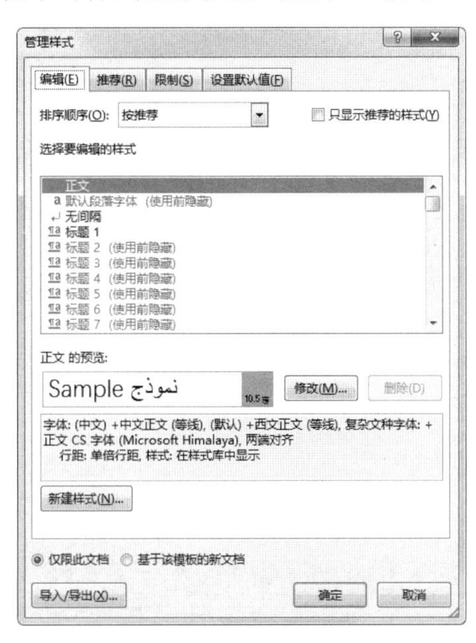

图 3.5 “管理样式”对话框

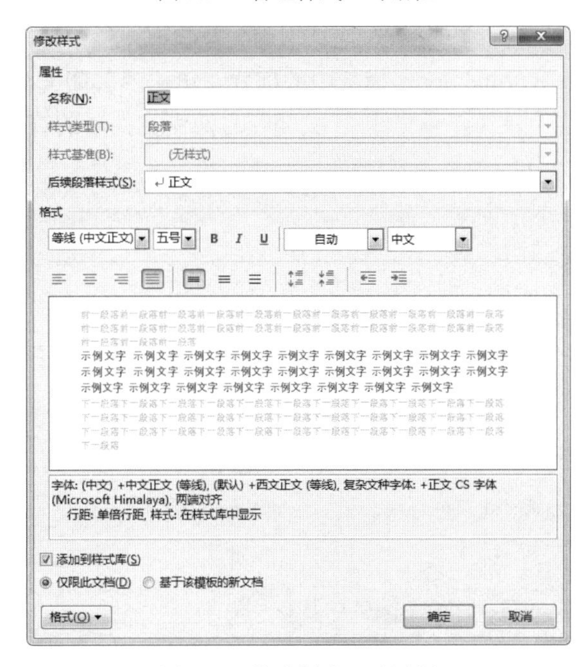

图 3.6 “修改样式”对话框

（2）在快速样式库中找到待修改的样式，右击该样式，在弹出的快捷菜单中单击“修改”命令，即可在打开的“修改样式”对话框中完成对样式的修改。

4．样式的导入/导出

样式的导入/导出功能可以将一个文档的样式应用于另一个文档，从而实现批量的文档格式处理。

具体操作步骤如下。

（1）打开“管理样式”对话框，单击对话框左下角的“导入/导出”按钮，打开“管理器”对话框，如图 3.7 所示。

图 3.7 “管理器”对话框

（2）在“管理器”对话框的“样式”选项卡中，左侧列表框中显示的是当前文档样式，右侧列表框中显示的是 Normal.dotm 模板中的样式。单击“关闭文件”按钮，即可关闭相应的文件，同时按钮显示为“打开文件”。关闭左右两侧文件后的管理器如图 3.8 所示。

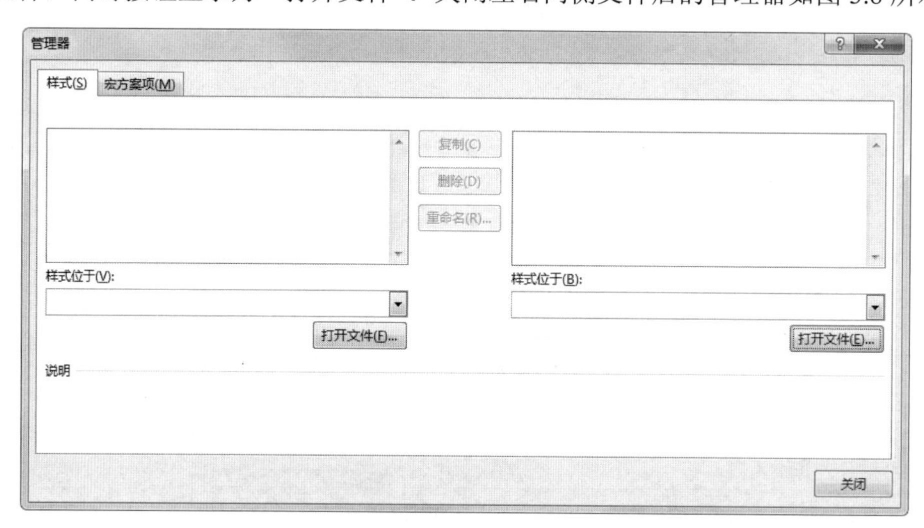

图 3.8 关闭文件后的“管理器”对话框

（3）单击“打开文件”按钮，在“打开”对话框中打开指定的文件，可以得到如图 3.9 所示结果。

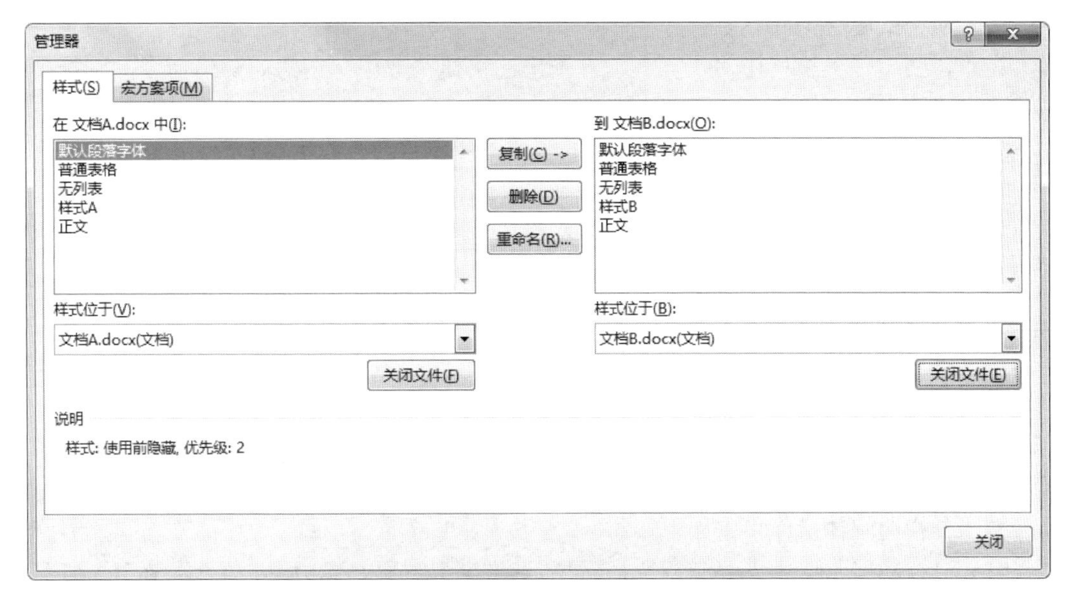

图 3.9　打开文件后的“管理器”对话框

（4）要将“文档 A”中的“样式 A”复制到“文档 B”中，可在左侧列表框中选中“样式 A”，然后单击“复制”按钮；将“文档 B”中的“样式 B”复制到“文档 A”中，可在右侧列表框中选中“样式 B”，然后单击“复制”按钮，则选中的样式被复制到另一侧的列表框中，单击“关闭”按钮，完成样式的导入/导出操作，导入的样式将出现在文档的快速样式库中。

Normal.dotm 文件是标准的 Word 模板，存储 Word 所需要的大量的样式或主题信息。

5. 样式重命名

重新命名样式的两种方法如下。

（1）在图 3.6 所示的“修改样式”对话框中修改样式名称。

（2）右击快速样式库中的指定样式，在弹出的快捷菜单中单击“重命名”命令，在“重命名样式”对话框中输入新的样式名称，如图 3.10 所示。

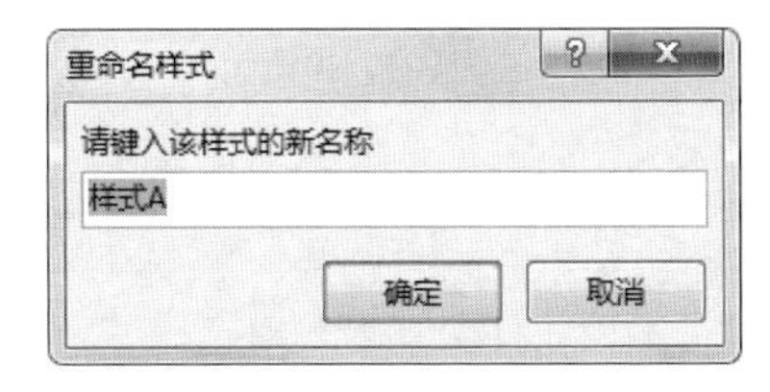

图 3.10　“重命名样式”对话框

6. 删除样式

（1）从快速样式库中移除。

右击快速样式库中的样式，在弹出的快捷菜单中单击“从样式库中删除”命令，则选中的样式从快速样式库中移除，但是该样式仍然存在于样式库中。

（2）从样式库中彻底删除。

在“样式”任务窗格中右击样式，在弹出的快捷菜单中单击“删除”命令，则选中的样式从样式库中彻底删除。

7. 更新样式

右击样式库或快速样式库中的样式，在弹出的快捷菜单中单击“更新……以匹配所选内容”命令，可以实现样式的更新。

3.1.2 文档分栏

在默认状态下，文档内容采用一栏显示，Word 中的分栏功能可以将文本拆分成多栏显示。

文档分栏的具体操作步骤如下。

（1）分栏功能常应用于“整篇文档”“所选文字”“插入点之后”和“本节”等情况，因此，在执行分栏操作前，应首先选定文本或定位光标，以确定分栏功能应用的文本范围。

（2）单击“布局”→“页面设置”→“分栏”命令按钮，在弹出的列表中单击“一栏”“两栏”“三栏”“偏左”“偏右”“更多分栏”命令。若单击“更多分栏”命令，则弹出“分栏”对话框，如图 3.11 所示。

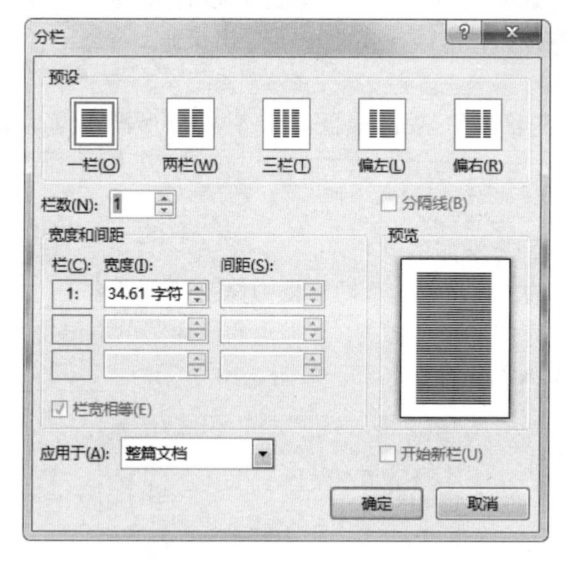

图 3.11 “分栏”对话框

（3）在“分栏”对话框中设置相应的参数：“预设”“栏数”“分隔线”“宽度和间距”“应用于”“开始新栏”等选项，预览区同步显示分栏参数设置的效果。

（4）单击“确定”按钮，完成文档分栏。

3.1.3 插入分隔符

Word 中的分隔符有分页符、分栏符、自动换行符、分节符。插入分隔符的方法为：单击“布局”→“页面设置”→“分隔符”下拉按钮，在弹出的列表中根据需要选择相应类型的分隔符，如图 3.12 所示。

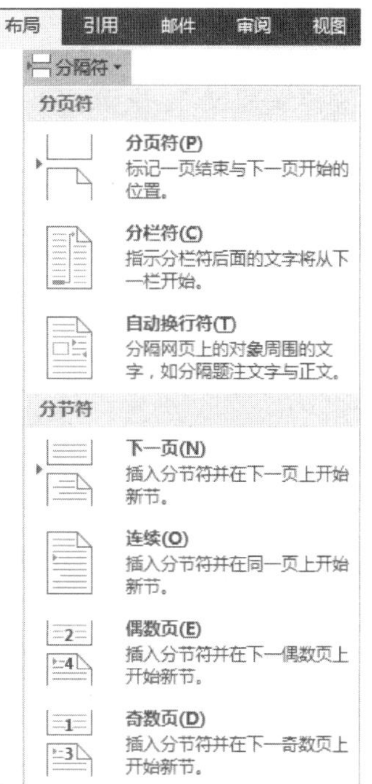

图 3.12 “分隔符”列表

1. 插入分页符

当文档内容填满一页时，Word 会自动换页并开始新的一页。如果需要在文档的指定位置强制换页，则可以通过插入分页符来实现，具体操作步骤如下。

（1）将光标置于要插入分页符的位置。

（2）单击“布局”→“页面设置”组的“分隔符”下拉按钮，在弹出的列表中单击“分页符”命令，或直接按 Ctrl+Enter 组合键，即可插入分页符。分页符后面的文字将从下一页开始显示。

2. 插入分栏符

分栏符可用于将当前光标后面的文字转至下一栏开始处，具体操作步骤如下。

（1）将光标定位到要插入分栏符的位置。

（2）单击“布局”→“页面设置”组的“分隔符”下拉按钮，在弹出的列表中单击“分栏符”命令，即可插入分栏符。分栏符后面的文字将在下一栏开始处显示。

3. 插入自动换行符

在文本录入时，当文本到达页面右边距时会自动执行换行操作。插入的自动换行符可以在插入点位置强制换行，自动换行符显示为灰色竖直向下的箭头，此方法执行的换行操作并不会因此产生新的段落，具体操作步骤如下。

（1）将光标定位到要插入自动换行符的位置。

（2）单击“布局”→“页面设置”组的“分隔符”下拉按钮，在弹出的列表中单击“自动换行符”命令，即可插入自动换行符。自动换行符后面的文字在下一行开始处显示，并仍与前面的文本属于同一段落。

4. 插入分节符

默认情况下，Word 将整个文档视为一节，若需要在一个文档中设置不同的版面布局，则需要插入“分节符”将整个文档分为几节，然后以节为单位分别设置每节的格式，具体操作步骤如下。

（1）将光标定位到新节的开始位置。

（2）单击“布局”→“页面设置”组的“分隔符”下拉按钮，在弹出的列表中选择分节符类型。

“下一页”：在当前插入点位置插入一个分节符，光标当前位置后的全部内容转到下一个页面。

“连续”：在当前插入点位置插入一个分节符，新节在同一页上开始。

“偶数页”：在当前插入点位置插入一个分节符，新的一节在下一个偶数页上开始。

“奇数页”：在当前插入点位置插入一个分节符，新的一节在下一个奇数页上开始。

注意：插入“分节符”后，若需要以“节”为单位进行页面设置，则应在图 3.13 所示的“页面设置”对话框中，将“应用于”下拉列表框中选择“本节”。

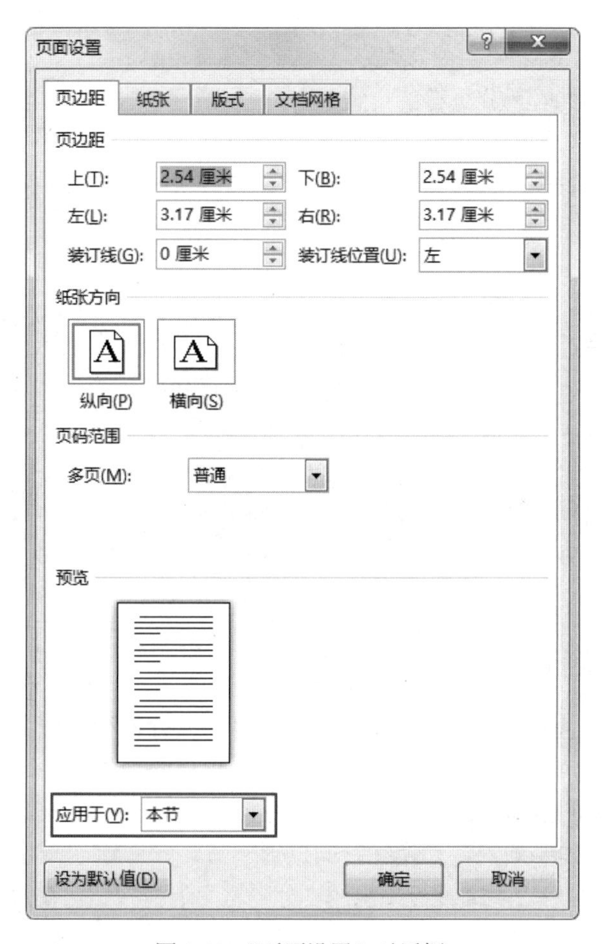

图 3.13 “页面设置”对话框

3.1.4 设置文档页眉和页脚

Word 中的页眉和页脚可以包含文本、文档信息甚至图像，人们常常为页眉和页脚设置日期、页码、章节的名称等内容。可以从库中快速添加页眉或页脚，也可以添加自定义的页眉或页脚。

1. 插入页眉和页脚

插入页眉和页脚的具体操作步骤如下。

（1）单击“插入”→“页眉和页脚”→“页眉”（或“页脚”）命令按钮。

（2）在弹出的列表中选择要添加到文档中的页眉或页脚，或单击“编辑页眉”或“编辑页脚”命令，之后会显示“页眉和页脚工具”选项卡。在光标的位置输入页眉的内容，然后单击“页眉和页脚工具”→“设计”→“导航”→“转至页脚”命令按钮，继续在页脚虚线处输入页脚的内容。

（3）单击“页眉和页脚工具”→“设计”→“关闭页眉和页脚”命令按钮返回至文档正文，如图 3.14 所示。

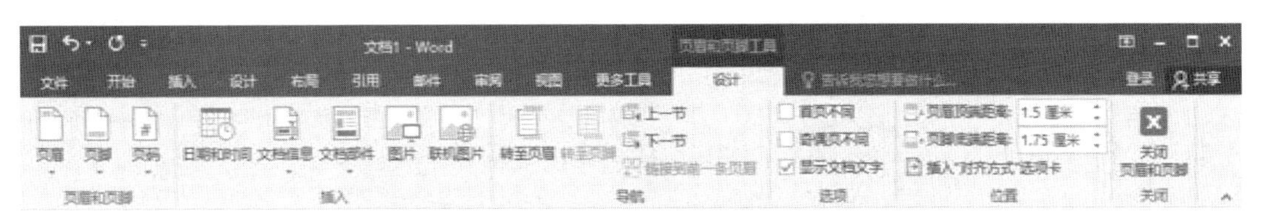

图 3.14 “页眉和页脚工具”→“设计”选项卡

“页眉和页脚工具”选项卡中部分常用功能如下。

- **“页码”**：用于设置页码在文档中插入的位置、格式等。
- **“日期和时间”**：可以将当前的系统日期或时间插入到文档中。
- **“文档部件”**：插入可重复使用的文档片段，包括域和文档属性等。
- **“图片”**：向文档的页眉或页脚插入图片。
- **“首页不同”**：本节中首页的页眉和页脚与其他页的页眉和页脚不同，可分别设置首页的页眉、页脚和普通页的页眉、页脚。
- **“奇偶页不同”**：奇偶页面的页眉和页脚的内容可以不同。

2. 修改与删除页眉和页脚

修改和删除页眉和页脚的两种方法如下。

（1）单击“插入”→“页眉和页脚”→“页眉”（或“页脚”）下拉按钮，在弹出的列表中单击“编辑页眉”（“编辑页脚”）命令，可以对页眉（页脚）内容进行修改；若单击“删除页眉”（“删除页脚”）命令，则将页眉（页脚）删除。

（2）在页眉和页脚上双击，将原来的页眉和页脚激活，然后对页眉和页脚的内容直接进行编辑或删除操作。

3. 插入和删除页码

在 Word 制作的长文档中经常需要对页面设置页码，以方便阅读和查询，具体操作步骤如下。

（1）单击“插入”→“页眉和页脚”→“页码”下拉按钮，在弹出的列表中单击“设置页码格式”命令，打开图 3.15 所示的“页码格式”对话框，对“编号格式”“页码编号”等选项进行设置。

- **“编号格式”**：选择页码的编号格式。
- **“包含章节号”**：页码中包含所在的章节号。
- **“页码编号”→“续前节”**：当前节的起始页码与前一节最后一页的页码连续编号。
- **“页码编号”→“起始页码”**：需要输入本节页码的起始页码。

（2）再次单击“页码”下拉按钮，在弹出列表中的“页面顶端”“页面底端”“页边距”“当前位置”中选择页码添加的位置，即可完成页码的添加。

单击“插入”→“页眉和页脚”→“页码”下拉按钮，在弹出的列表中单击“删除页码”命令，则页码被删除。

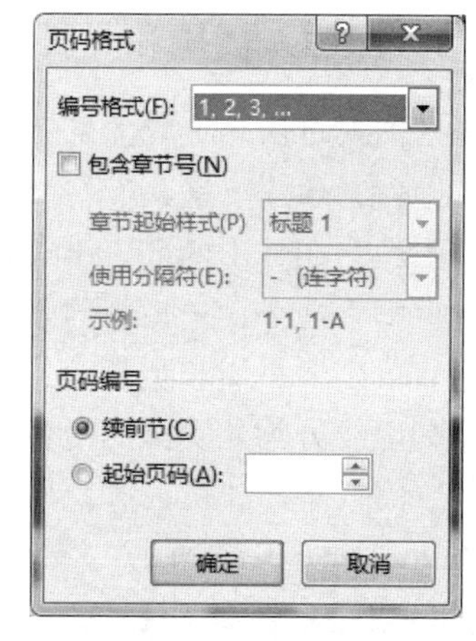

图 3.15 “页码格式”对话框

3.1.5 使用项目符号、编号和多级列表

在文档排版过程中，使用项目符号、编号和多级列表可让文档的结构更清晰。在“开始”→“段落”组中，可分别使用“项目符号”“编号”“多级列表”命令按钮为文档添加项目符号、编号和多级列表。

1. 使用项目符号

（1）添加项目符号。

将光标定位在需要添加项目符号的位置，然后单击“开始”→“段落”→“项目符号”下拉按钮，在弹出的列表中选择一种项目符号，即可完成项目符号的添加。

若在选择了多个段落后添加项目符号，则该项目符号被同时添加到多个段落。

（2）更改项目符号。

首先将光标置于段落文本中，或选中待修改项目符号的段落，然后单击“项目符号”下拉按钮，在弹出的列表中选择另外一种项目符号。

（3）定义新项目符号。

在单击“项目符号”下拉按钮弹出的列表中，单击“定义新项目符号”命令打开“定义新项目符号”对话框，如图 3.16 所示。单击“符号”按钮，在“符号”对话框中选择新的项目符号；单击“图片”按钮，以联机或脱机方式选择图片作为项目符号；单击“字体”按钮，设置新的项目符号的字体样式。确定项目符号字符与项目符号对齐方式后，单击“确定”按钮，即可完成新项目符号的定义。

（4）删除项目。

将光标置于添加了项目符号的段落中或选中添加了项目符号的多个段落，单击“项目符号”按钮，项目符号即被删除。

2. 使用编号

编号的添加、更改、删除与项目符号的添加、更改、删除方法相似，可参照项目符号的操作过程完成。

定义新编号时，需要单击“开始”→“段落”→“编号”下拉按钮，并在弹出的列表中单击“定义新编号格式”命令，然后在“定义新编号格式”对话框中设置“编号样式”“编号格式”“对齐方式”，即可完成新编号的创建，如图 3.17 所示。

图 3.16 “定义新项目符号”对话框

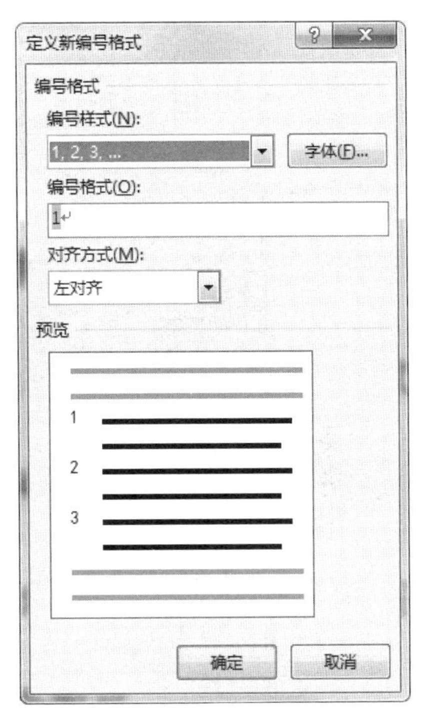

图 3.17 “定义新编号格式”对话框

3. 使用多级列表编号

使用多级列表编号的具体操作步骤如下。

（1）设置文档中各级标题样式。

（2）定义多级列表编号。

单击“多级列表”下拉按钮，在弹出的列表中单击“定义新的多级列表”命令，启动“定义新多级列表”对话框，单击“更多”按钮，打开图 3.18 所示的“定义新多级列表”对话框。

① 定义级别 1 编号。

在“单击要修改的级别”列表中选择 1；

在“将级别链接到样式”下拉列表框中选择“标题 1”或自定义的“标题 1”样式；

选择“此级别的编号样式”，如“一，二，三，…”；

设置“起始编号”为“一”；

设置“输入编号的格式”，不要改动“输入编号的格式”中的数字，可以根据需要加入其他字符，如“第一章”。

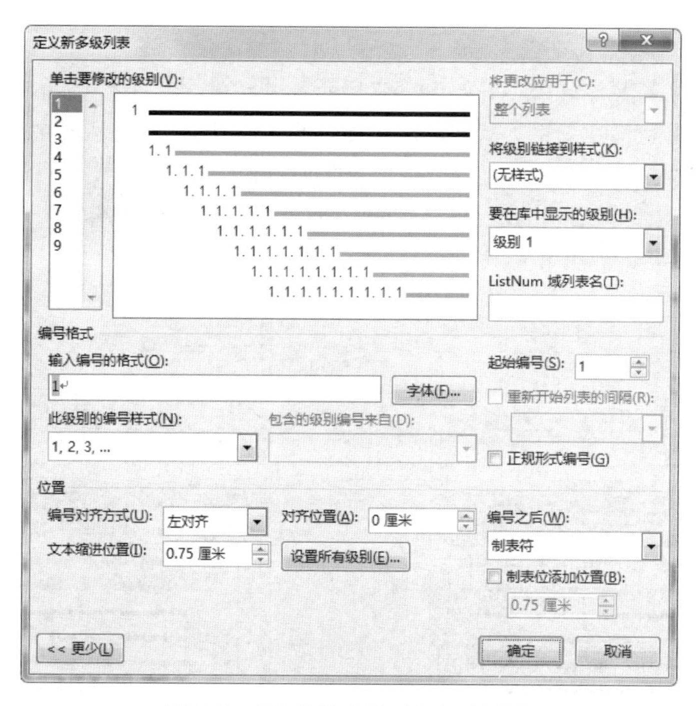

图 3.18 “定义新多级列表”对话框

② 定义级别 2 编号。

按照定义级别 1 编号的方法定义级别 2 编号，但由于一级标题采用了编号样式“一，二，三，…”，因此需要选中“正规形式编号”复选框，将该级别的编号统一为阿拉伯数字编号，如图 3.19 所示。

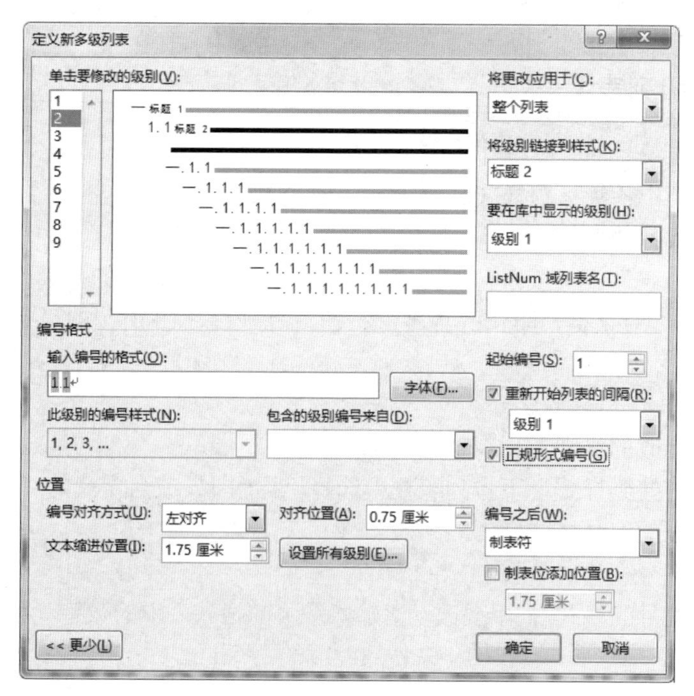

图 3.19 定义级别 2 编号

其他级别编号定义依此类推。

（3）使用多级列表编号。

多级列表编号定义完成后，选中各级别标题文字，应用相对应级别的标题样式，既实现了多级列表编号的使用，同时也实现了文档的快速格式化。

3.1.6 题注、脚注和尾注

1. 题注

题注是为文档中的图片、表格、图表等项目添加的名称和编号。在长文档编辑中，常常利用“题注”功能对顺序加入的项目进行自动编号，当移动、插入或删除项目时，Word 也能够自动更新题注的编号。

（1）插入题注。

单击“引用”→“题注”组中的“插入题注”命令按钮，打开“题注”对话框。以插入图表的题注为例，在“标签”下拉列表框中选择“图表”，在“题注”文本框中添加图表的名称“图表 1.1 题注样例图”，如图 3.20 所示。然后单击“确定”按钮，则“图表 1.1 题注样例图”就会插入到图表的下方。其中，图表编号中包含了文档章节序号，因此在插入题注前应正确设置了多级列表编号。

（2）新建题注标签。

可以根据需要建立新的题注标签，方法是：单击对话框中的“新建标签”按钮，在打开的“新建标签”对话框中输入新增的标签名称，如图 3.21 所示。如新建“图”标签，则在“标签”文本框中输入“图”。

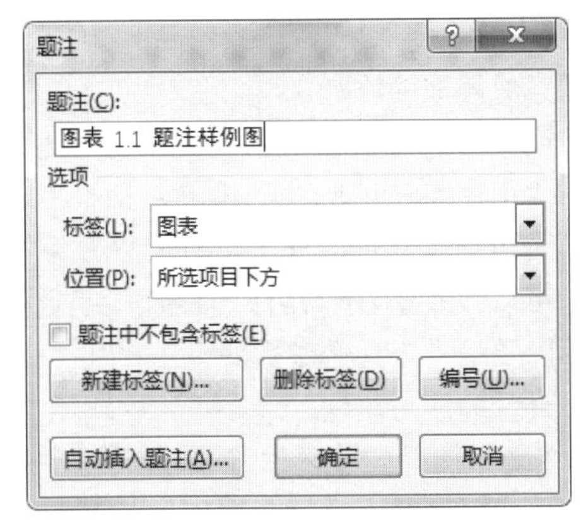

图 3.20 “题注”对话框

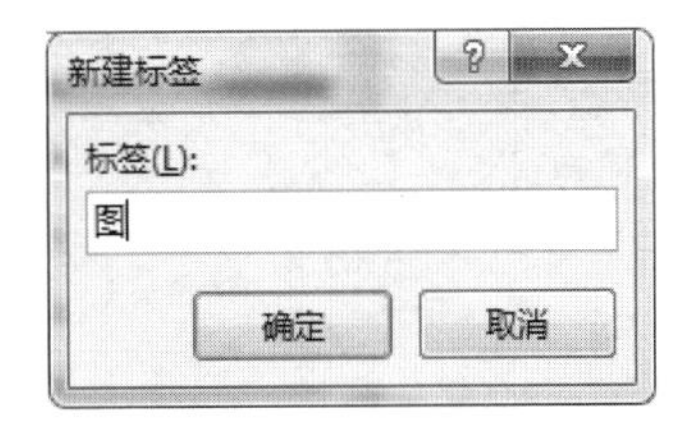

图 3.21 “新建标签”对话框

（3）自动插入题注。

在“题注”对话框中，单击“自动插入题注”按钮，打开“自动插入题注”对话框，如图 3.22 所示。选中对应选项前的复选框，即可自动插入题注。如选中“Microsoft Word 表格”复选框，则在插入表格时会自动插入表格的编号。

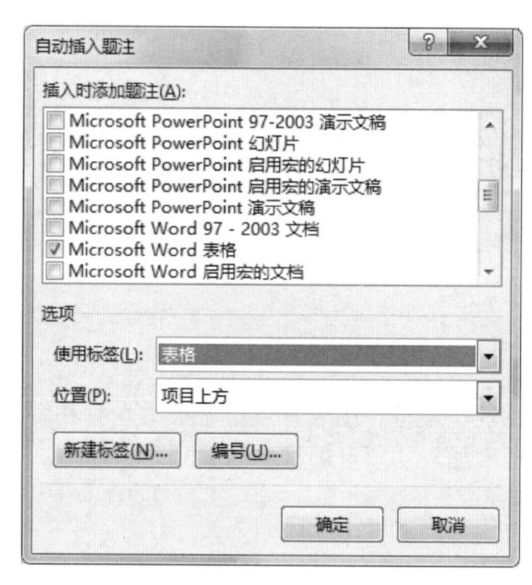

图 3.22 “自动插入题注”对话框

2. 脚注与尾注

（1）添加脚注与尾注。

脚注是指附在文章页面底端的注释。添加脚注的方法为：选中要添加脚注的对象，然后单击“引用”→“脚注”组中的“插入脚注”命令按钮，输入注释内容，即可完成脚注的添加。

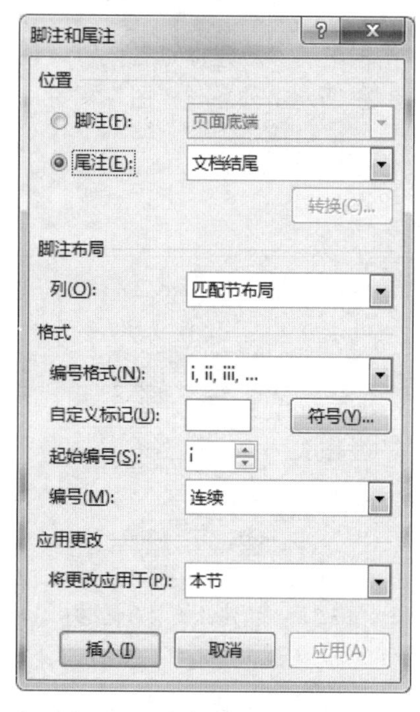

图 3.23 “脚注和尾注”对话框

尾注是附在文章末尾的注释。添加尾注的方法为：选中要添加尾注的对象，然后单击“引用”→“脚注”组中的“插入尾注”命令按钮，输入注释内容，即可完成尾注的添加。

（2）设置脚注与尾注。

单击“引用”→“脚注”组的对话框启动器，打开“脚注和尾注”对话框，如图 3.23 所示。在对话框中，可以设置脚注和尾注的位置、编号格式、起始编号以及编号方式等参数。

（3）查看脚注与尾注。

① 将鼠标指针置于添加了脚注或尾注的对象之上，脚注或尾注的内容就会同步显示出来。

② 双击文本中的注释引用标记，光标会自动切换到脚注或尾注的注释内容上。

（4）删除脚注与尾注。

在文档窗口中选定要删除的注释引用标记，然后按 Delete 键即可删除。

3. 交叉引用

建立交叉引用的具体操作步骤如下。

（1）首先确定插入点，然后单击“引用”→“题注”组中的“交叉引用”命令按钮，打开“交叉引用”对话框，如图 3.24 所示。

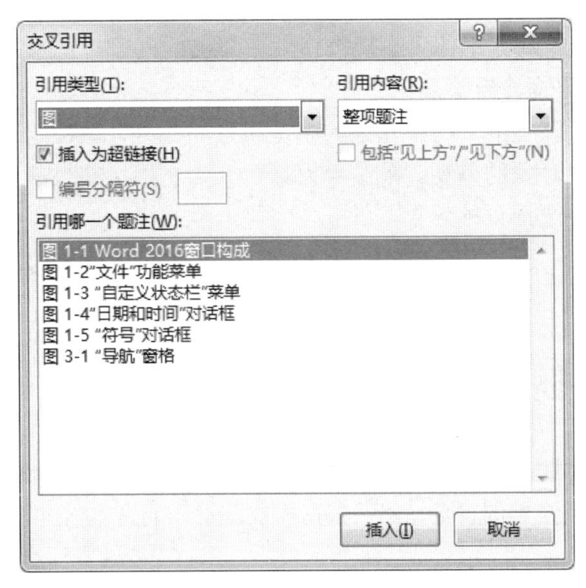

图 3.24 “交叉引用”对话框

（2）选择引用内容。在“交叉引用”对话框中，确定“引用类型”后，“引用哪一个题注”列表框中会显示该引用类型下的所有题注。选择“引用内容”与“引用题注”后，单击“插入”按钮完成交叉引用的设置。

（3）测试引用。按住 Ctrl 键的同时单击“引用内容”，即可链接到相应的题注。

3.1.7 应用主题

Word 2016 中的主题可以作为一套独立的选择方案应用于 Word 文档，是赋予文档专业外观的一种简单而快捷的方式。每个文档都包含一个主题，默认为 Office 主题。

应用主题的具体操作步骤如下。

单击“设计”→“主题”→“主题”下拉按钮，在弹出的列表中选择适合的主题，如图 3.25 所示。此时“设计”→“文档格式”组中的样式集会随之更新。在“文档格式”组中选择一种与文档相适应的样式集，文档将同步呈现应用主题后新的外观。

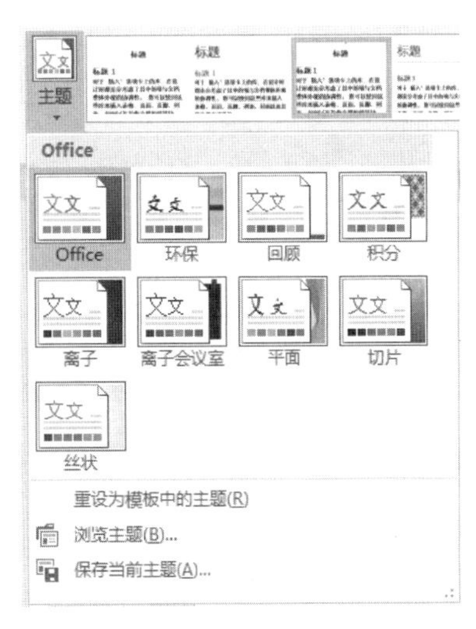

图 3.25 “主题”列表

主题由主题颜色、主题字体和主题效果构成。

● **“主题颜色”**：文档中使用的颜色集合。可以通过选择不同的调色板快速更改文档中使用的所有颜色。单击“设计”→“文档格式”组中的“颜色”下拉按钮，在弹出的列表中选择一个颜色组，或者单击“自定义颜色”命令定义新的颜色组。

- **“主题字体”**：应用于文档中的“正文”字体和“标题”字体的集合。可以通过选择字体集快速更改文档中使用“正文”和“标题”字体设置格式的文本。单击“设计”→“文档格式”→“字体”下拉按钮，在弹出的列表中选择一个字体组，或者单击“自定义字体”命令定义新的字体组。
- **“主题效果”**：应用于文档中元素的视觉属性的集合，如应用边框、底纹、阴影等快速更改文档中对象的外观。单击“设计”→“文档格式”→“效果”下拉按钮，在弹出的列表中选择一种效果。

如果希望将主题恢复到 Word 模板默认的主题，在“主题”列表中选择“重设为模板中的主题”命令即可。

3.1.8　在文档中插入封面

打开文档，单击“插入”→“页”→“封面”下拉按钮，在弹出的列表中选择封面样式，即可将封面插入到当前文档的首页，然后根据需要在封面的文本占位符中输入相关的信息。

3.1.9　文档目录

在对长文档进行编辑排版时，往往需要添加文档目录，以方便文档的阅读。

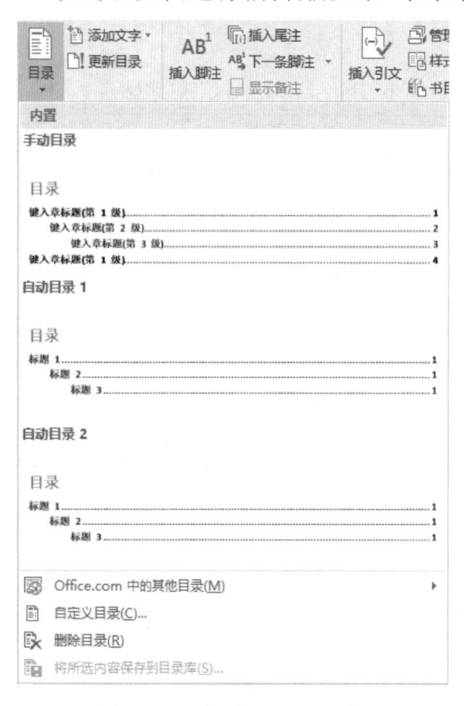

图 3.26 “创建目录”列表

1. 创建目录

（1）手动创建目录。

单击“引用”→“目录”组中的“目录”下拉按钮，弹出图 3.26 所示的列表。单击“手动目录”命令，即可在当前光标位置处生成手动目录。手动目录需要用户自行录入目录内容。

（2）自动创建目录。

单击“引用”→“目录”组中的“目录”下拉按钮，在弹出的列表中单击任意“自动目录”命令，即可生成目录，目录内容由当前文档的各级标题提取而成。

（3）自定义目录。

自定义目录的具体操作步骤如下。

① 单击“引用”→“目录”→“目录”下拉按钮，在弹出的列表中单击“自定义目录”命令，打开“目录”对话框，如图 3.27 所示。

图 3.27 “目录”对话框

② 在“目录”对话框中设置“显示页码”“页码右对齐”“制表符前导符”“格式”等选项。

- **“选项”按钮**：打开“目录选项”对话框，如图 3.28 所示。通过设置“目录级别”对应的数字（1～9），改变对应样式文字在目录中的级别，若删除数字，则该样式文字不会生成到目录中。
- **“修改”按钮**：打开“样式”对话框，如图 3.29 所示。单击要修改的级别，然后单击“修改”按钮，在打开的“修改样式”对话框中对该级别目录样式进行修改，如图 3.30 所示。

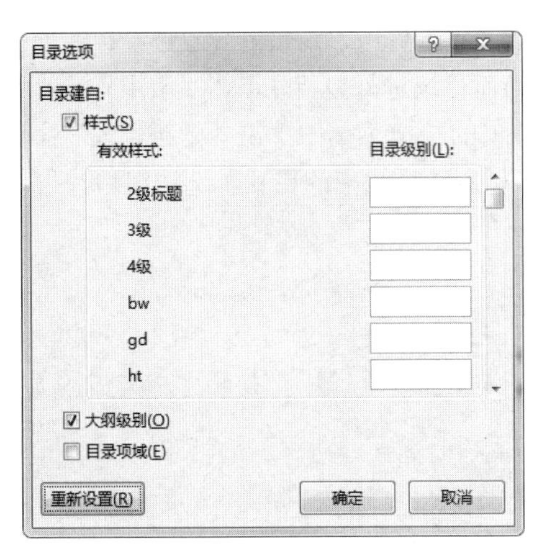

图 3.28 “目录选项”对话框

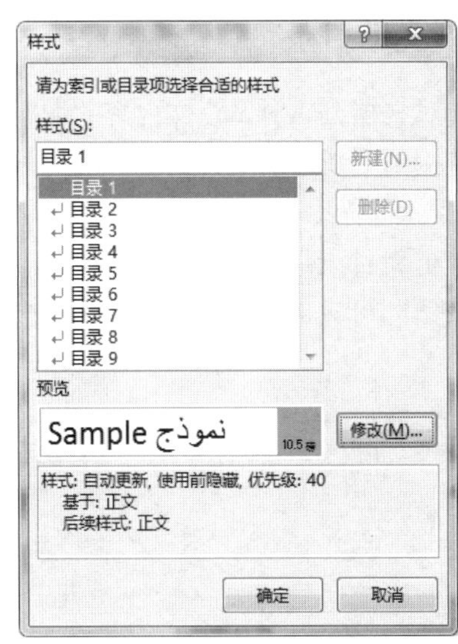

图 3.29 “样式”对话框

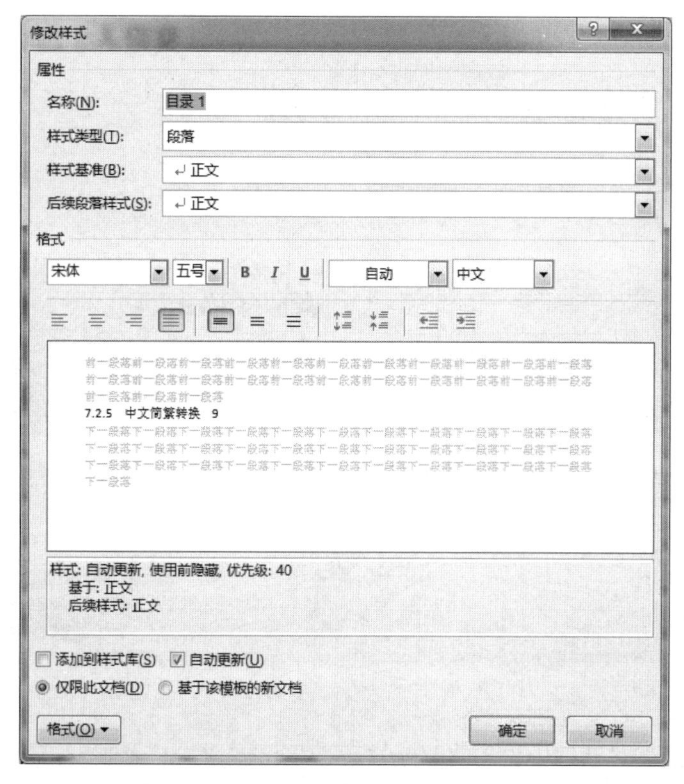

图 3.30 “修改样式”对话框

目录创建完成后，按住 Ctrl 键的同时，单击目录中的标题文字，即可快速跳转到该标题对应的文档正文。

2. 删除目录

在单击“目录”下拉按钮弹出的列表中单击“删除目录”命令。

3. 更新目录

当对文档编辑时，正文内容的增删或标题文字的修改，均可能导致已经存在的目录无法正确链接到更新后的文档内容，因此需要对当前目录进行更新。单击“引用”→“目录”→“更新目录”命令按钮或右击当前目录，在弹出的快捷菜单中单击“更新目录”命令，均可打开“更新目录”对话框，如图 3.31 所示。单击选择相应的更新单选按钮后，再单击“确定”按钮即可完成目录的更新操作。

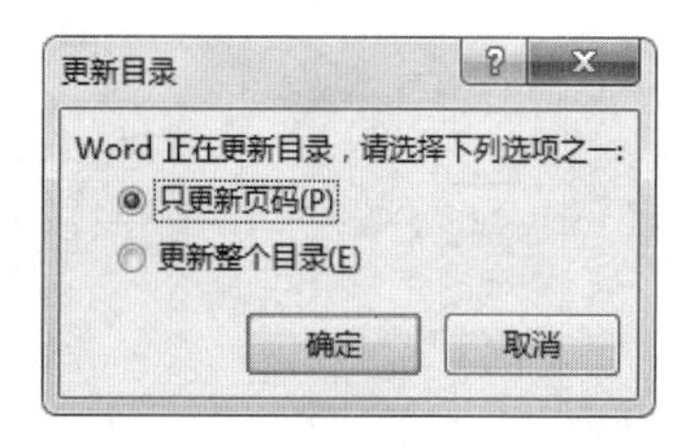

图 3.31 “更新目录”对话框

3.2 文档的审阅和修订

3.2.1 文档的校对

1.“拼写和语法”检查

在文档编辑过程中，Word 的“拼写和语法”功能会自动识别文中存在的拼写和语法错误，并用红色或绿色的波浪线进行标注。若要忽略此项检查，可右击标注位置，在弹出的快捷菜单中单击“忽略”命令；若希望查看“语法”错误的原因，则可在右击后弹出的快捷菜单中单击“语法”命令，之后，窗口右侧的“语法”窗格会显示出错误的原因和建议修改的方法。将错误修正或单击“忽略”命令后，波浪线将消失。

单击“审阅”→“校对”组中的“拼写和语法”命令按钮，可以对整个文档内容进行拼写和语法的检查。

2. 字数统计

单击“审阅”→“校对”组中的“字数统计”命令按钮，Word 会对文档的“页数”“字数”“字符数”“段落数”“行数”等数据进行统计。

3.2.2 使用批注

批注是文档的审阅者为文档添加的注释、说明、建议、意见等信息。默认情况下，批注显示在文档页边距外的标记区，批注与被批注的文本由虚线连接。

1. 新建批注

选中文档中需要添加批注的对象，单击“审阅”→“批注”组中的“新建批注”命令按钮，在新建的批注栏中输入批注内容即可。

2. 答复批注

在已经添加了批注的文本内容上右击，在弹出的快捷菜单中单击“答复批注”命令，或者在批注栏中单击“答复”按钮，均可实现批注答复。

3. 删除批注

单击“审阅”→“批注”→“删除”下拉按钮，弹出图 3.32 所示的列表。

（1）单击“删除”命令，则选中的批注被删除。

（2）单击“删除所有显示的批注”命令，则所有显示出来的批注被删除。

（3）单击“删除文档中的所有批注”命令，则文档中的所有批注均被删除。

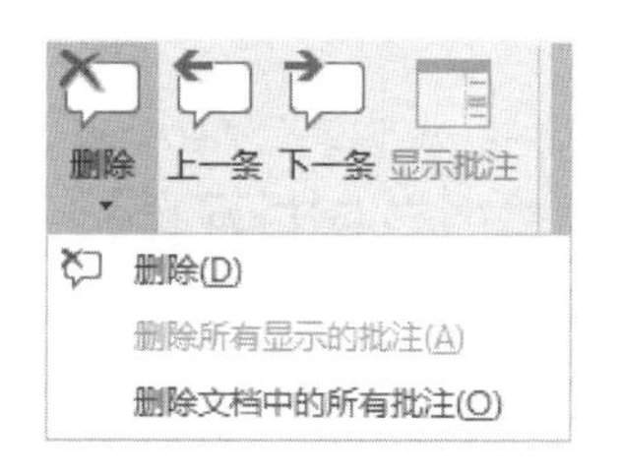

图 3.32 “删除”列表

4. 查看批注

单击“审阅”→“批注”→“上一条”或“下一条”命令按钮，可以在各个批注间切换，实现批注的浏览。

3.2.3 修订文档

文档修订功能可跟踪文档的更改，包括插入、删除和格式更改，并对更改的内容做出标记。

1. 设置修订选项

单击“审阅”→“修订”组的对话框启动器，打开“修订选项”对话框，即可设置修订的显示等参数，如图 3.33 所示。单击“高级选项”按钮，打开“高级修订选项”对话框，即可设置修订中的标记、颜色和格式等，如图 3.34 所示。

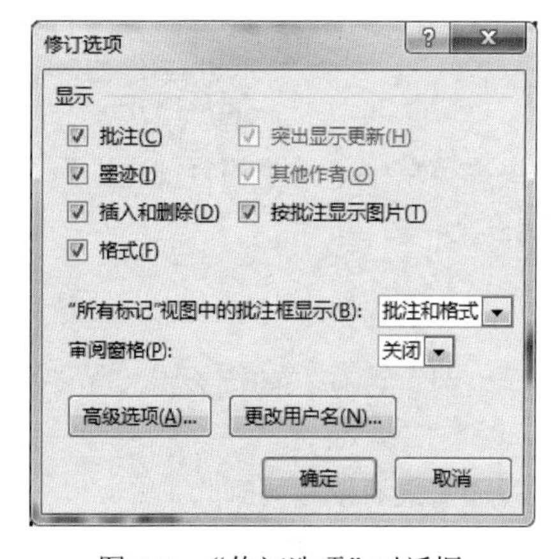

图 3.33 “修订选项”对话框

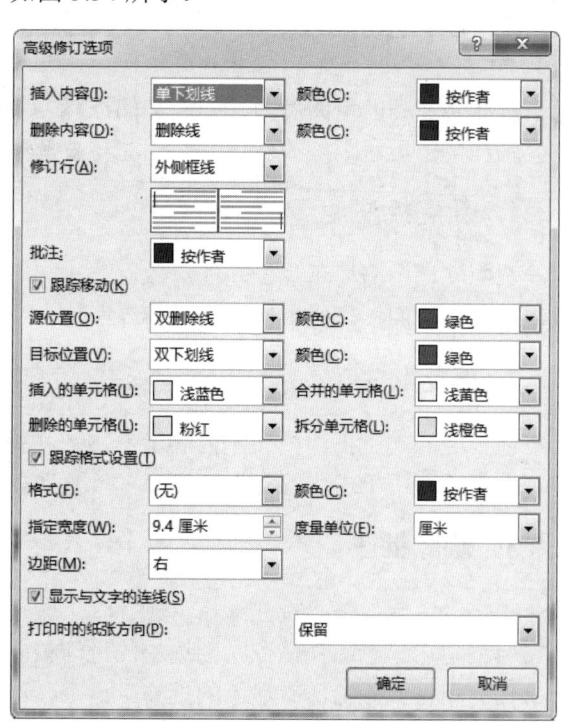

图 3.34 “高级修订选项”对话框

2．开启修订功能修订文本

（1）单击“审阅”→“修订”组中的“修订”下拉按钮，单击并选中“修订”命令，表示修订功能开启。

（2）在修订模式下，单击“修订”→“显示以供审阅”下拉按钮，从弹出的列表中选择任意一种文档的显示方式。

- **“简单标记”**：简单显示文档中的标记。
- **“所有标记”**：显示文档中所有标记。
- **“无标记”**：不显示文档中的标记。
- **“原始状态”**：以原始版本显示文档内容。

（3）在修订模式下，单击“显示标记”下拉按钮，弹出图3.35所示的列表，其中选中的标记均会显示。

（4）单击“审阅窗格”下拉按钮，弹出图3.36所示的列表，从中选择一种审阅窗格。修订完成后，再次单击并取消“修订”命令的选择，即可结束文档的修订模式。

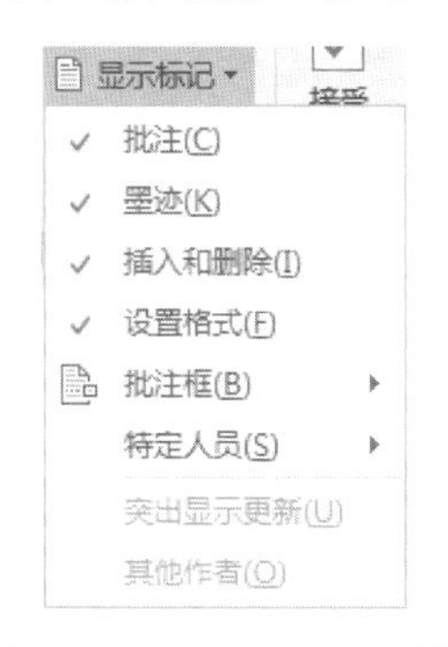

图3.35　“显示标记”列表

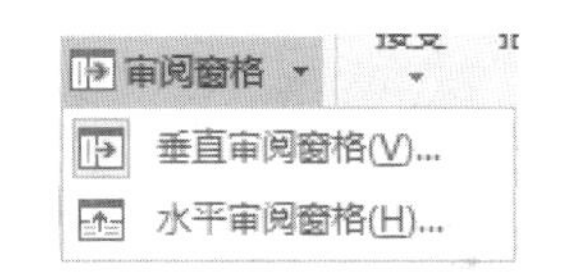

图3.36　“审阅窗格”列表

3．接受和拒绝修订

（1）接受修订。

单击“审阅”→“更改”→“接受”下拉按钮，在弹出的列表中单击“接受并移到下一条”“接受修订”“接受所有显示的修订”“接受所有修订”“接受所有更改且停止修订”命令，可选择出接受修订结果。

（2）拒绝修订。

单击“审阅”→“更改”→“拒绝”下拉按钮，在弹出的列表中单击“拒绝并移到下一条”“拒绝更改”“拒绝所有显示的修订”“拒绝所有修订”“拒绝所有修改并停止修订”选项，可选择性拒绝修订结果。

3.2.4　文档的比较与合并

1．比较文档

单击“审阅”→“比较”→“比较”下拉按钮，弹出图3.37所示的列表。单击“比较”

命令，打开“比较文档”对话框，如图 3.38 所示。在对话框中选择“原文档”和“修订的文档”，设置“比较设置”选项，系统会自动对比两个文档，并给出详细的对比结果，分别是“修订”“比较的文档”“原文档”“修订的文档”4 个部分，如图 3.39 所示。

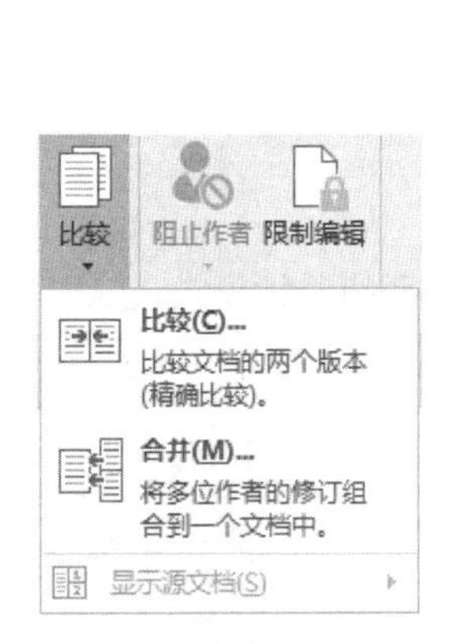

图 3.37 “比较”列表

图 3.38 “比较文档”对话框

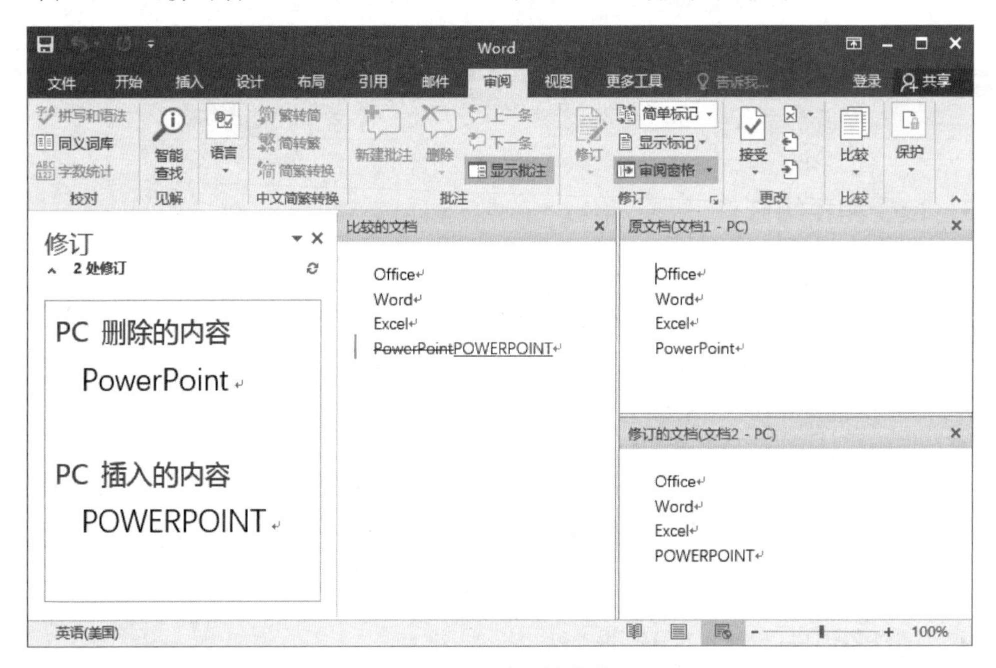

图 3.39 文档比较结果

2. 合并文档

单击“审阅”→“比较”组中的“比较”下拉按钮，在弹出的列表中单击“合并”命令，打开“合并文档”对话框，如图 3.40 所示。选择原文档和修订文档，设置“比较设置”选项，系统就会自动合并两个版本的文档，如图 3.41 所示。

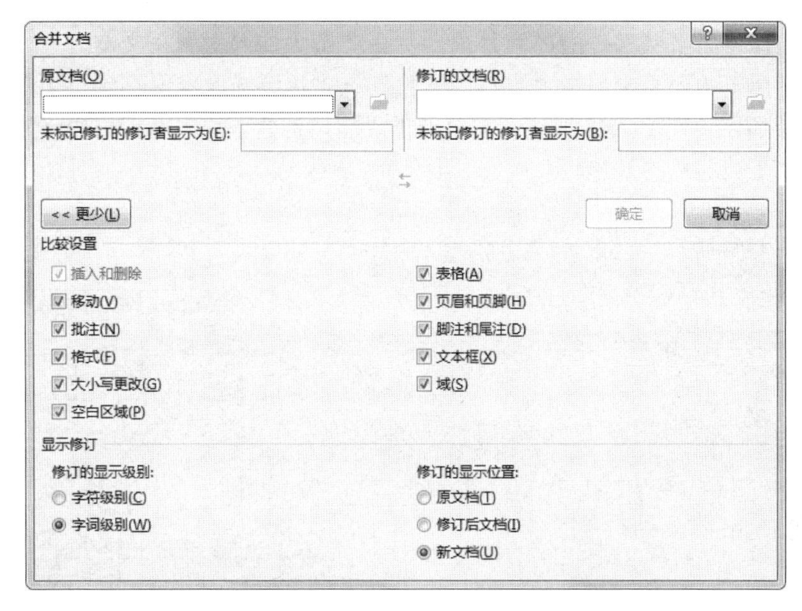

图 3.40　“合并文档”对话框

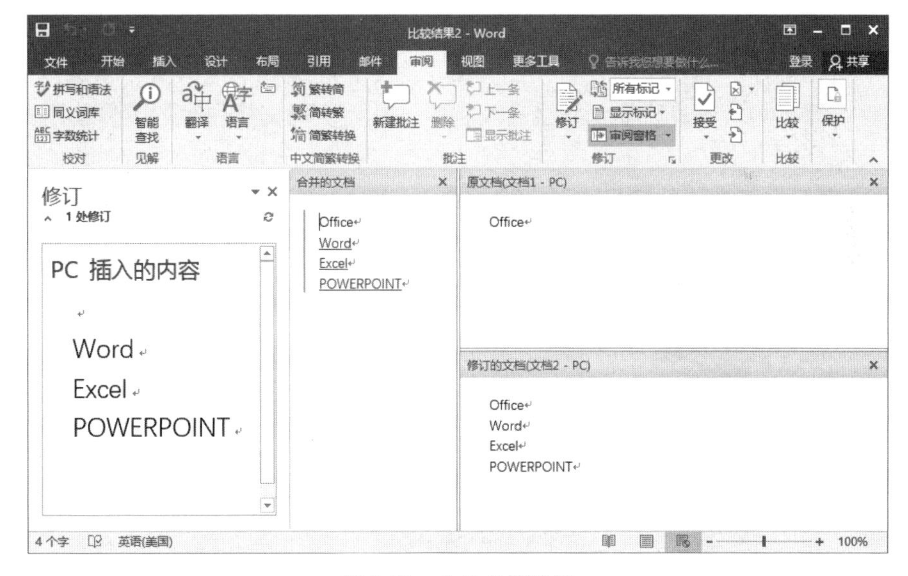

图 3.41　合并文档结果

3.3　文 档 部 件

文档部件指的是可重复使用的内容片段，可在文档部件库中创建、存储和查找可重复使用的内容片段。这些内容可以是文档或页眉与页脚中的表格、文字、标题、图片、符号或公式等对象。内容片段包括“自动图文集”“文档属性”“域”。

1. 文档部件的创建和使用

（1）自动图文集。

选中需要保存为文档部件的内容片段，然后单击“插入”→“文本”→“文档部件”下拉按钮，在弹出的列表中单击“自动图文集”→“将所选内容保存到自动图文集库”命令，如图 3.42 所示。如图 3.43 所示，在打开的“新建构建基块”对话框中设置名称等参数后，即可完成文档部件的创建。

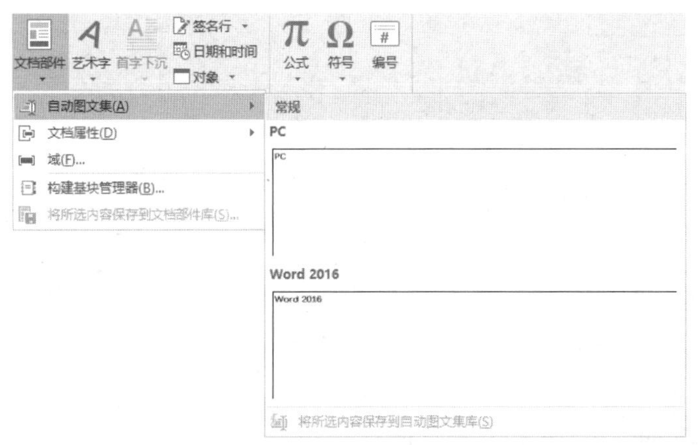

图 3.42 “自动图文集”下拉列表

图 3.43 “新建构建基块”对话框

单击“文档部件”列表中的“自动图文集”命令，在展开的级联菜单中选择已经建立的文档部件，即可将内容片段插入到当前文档中，从而实现文档内容的重复使用。

（2）文档属性。

Word 文档属性包括“作者”“标题”“主题”等，记录 Word 文档的基本信息。在“文件”→“信息”的属性页中可以查看到文档的属性信息，如图 3.44 所示。单击“高级属性”

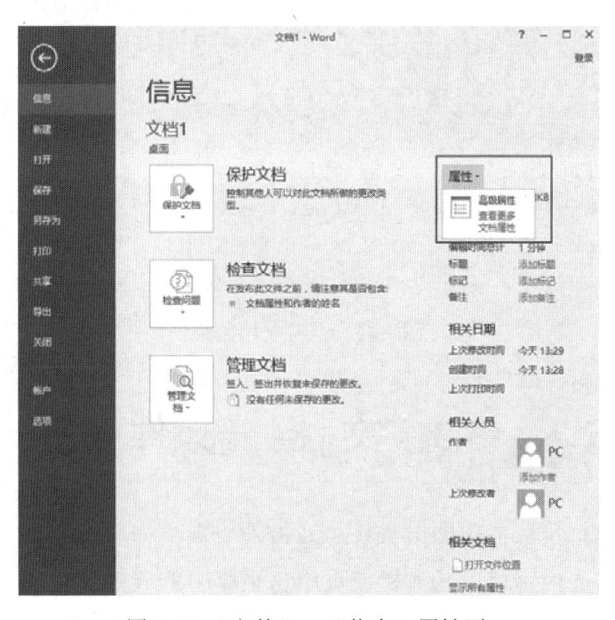

图 3.44 “文件”→“信息”属性页

命令，即可在“文档 1 属性”窗口中设置文档属性，如图 3.45 所示。

可利用文档部件提取文档属性内容，并应用到文档的编辑中，也可以利用文档部件对文档属性进行更新。

首先将光标置于文档属性插入的位置，然后单击“文档部件”列表中的“文档属性”命令，展开“文档属性”级联菜单，如图 3.46 所示。再单击需要的属性即可将该属性的内容插入到当前文档中，也可以对插入的内容进行编辑，更新属性的取值。

图 3.45 “文档 1 属性”窗口

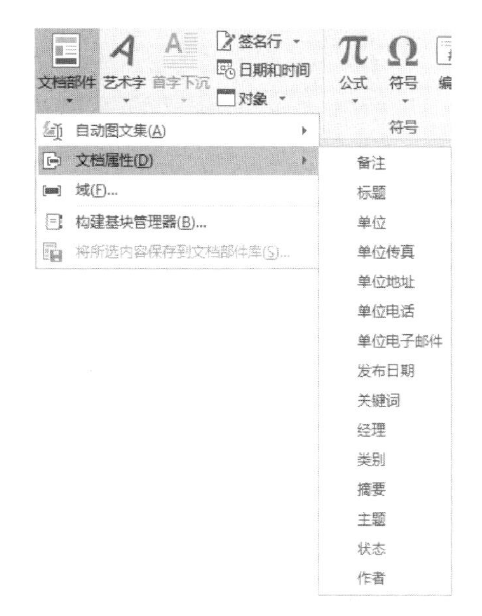

图 3.46 “文档属性”列表

（3）域。

域是一组能够嵌入到文档中的指令代码，在文档中体现为数据占位符。利用“域”可以在文档中自动插入文字、图形、页码等，并能够自动更新信息。

首先将光标置于域插入的位置，单击“文档部件”列表中的“域”命令，打开图 3.47 所示的“域”对话框，选择域并设置相关的域属性，即可完成域的插入。

2. 构建基块管理器

“构建基块”是预先设计的文本块和格式，包含预先设定了格式的页眉、页脚、页码、文本框、封面、水印、快速表格、目录、书目和公式等。

单击“文档部件”列表中的“构建基块管理器”命令，打开“构建基块管理器”对话框，如图 3.48 所示。

- **“编辑属性”按钮**：修改“构建基块”的相关属性。
- **“删除”按钮**：将所选“构建基块”从系统中删除。
- **“插入”按钮**：在当前文档的光标处插入选定的构建基块。

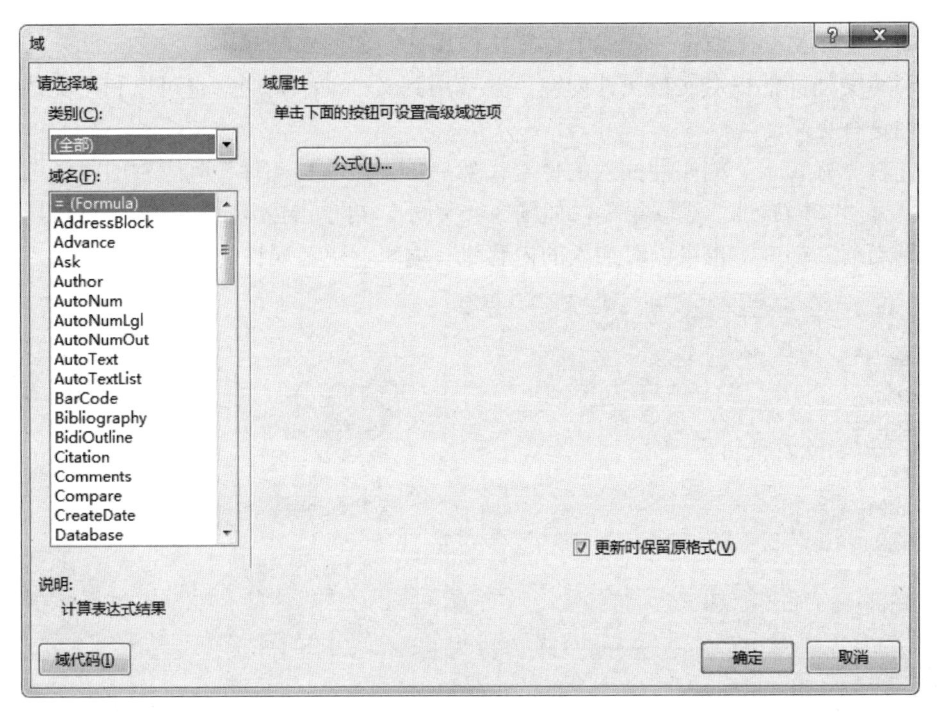

图 3.47 “域”对话框

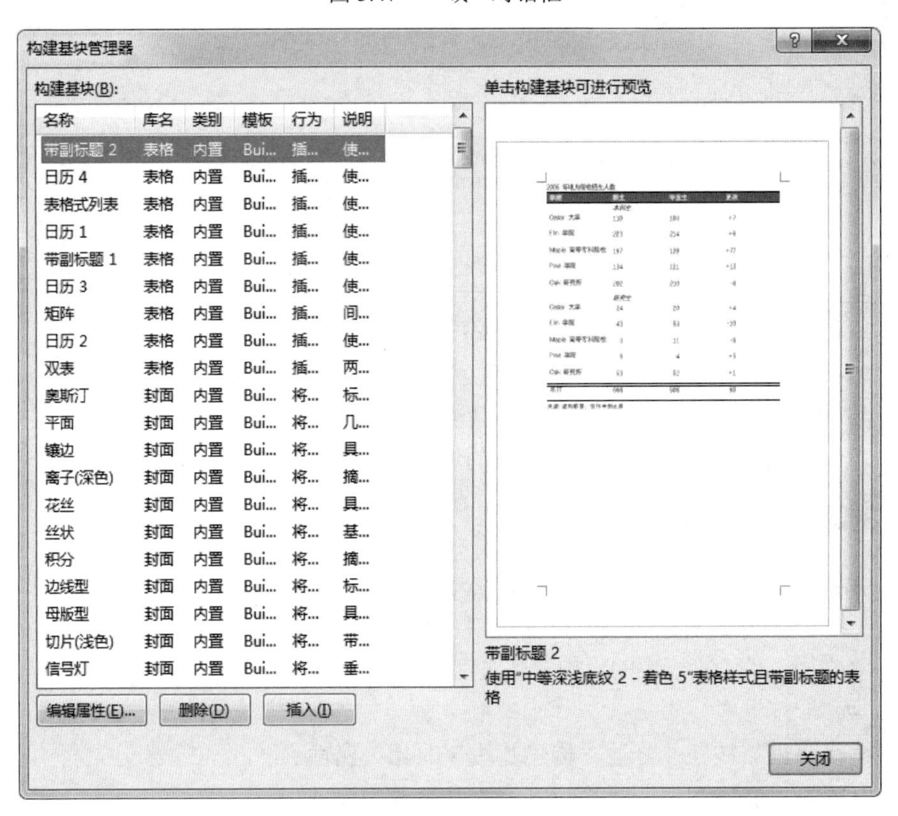

图 3.48 “构建基块管理器”对话框

3.4 使用邮件合并功能批量处理文档

3.4.1 邮件合并

1．“邮件合并”功能

“邮件合并”功能最初用于批量处理邮件文档。“邮件合并”功能可将包含邮件固定信息的主文档与接收邮件人信息相关的可变数据合并，批量生成邮件文档。合并后的邮件可以 Word 文档保存和打印，也可以邮件形式发送出去。目前“邮件合并”功能不仅应用于制作信函、信封，还可以批量制作工资条、个人简历、成绩单以及各种标签等，从而显著提高此类文档制作的效率。

2．“邮件合并”操作步骤

（1）创建主文档。

主文档中包含的内容是合并后文档中固定不变的部分。主文档的类型可以是普通的 Word 文档，也可以是信函、信封、标签、目录等。

（2）准备数据源。

数据源是邮件合并过程中变化内容的来源。数据源可以是 Word 文档、Excel 表格或 Access 等能够提供二维数据表的数据库。若已经建立了数据源文件，在执行“邮件合并”功能时直接选择即可；若数据源不存在，则要根据需要建立一个数据源文件。

（3）合并“主文档”与“数据源”。

利用“邮件合并向导”或执行相关功能的命令，将数据源中的数据依次与主文档合并，生成新的合并后的文档。

已经插入了合并域的文档再次打开时，要确保有正确的数据源信息，否则提示“Word 无法查找其数据源”，从而无法更新合并域数据。执行合并操作后生成的文档不再包含有合并域，内容固定不变。

3.4.2 使用“邮件合并”向导制作邀请函

（1）建立主文档，输入邀请函中内容固定不变的部分，并进行适当的格式设置，如图 3.49 所示。

（2）单击“邮件”→“开始邮件合并”→“开始邮件合并”下拉按钮，弹出图 3.50 所示的列表，单击“邮件合并分步向导”命令，在窗口右侧打开“邮件合并”任务窗格，如图 3.51 所示。

（3）选择文档类型。单击选择“信函”单选按钮，单击“下一步”按钮。

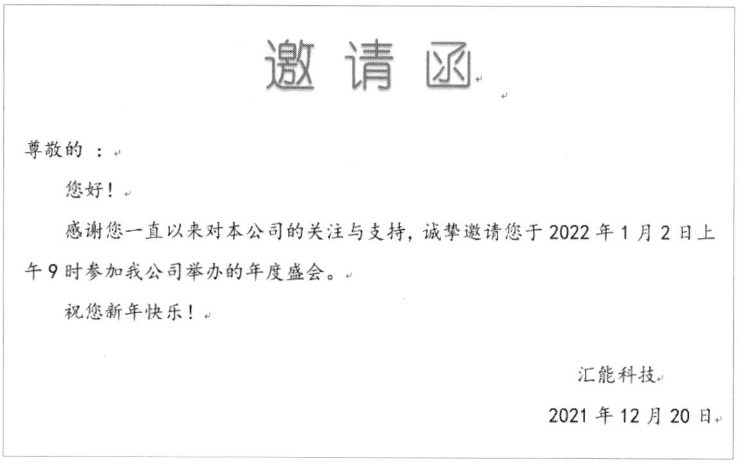

邀 请 函

尊敬的 ：

您好！

感谢您一直以来对本公司的关注与支持，诚挚邀请您于 2022 年 1 月 2 日上午 9 时参加我公司举办的年度盛会。

祝您新年快乐！

汇能科技

2021 年 12 月 20 日

图 3.49 邀请函主文档

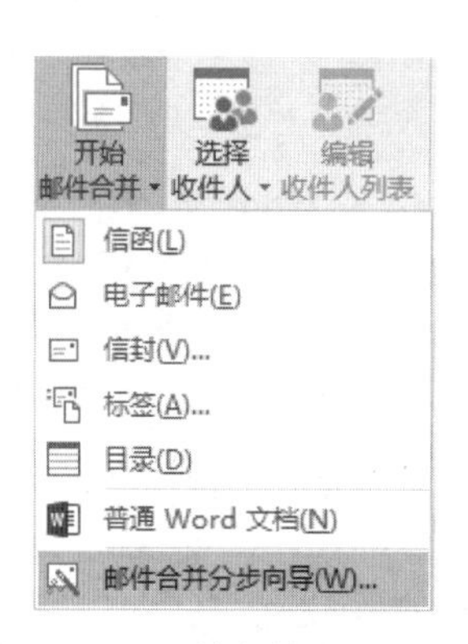

图 3.50 “开始邮件合并”列表

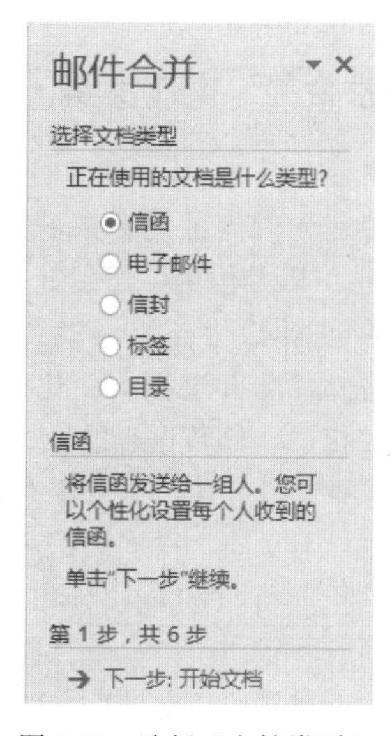

图 3.51 选择“文档类型”

（4）选择开始文档。单击选择“使用当前文档”单选按钮，如图 3.52 所示，单击“下一步”按钮。

（5）选择收件人，设置收件人的数据来源。单击选择“使用现有列表”单选按钮，使用来自某文件或数据库的收件人信息，如图 3.53 所示。单击“浏览”按钮，在“选取数据源”窗口中打开已建立的“邀请函数据源.docx”文件，将指定的数据源数据链接到当前的主文档中，单击“下一步”按钮。

（6）撰写信函。可以在此步骤撰写信函内容，也可以在当前已经建立的信函中添加收件人信息，如图 3.54 所示。添加收件人信息之前，需要首先确定收件人信息添加的位置，将光标置于添加位置。如添加“姓名”和“称谓”，则将光标置于“尊敬的”之后，然后单击“其他项目”命令，打开“插入合并域”对话框，依次插入“姓名”和“称谓”，如图 3.55 所示。重复此步骤，完成所有收件人信息的添加，然后关闭对话框，单击“下一步”按钮。

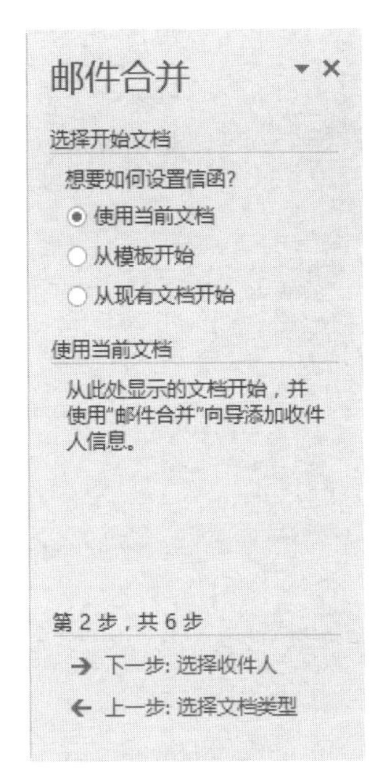

图 3.52　选择开始文档

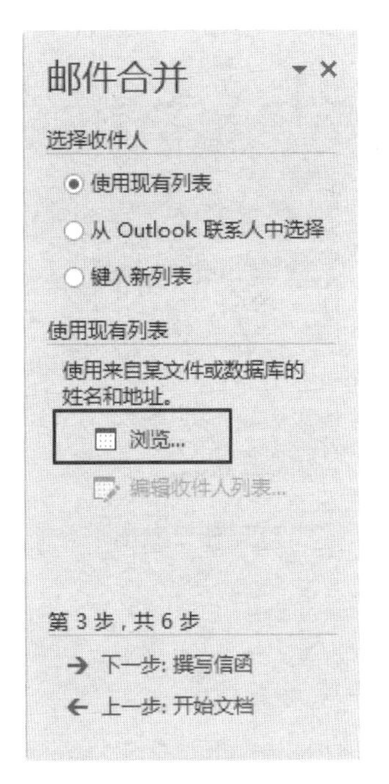

图 3.53　选择收件人

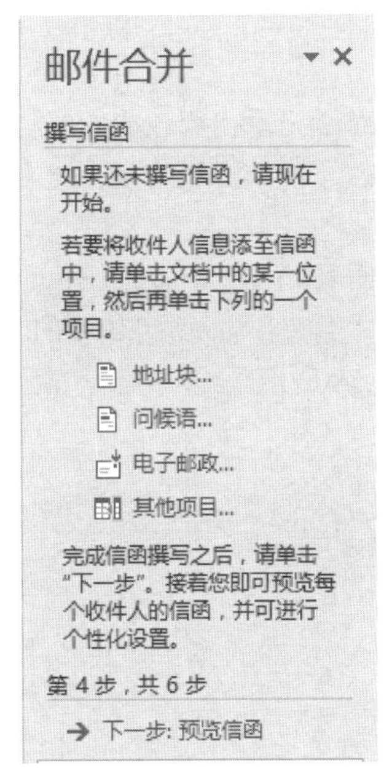

图 3.54　撰写信函

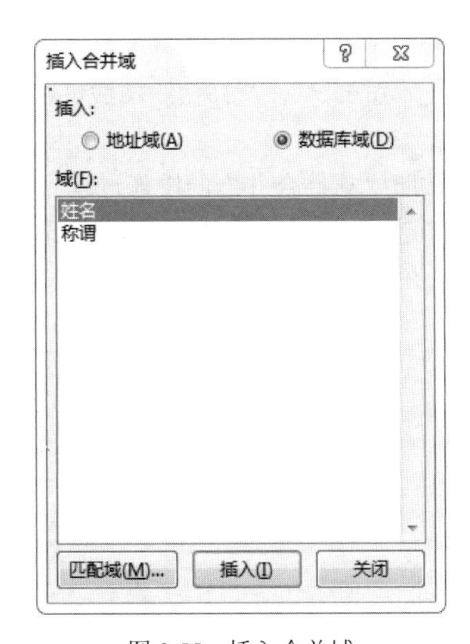

图 3.55　插入合并域

（7）预览信函，如图 3.56 所示。单击“收件人”两侧的按钮，逐条浏览合并后的信函。单击“排除此收件人”，则合并后文档中不再有此收件人信函。单击“下一步”按钮。

（8）完成合并，如图 3.57 所示。单击“打印”命令，可以将生成的合并文档打印输出；单击“编辑单个信函”命令，则可打开“合并到新文档”对话框，生成合并文档。

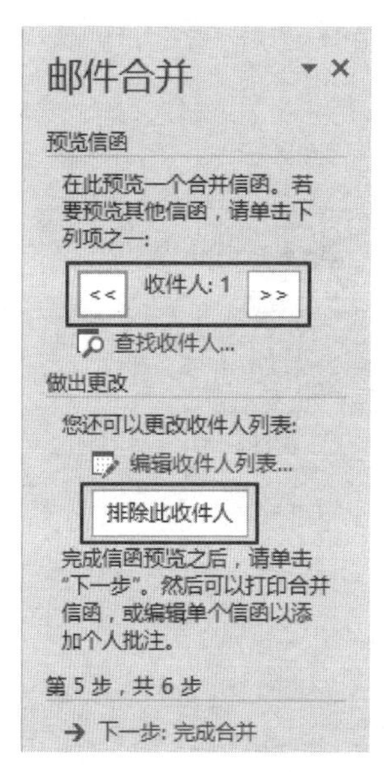

图 3.56　预览信函

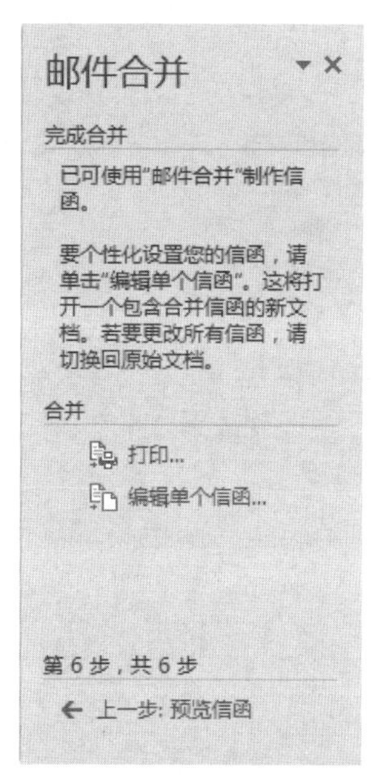

图 3.57　完成合并

3.4.3　在一页纸上打印多条记录

默认情况下，合并后的文档一页纸只打印一条记录。对于记录内容较少的文档（如工资条、成绩通知单等），这样做会造成纸张的浪费。可参照以下操作过程实现在一页纸上打印多条记录。

（1）按照“邮件合并”的操作过程完成所有合并域的插入。

（2）将光标定位在当前邮件内容之后，单击“邮件”→“编写和插入域”组中的“规则”下拉按钮，在弹出的列表中单击“下一记录”命令，如图 3.58 所示。

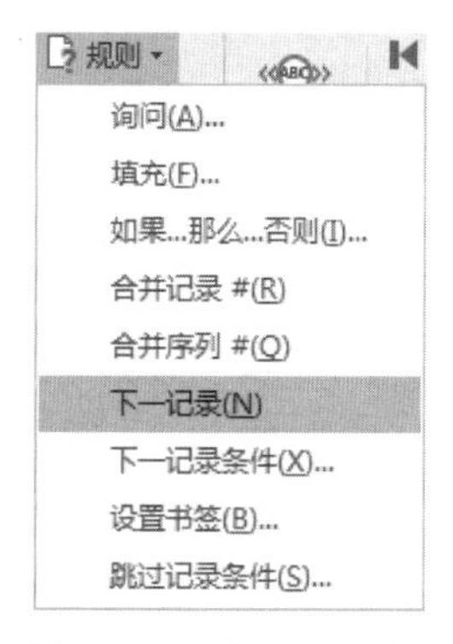

图 3.58　“规则”列表

（3）复制邮件内容，粘贴到“下一记录”的后面。重复步骤（2）和步骤（3），直到邮件内容占满整个页面，如图 3.59 所示。

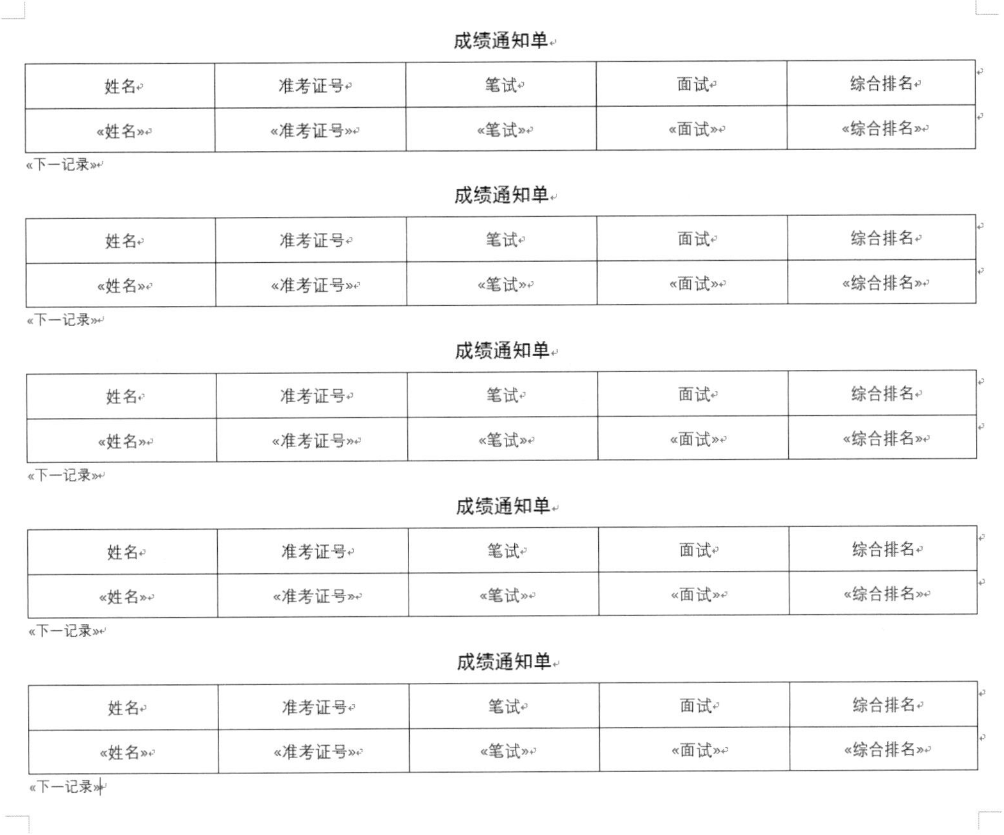

成绩通知单

姓名	准考证号	笔试	面试	综合排名
«姓名»	«准考证号»	«笔试»	«面试»	«综合排名»

«下一记录»

成绩通知单

姓名	准考证号	笔试	面试	综合排名
«姓名»	«准考证号»	«笔试»	«面试»	«综合排名»

«下一记录»

成绩通知单

姓名	准考证号	笔试	面试	综合排名
«姓名»	«准考证号»	«笔试»	«面试»	«综合排名»

«下一记录»

成绩通知单

姓名	准考证号	笔试	面试	综合排名
«姓名»	«准考证号»	«笔试»	«面试»	«综合排名»

«下一记录»

成绩通知单

姓名	准考证号	笔试	面试	综合排名
«姓名»	«准考证号»	«笔试»	«面试»	«综合排名»

«下一记录»

图 3.59　使用“下一记录”命令

（4）单击“邮件”→“完成”组的“完成并合并”下拉按钮，在弹出的列表中单击“编辑单个文档”命令，在“合并到新文档”对话框中单击选中“全部”单选按钮，生成的合并后文档的一页纸上将包含多条记录。

3.5　案例——中国共产党的百年光辉历程

1. 案例要求

对文档“中国共产党的百年光辉历程.docx”进行如下格式设置。

（1）页面设置。

上、下页边距均为 2.3 厘米，左、右页边距均为 2.9 厘米，A4 纸，纵向，页眉为 2 厘米、页脚为 1.75 厘米，每行字符数为 39，每页 43 行。

（2）创建样式。

正文样式，名称为“我的正文”，宋体，小四，首行缩进 2 字符，1.25 倍行距。

一级标题样式，名称为“我的一级标题”，黑体，二号，1.5 倍行距，段前、段后均为 1 行。

二级标题样式，名称为“我的二级标题”，黑体，三号，单倍行距，段前、段后均为 0.5 行。

（3）定义多级列表。

将级别 1 链接到“我的一级标题”样式，“编号样式”选择“一，二，三，…”选项。将级别 2 链接到“我的二级标题”样式，“编号样式”的下拉列表中选择“1，2，3，…”选项。

（4）利用样式快速格式化文档。

（5）文档分页。在所有的一级标题前进行分页。

（6）自动生成目录。

（7）添加页码。

正文页码编号从 1 开始，放置在页面底端居中位置。

（8）插入封面。

2. 案例实现

打开“中国共产党的百年光辉历程.docx”文档。

1）页面设置

打开“页面设置”对话框，设置页面边距上 2.3 厘米、下 2.3 厘米、左 2.9 厘米、右 2.9 厘米，A4 纸，纵向；设置页眉 2 厘米、页脚 1.75 厘米；在“文档网格”选项卡中，单击选择“指定行和字符网格”单选按钮，设置每行字符数为 39，每页 43 行。

2）创建样式

（1）创建“我的正文”样式。

在“样式”任务窗格单击“新建样式”按钮打开“根据格式设置创建新样式”对话框，设置“名称”为“我的正文”，“样式类型”为“段落”，“样式基准”为“正文”，“后续段落样式”为“我的正文”。在“格式”选项组中设置字体为“宋体”“小四”。单击“格式”下拉按钮，在弹出的列表中单击“段落”命令，打开“段落”对话框，设置首行缩进 2 字符，1.25 倍行距。“我的正文”样式设置如图 3.60 所示。

（2）创建“我的一级标题”样式。

打开“根据格式设置创建新样式”对话框，设置“名称”为“我的一级标题”，“样式类型”为“段落”，“样式基准”为“标题 1”，“后续段落样式”为“我的正文”。在“格式”选项组中设置字体为“黑体”“二号”。单击“格式”下拉按钮，在弹出的列表中单击“段落”命令，打开“段落”对话框，设置段前、段后间距为 1 行，1.5 倍行距。

（3）创建“我的二级标题”样式。

打开“根据格式设置创建新样式”对话框，设置“名称”为“我的二级标题”，“样式类型”为“段落”，“样式基准”为“标题 2”，“后续段落样式”为“我的正文”。在“格式”选项组中设置字体为“黑体”“三号”。单击“格式”下拉按钮，在弹出的列表中单击“段落”命令，打开“段落”对话框，设置段前、段后间距为 0.5 行，单倍行距，无缩进。

3）为文档添加多级列表

（1）单击“开始”→“段落”→“多级列表”下拉按钮，在弹出的列表中单击“定义新的多级列表”命令，打开“定义新多级列表”对话框。

（2）添加一级列表。

在“级别”列表中选择 1；在“将级别链接到样式”下拉列表框中选择“我的一级标

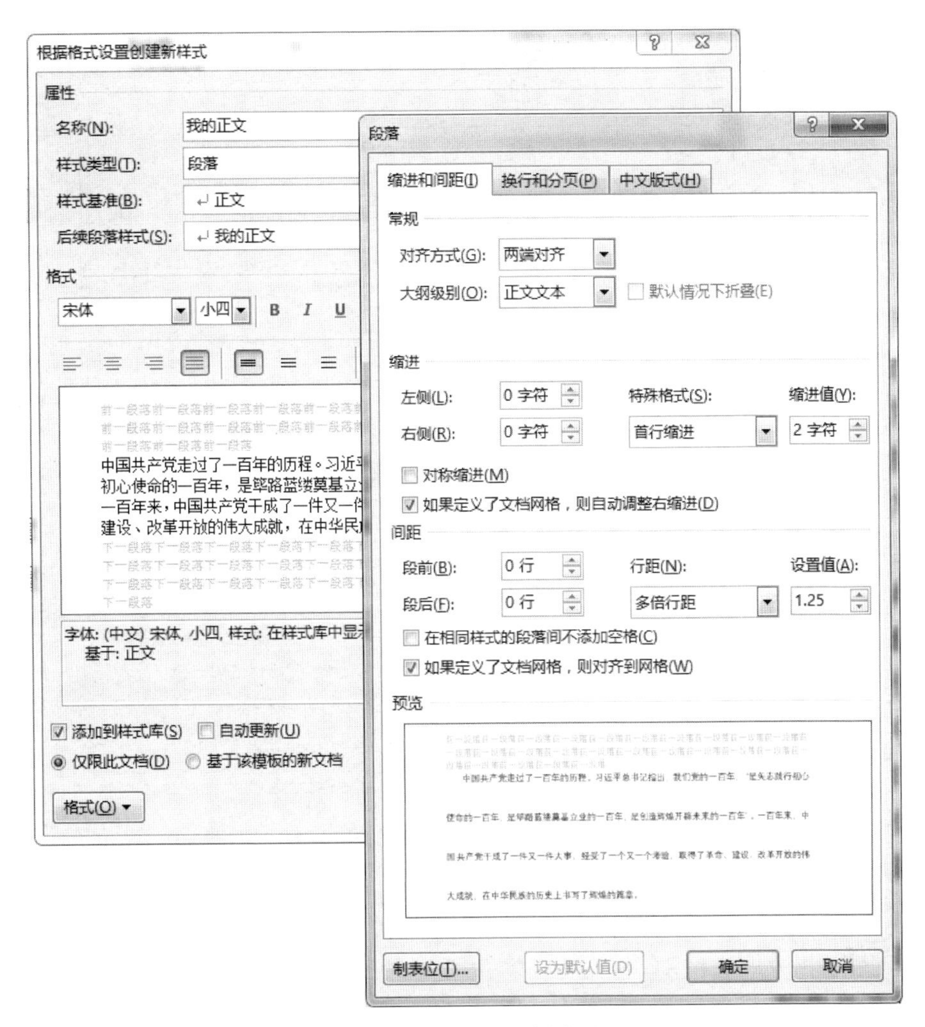

图 3.60 “我的正文”样式设置

题”样式；在“输入编号的格式”文本框中的数字后添加“、”；在“此级别的编号样式”的下拉列表框中选择“一，二，三，…”项；在“编号之后”下拉列表框中选择“无特别标示”项；在“位置”选项组单击“设置所有级别”按钮，将所有位置均设为 0 厘米。

（3）添加二级列表。

在“级别”列表中选择 2；在“将级别链接到样式”下拉列表框中选择“我的二级标题”样式；在“此级别的编号样式”的下拉列表框中选择“1，2，3，…”项；选择“正规形式编号”复选框，在“编号之后”下拉列表框中选择“空格”项。多级列表定义如图 3.61 所示。

4）利用样式快速格式化文档

（1）将光标置于红色文字中，单击“开始”→“编辑”→“选择”下拉按钮，在弹出的列表中单击“选定所有格式类似的文本（无数据）”命令，即选择了文档中全部一级标题文字。将选中内容设置为“我的一级标题”样式，如图 3.62 所示。

（2）选择加粗文字格式类似的文本，设置为“我的二级标题”样式。

（3）选择正文文字格式类似的文本，设置为“我的正文”样式。

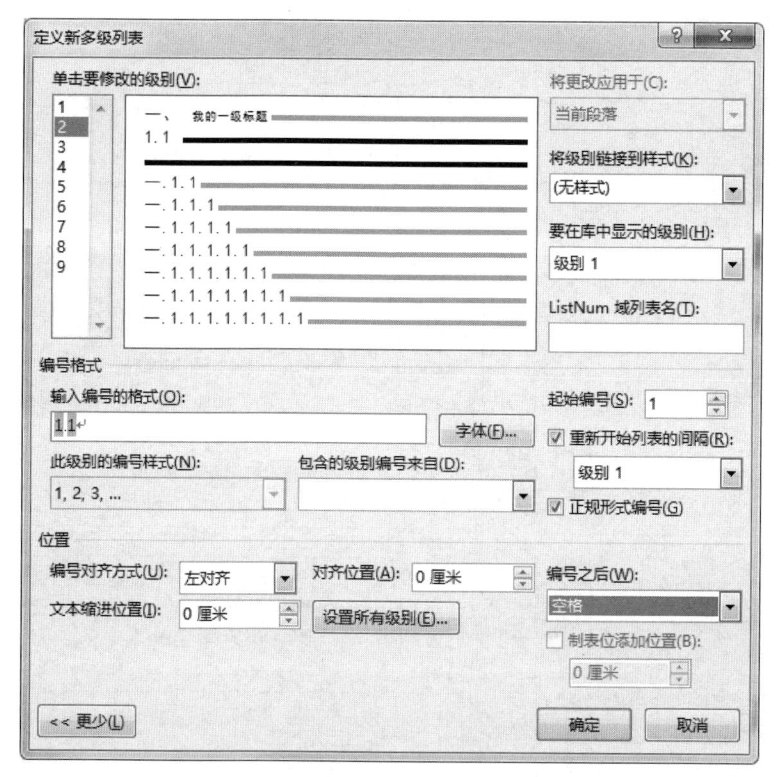

图 3.61 定义多级列表

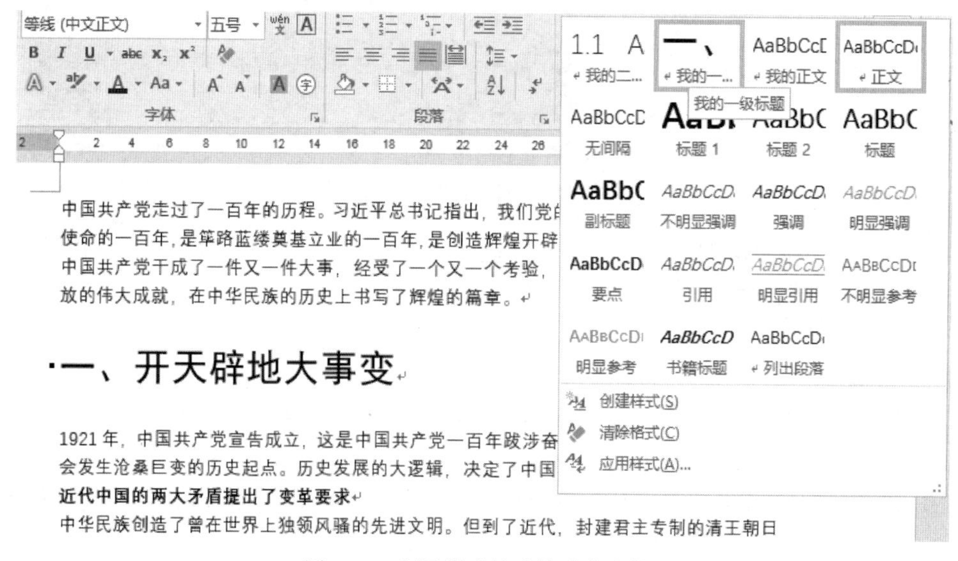

图 3.62 利用样式快速格式化文档

5）文档分页

将光标分别定位到一级标题前，单击“布局”→“页面设置”→“分隔符”下拉按钮，在弹出的列表中单击“分页符”或“分节符”命令，实现对文档的分页操作。

6）自动生成目录

（1）在文档开始处插入“分节符（下一页）”，然后在生成的空白页中输入“目录”。

（2）单击“引用”→“目录”→“目录”下拉按钮，在弹出的列表中单击“自定义目录”命令，打开“目录”对话框，确认设置后，自动生成目录。

7）添加页码

（1）将光标置于正文开始处。

（2）单击“插入”→“页眉页脚”→“页码”下拉按钮，在弹出的列表中单击“设置页码格式”命令，打开“页码”对话框，设置“起始页码”为1。

（3）单击“插入”→“页眉页脚”→“页码”下拉按钮，在弹出的列表中单击“页面底端”→“普通数字2”命令。正文页码编号从1开始，且放置在页脚居中位置。

8）插入封面

（1）将光标置于“目录”两个字的前面，单击“插入”→“页”→“封面”下拉按钮，在弹出的列表中的“内置”选项组中选择合适的封面，为本文档添加相应的封面。

（2）设置“文档标题”为“中国共产党的百年光辉历程”。

（3）删除不需要的文档占位符，封面制作完成。

习题演练

一、选择题

1．如果已有页眉或页脚，要再次进入页眉页脚区，只需要双击（　　）就行。

A．页眉或页脚区　　B．“开始”选项卡

C．“插入”选项卡　　D．绘图工具栏

2．在Word 2016的“审阅”选项卡中，“字数统计”选项不能用于统计（　　）。

A．字数　　B．行数　　C．页数　　D．图片

3．下列关于样式的叙述中，正确的是（　　）。

A．样式分标题样式、段落样式两种

B．样式相当于一系列预置的排版命令，它不仅包括对字符的修饰，还包括对段落的修饰

C．内置样式和自定义样式都可以删除

D．不能将其他文档中的样式复制到当前模板

4．在Word 2016中，对长文档编排页码时，下列说法不正确的是（　　）。

A．添加或删除内容时，能随时自动更新页码

B．一旦设置了页码就不能删除

C．只有在“页面”视图和打印预览中才能出现页码显示

D．文档第一页的页码可以任意设定

5．Word 2016中的（　　）功能用于帮助用户在文档中完成信函、电子邮件、信封、标签和目录的邮件合并工作。

A．邮件合并　　B．引用　　C．审阅　　D．插入

二、操作题

1．请按如下要求完成缴费通知单的制作。

（1）建立主文档：新建一个 Word 文档，命名为“缴费通知单.docx”。

（2）参照图 3.63，编辑文档内容，在“日期：”之后插入系统日期和时间。设置“通知单”高 12.5 厘米、宽 14 厘米。

（3）建立数据源：新建一个 Word 文档，参照图 3.64 建立表格并录入数据，文件命名为“业主信息.docx”。

（4）邮件合并：在“尊敬的”之后，依次插入数据源中的“楼栋号”“单元号”“房间号”等信息，并以“-”分隔；在“您户自”之后，插入“开始日期”的信息；在“至”之后，插入“结束日期”等信息；在“人民币”之后，插入“应缴纳费用”等信息。

（5）保存生成的缴费通知单，命名为“缴费通知单生成文件.docx”。

物业管理费用催缴通知单

尊敬的 - - 业主/住户：

您好！经核查，您户自　至　的物业费未缴纳，共计人民币　元。敬请您于 7 日内到物业客户服务中心缴纳。我们真诚恭候您的来临。如确有不便，请致电 8402，我们将派专人上门收取，由此给您带来的不便，敬请谅解，谢谢合作！

物业客户服务中心

日期：2022 年 8 月 1 日

图 3.63 “缴费通知单”主文档

楼栋号	单元号	房间号	开始日期	结束日期	房屋面积	应缴纳费用
1	2	101	2022-01-01	2022-06-30	100	600
1	4	302	2022-01-01	2022-06-30	120	720
2	3	501	2022-01-01	2022-06-30	100	600
2	1	402	2022-01-01	2022-06-30	110	660
2	2	301	2022-01-01	2022-06-30	80	480

图 3.64 “缴费通知单”数据源

2．启动 Word 2016，录入以下文字，并保存为“寄语.docx”。

习近平在党的二十大报告中殷切寄语青年：
青年强，则国家强。当代中国青年生逢其时，施展才干的舞台无比广阔，实现梦想的前景无比光明。全党要把青年工作作为战略性工作来抓，用党的科学理论武装青年，用党的初心使命感召青年，做青年朋友的知心人、青年工作的热心人、青年群众的引路人。广大青年要坚定不移听党话、跟党走，怀抱梦想又脚踏实地，敢想敢为又善作善成，立志做有理想、敢担当、能吃苦、肯奋斗的新时代好青年，让青春在全面建设社会主义现代化国家的火热实践中绽放绚丽之花。
节选自《中国共产党第二十次全国代表大会报告》

根据以下要求完成文档的排版。

（1）页面设置：上页边距为 3.75 厘米、下页边距为 2.25 厘米，左页边距、右页边距为 3.6 厘米，A4 纸张大小，横向。

（2）第 1 段文字：幼圆、三号、标准色“深红”，段前间距 2 行、段后 1 行。

（3）第 2 段文字：华文楷体、三号，1.2 倍行距，段后 1 行。

（4）第 3 段文字：黑体、三号，1.2 倍行距，首行缩进 2 字符。

（5）第 4 段文字：楷体、小四、右对齐，段前 3 行。

（6）“青年强，则国家强。”文字：将该文字设置为艺术字“填充-黑色，文本 1，阴影”，小一号字，艺术字高为 1.85 厘米，宽为 8.98 厘米。

（7）图片格式：在页眉处插入图片，设高 1.16 厘米、宽 8.75 厘米，文字环绕方式为“四周型”，调整图片位置到页眉的右侧。

效果如图 3.65 所示。

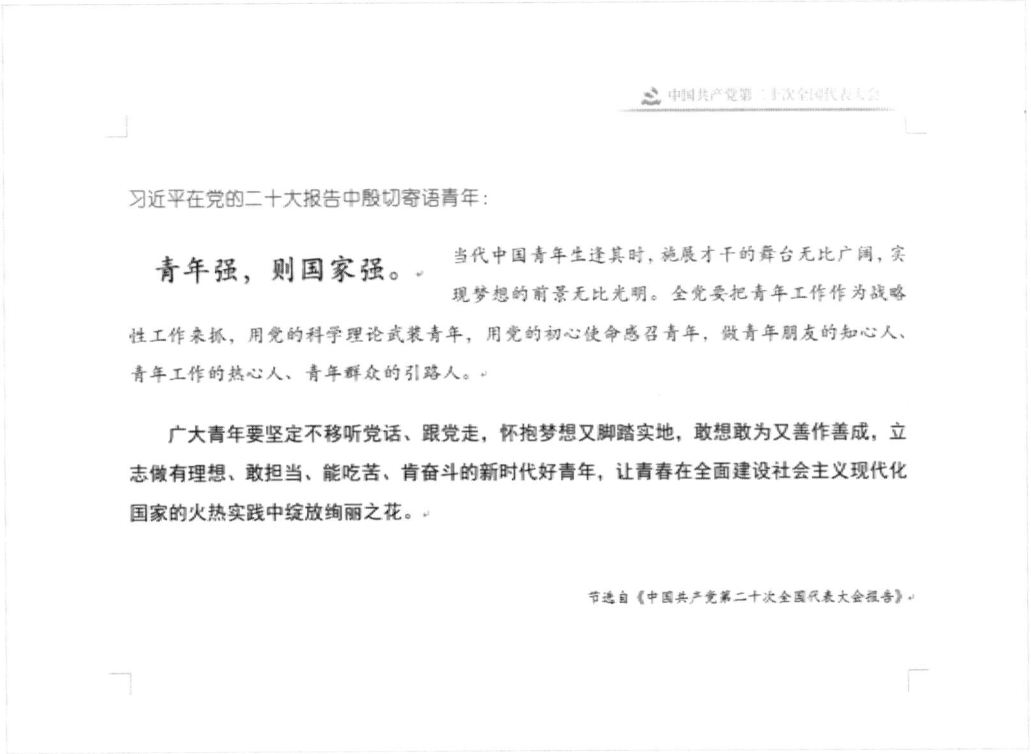

中国共产党第二十次全国代表大会

习近平在党的二十大报告中殷切寄语青年：

青年强，则国家强。当代中国青年生逢其时，施展才干的舞台无比广阔，实现梦想的前景无比光明。全党要把青年工作作为战略性工作来抓，用党的科学理论武装青年，用党的初心使命感召青年，做青年朋友的知心人、青年工作的热心人、青年群众的引路人。

广大青年要坚定不移听党话、跟党走，怀抱梦想又脚踏实地，敢想敢为又善作善成，立志做有理想、敢担当、能吃苦、肯奋斗的新时代好青年，让青春在全面建设社会主义现代化国家的火热实践中绽放绚丽之花。

节选自《中国共产党第二十次全国代表大会报告》

图 3.65 效果图

第 4 章

Excel 2016 基础

Excel 2016 是办公自动化套装软件 Office 2016 的重要组件之一，也是一款功能强大的电子表格处理软件，被广泛应用于学习、工作、生活的各个方面。它能够帮助人们方便地制作各种电子表格，记录和整理数据，进行数据计算、统计和分析，完成精美图表的制作等工作。

本章以中文版 Excel 2016 为例，介绍 Excel 的主要概念与基本操作方法，具体包括 Excel 2016 工作簿、工作表和单元格的概念及基本操作。

4.1 Excel 2016 概述

本节主要介绍 Excel 2016 的工作界面及工作簿、工作表和单元格的概念。

4.1.1 Excel 2016 工作界面

启动 Excel 2016，进入 Excel 开始屏幕，如图 4.1 所示。单击“空白工作簿”选项，进

图 4.1　Excel 2016 开始屏幕

入 Excel 2016 的工作界面，如图 4.2 所示。工作界面由快速访问工具栏、标题栏、功能区、名称框、编辑栏、工作区、工作表标签、状态栏等部分组成。下面主要介绍 Excel 2016 的名称框、编辑栏、工作区和工作表标签。

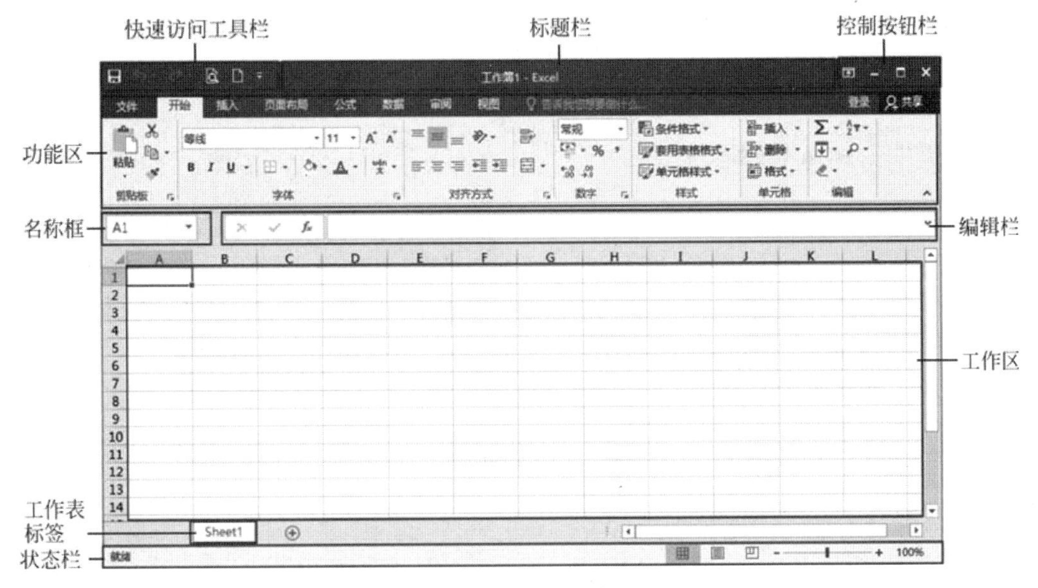

图 4.2　Excel 2016 工作界面

1. 名称框

名称框可以显示当前单元格（或区域）的名称，也可以定位到目标单元格。

2. 编辑栏

编辑栏可以显示当前单元格的内容，也可以用于输入和编辑单元格中的数据或公式。

3. 工作区

工作区是整个窗口中最主要的区域，包含了由行和列组成的若干单元格。

4. 工作表标签

工作表标签用于显示工作表的名称，单击工作表标签可以激活相应的工作表。默认情况下，Excel 2016 新建的工作簿只有 1 个工作表，以 Sheet1 命名。

4.1.2　工作簿、工作表和单元格

1. 工作簿

工作簿是 Excel 中存储数据的文件，一个 Excel 文件就是一个工作簿，其扩展名默认为.xlsx。启动 Excel 2016，建立一个空白的工作簿后，系统自动将该工作簿命名为“工作簿 1”。每个工作簿可以包含 1 个或多个工作表。默认新工作簿只有 1 个工作表，在使用中，

可以根据需要建立多个新的工作表。

2．工作表

工作表是用于处理和存储具体数据的电子表格，由 1 048 576 行和 16 384 列构成。工作表的行号由上到下为 1～1 048 576，列号从左到右为 A～XFD。工作表中行列交叉处称为“单元格”。

3．单元格和单元格区域

单元格是工作表的最小单位，数据可以存储在单元格中。每个单元格的名称均由所在的列号和行号表示，如位于表中第 D 列、第 3 行的单元格名称为 D3（默认名称框中显示为 D3）。为了区分不同工作表中的单元格，可在单元格名称前加上工作表名来区别，例如，Sheet1!D3 表示 Sheet1 工作表中的 D3 单元格。

单元格区域是由多个连续单元格构成的矩形区域。单元格区域名称由左上角、右下角单元格的名称和冒号表示。如单元格区域 A1:C2，表示由 A1、A2、B1、B2、C1、C2 这 6 个单元格组成的矩形区域。

4.2　单元格的基本操作

4.2.1　单元格数据的输入

Excel 2016 可以处理多种类型的数据，如文本、数字、日期和时间等。选定单元格，即可在单元格中输入数据。输入的内容同时出现在活动单元格和编辑栏中。

1．基本数据的输入

（1）数字的输入。

在工作表中，有效的数字包括数字字符 0～9 和一些特殊的数学字符，如“+”“-”“( )”“，”“$”“%”“．”等。在默认状态下，输入单元格的数字自动右对齐。单元格内默认只显示 11 位数值，如果输入的数值多于 11 位，就用科学记数法来表示。例如，123456789123 表示为 1.23457E+11。

（2）文本的输入。

文本可以是任何字符串，包括字母、数字、汉字等。单元格中输入的文本自动左对齐。在实际应用中，经常会输入数字文本，如学生的学号、身份证号、电话号码等。当输入这些数据时，需要将数字作为文本输入，具体输入有以下 3 种方法。

① 数字前面加上单引号（英文状态下）。例如，输入学生的学号 202211020101，应输入 '202211020101。

② 数字前面加上 =（等号），并把输入的数字用双引号（英文半角符号）括起来。例如，学号 202211020101，应输入 ="202211020101"。

③ 先设置单元格的格式为文本，再输入数据。具体操作步骤：首先选中单元格，单击“开始”→“数字”→“数字格式”下拉按钮，在弹出的列表中单击“文本”命令后，直接在单元格中输入数据即可。

（3）日期和时间的输入。

在单元格中输入日期时，应按照“年/月/日”或“年-月-日”的格式。注意，年、月、日之间用斜杠或短横线（英文半角状态下）进行分隔，如 2022/9/1 或 2022-9-1 表示 2022 年 9 月 1 日。

在单元格中输入时间时，应按照“时:分:秒”的格式，时、分、秒之间用冒号“:”分隔，如 10:35:06 表示 10 时 35 分 6 秒。

2. 有规律数据的输入

Excel 2016 提供了自动填充功能，可以对有规律的数据以行或列的方向进行快速填充，如等差/等比数列、日期序列或是类似“甲、乙、丙、…、癸”序列等这样的有规律数据。

（1）使用填充柄。

“填充柄”是位于当前选定区域右下角的一个小黑方块。将鼠标指针移到填充柄时，指针会变为黑色“+”。利用“填充柄”可完成自动填充的功能，具体操作步骤如下。

① 选中填充区域的第一个单元格，在此单元格中输入序列起始值。例如，在 A1 单元格中输入文字“一月”。

② 拖动 A1 单元格右下角的填充柄，横向拖动或纵向拖动均可。

③ 松开鼠标，即可完成自动填充，如图 4.3 所示。

（2）使用“序列”对话框。

如果填充的数据是数字，那么填充柄会默认以等差序列的形式来自动填充。若要填充等比数列，则可以通过“序列”对话框来实现。具体操作步骤如下。

① 选定需要输入序列的第一个单元格，输入序列数据的第一个数据。例如，在 A3 单元格中输入 1。

② 单击“开始”→“编辑”→“填充”下拉按钮，在弹出的列表中单击“序列”命令，打开“序列”对话框，如图 4.4 所示设置。

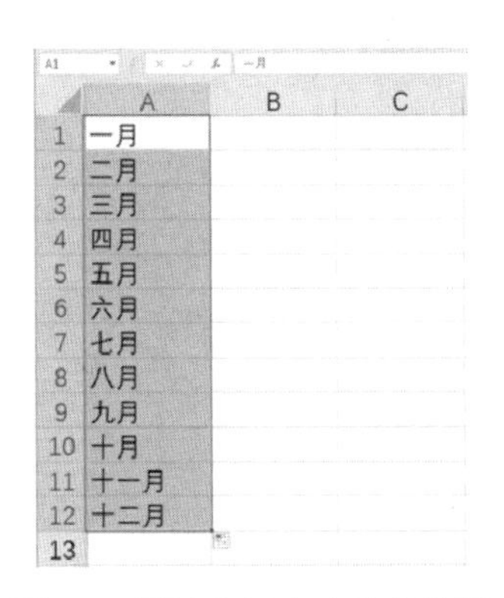

图 4.3 用填充柄自动填充数据

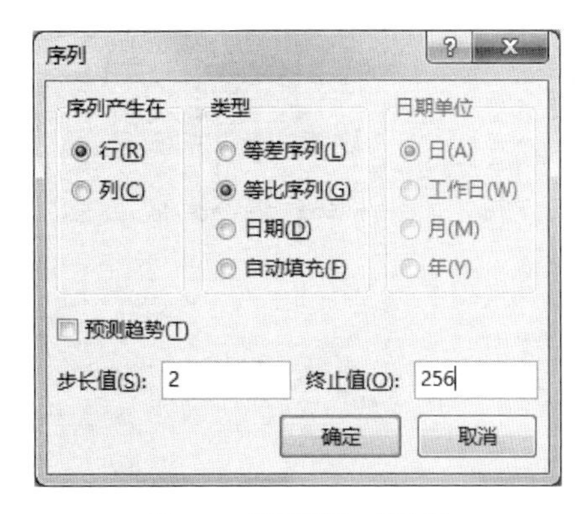

图 4.4 “序列”对话框

③ 根据序列数据输入的需要，在“序列产生在”选项组中单击选中“行”或“列”单

选按钮。此处设置按行产生序列。

④ 在“类型”选项组中根据需要单击选中“等差序列”“等比序列”“日期”或“自动填充”单选按钮。此处单击选中“等比序列”单选按钮。

⑤ 根据输入数据的类型设置相应的其他选项，设置完毕，单击“确定”按钮即可。此处在“序列”对话框的“步长值”文本框和“终止值”文本框中分别输入 2 和 256，确定后就生成了一个 1:2 的等比序列，如图 4.5 所示。

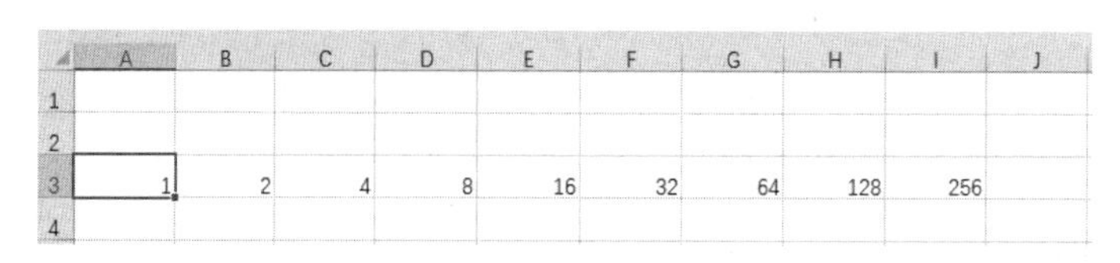

图 4.5　生成的等比序列

（3）使用“自定义序列”。

Excel 2016 提供了一些常用的序列，如果需要经常使用某些特殊数据序列，就可以通过“自定义序列”功能将其定义为一个序列，然后使用自动填充功能将这些数据快速输入工作表中。具体操作步骤如下。

① 单击“文件”→“选项”命令，打开“Excel 选项”对话框。

② 在对话框左侧列表框中选择“高级”，在“常规”选项组中单击“编辑自定义列表”按钮，打开“自定义序列”对话框。

③ 在“输入序列”列表框中输入要自定义的序列。数据项之间可用 Enter 键或逗号（英文半角）进行分隔，单击“添加”按钮，将其添加到左侧“自定义序列”列表框中。例如，定义班级序列“一班，二班，三班，四班，五班，六班，七班，八班，九班，十班”，如图 4.6 所示。

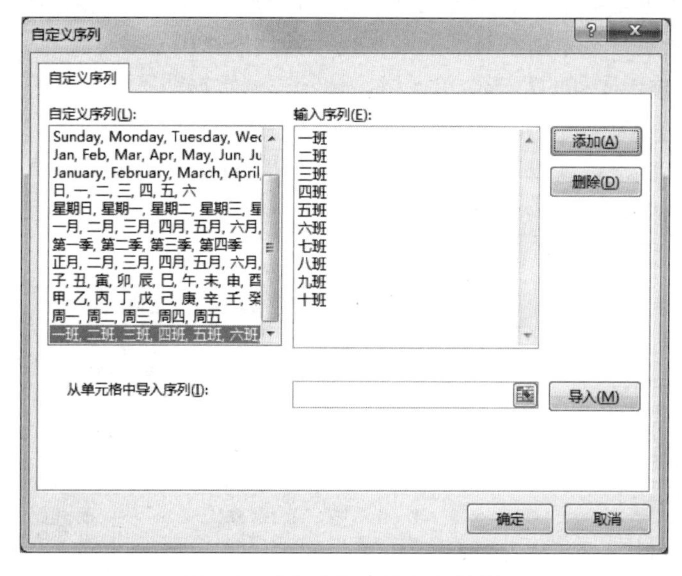

图 4.6　“自定义序列”对话框

④ 单击“确定”按钮，返回“Excel 选项”对话框中。

⑤ 单击“确定”按钮，完成自定义序列的设置。

3. 获取外部数据

Excel 2016 可以将 Access、文本文件及其他数据源中的数据导入工作表中，这样不必重新输入已有的数据，便能实现与外部数据共享，提高数据的使用效率。下面以文本文件为例，导入外部数据。

注意：文本文件中的数据应有一定规律的，通常每一条记录单独成行，字段之间采用逗号、Tab 制表符、分号等作为分隔符，或者字段是固定宽度的（当字段内容不够长，加空格补位）。Excel 2016 在使用“文本导入向导”的操作中，会根据文本文件使用的格式自动进行选择。

例如，已知在 D 盘 Test 文件夹下存在一个“图书编号对照.txt”文本文件，如图 4.7 所示，将其导入“计算机图书销售明细表.xlsx”的 Sheet2 工作表中，自 A1 单元格开始。

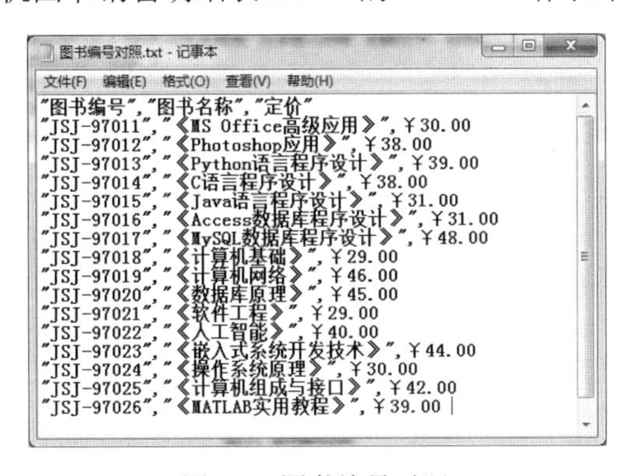

图 4.7　图书编号对照

具体操作步骤如下。

（1）打开“计算机图书销售明细表.xlsx”工作簿，将光标定位在 Sheet2 工作表的 A1 单元格中，单击“数据”→“获取外部数据”→“自文本”命令按钮，打开“导入文本文件”对话框，在文件列表框中选中“图书编号对照.txt”，单击“导入”按钮，如图 4.8 所示。

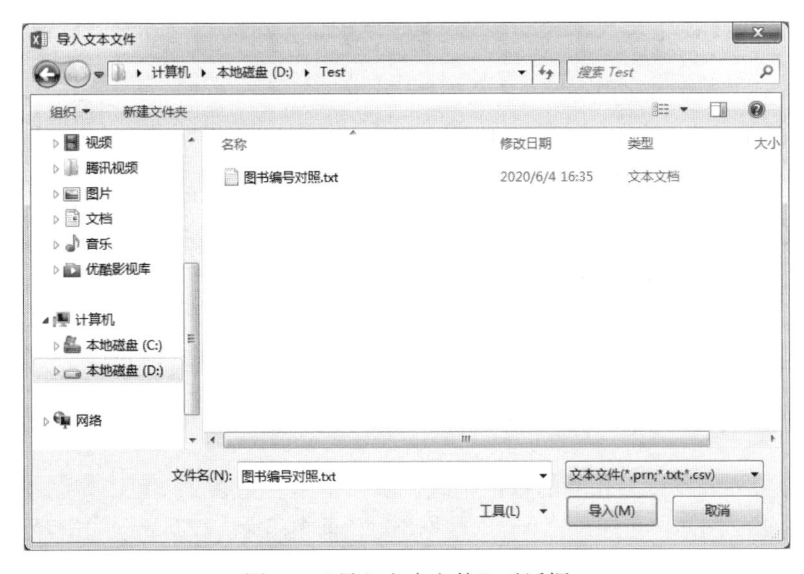

图 4.8　“导入文本文件”对话框

（2）文本导入向导自动识别文本文件是带分隔符的还是有固定宽度的，如图 4.9 所示。单击“下一步”按钮。

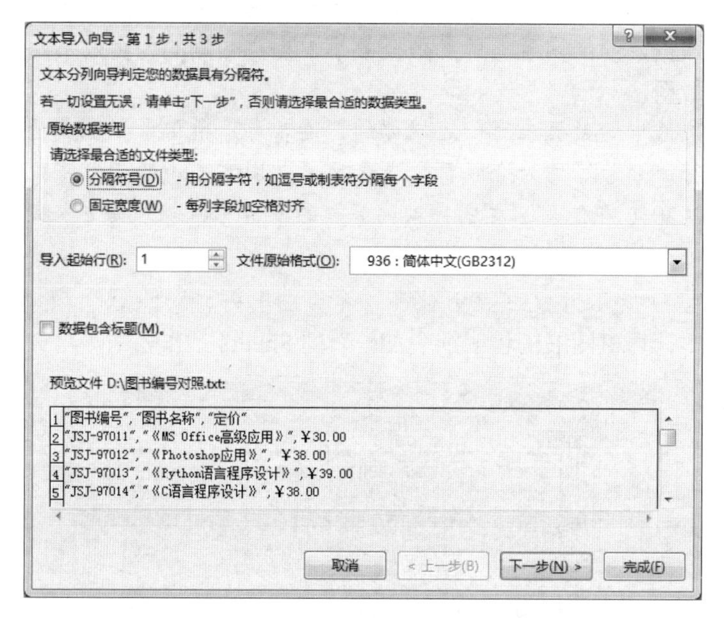

图 4.9　数据分隔方式

（3）确定带分隔符的文本文件里使用的分隔符类型，此处用逗号作为分隔符，单击“下一步”按钮，如图 4.10 所示。

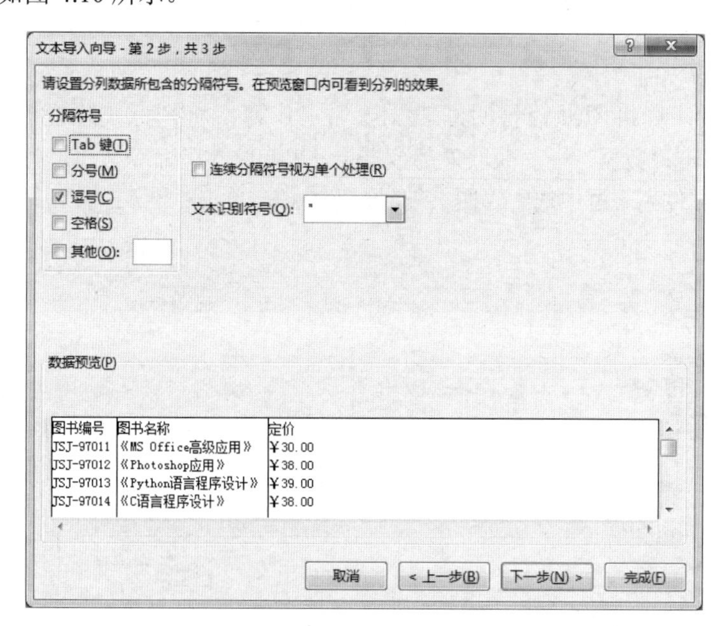

图 4.10　确定分列数据的分隔符

（4）选择各列并设置其相应的数据格式，然后单击“完成”按钮，如图 4.11 所示。

（5）如图 4.12 所示，在打开的“导入数据”对话框中，确认数据放置的位置后，单击“确定”按钮，文本文件即可成功地导入工作表 Sheet2 中。效果如图 4.13 所示。

图 4.11　设置数据格式

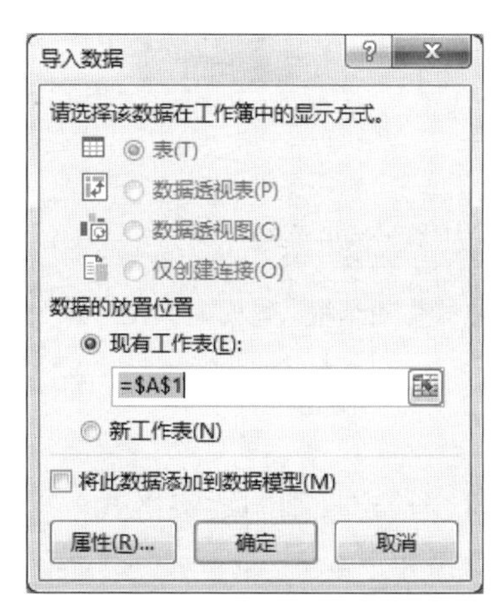

图 4.12　“导入数据”对话框

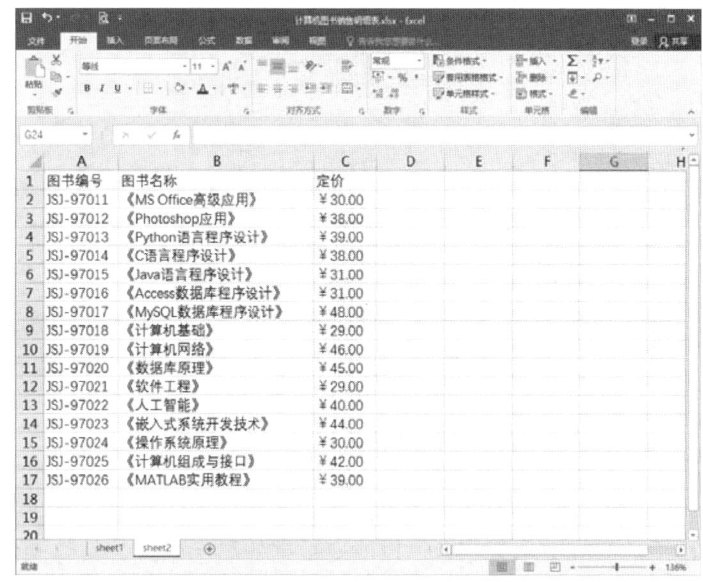

图 4.13　文本文件导入成功

4.2.2　单元格数据格式的设置

单元格中的数据大多以数字形式保存，可以通过设置数据格式，让数据以特定的格式（如货币格式、会计专用格式、百分比格式等）显示，以满足不同需求。

1．设置数字格式

设置数字格式有以下两种方法。

（1）使用“数字”组的“常规”列表设置。

选定需要设置数字格式的单元格或单元格区域，单击“开始”→“数字”→“常规”下拉按钮，弹出“常规”列表，根据需要单击相应的命令即可，如图 4.14 所示。

（2）使用“设置单元格格式”对话框设置。

选定需要设置数字格式的单元格或单元格区域，单击“开始”→“单元格”→“格式”下拉按钮，在弹出的列表中单击“设置单元格格式”命令，或右击，在弹出的快捷菜单中单击“设置单元格格式”命令，打开“设置单元格格式”对话框，如图 4.15 所示。在“数字”选项卡的分类列表框中，根据需要设置相应的选项，设置完毕，单击“确定”按钮。

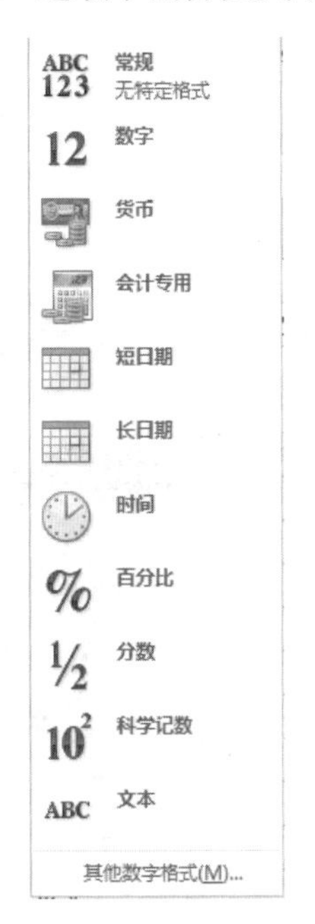

图 4.14 “常规”列表

图 4.15 “设置单元格格式”对话框

2. 创建自定义数字格式

如果系统的数字格式无法满足需要，还可以创建和使用符合一定规则的数字格式，应用于数值或文本数据上，以改变数据的显示方式。具体操作步骤如下。

（1）打开“设置单元格格式”对话框，如图 4.15 所示。

（2）在“数字”选项卡的“分类”列表框中选择“自定义”选项。

（3）在“类型”列表框中选择一种现有的格式，按照自定义数字格式的规则进行相应的更改，或在框中键入一个新格式，单击“确定”按钮即可。新定义的数字格式将会保存在自定义的“类型”列表框中。

注意： *自定义数字格式只存储在创建该格式的工作簿中。若要在新的工作簿中使用自定义格式，可以将当前工作簿另存为 Excel 模板，并在该模板基础上创建新工作簿。*

Excel 2016 自定义数字格式的规则定义了有关包含文本和添加空格的规则，使用小数位、空格、颜色和条件的规则，以及日期和时间格式的规则。下面给出常用的更改日期格式所使用的代码，见表 4.1。

表 4.1　日期格式代码及含义

代　　码	含　　义
yy	将年显示为两位数字（00～99）
yyyy	将年显示为 4 位数字（1900～9999）
m	将月显示为不带前导零的数字（1～12）
mm	将月显示为带前导零的数字（01～12）
mmm	将月显示为缩写形式（Jan 到 Dec）
mmmm	将月显示为完整名称（January 到 December）
mmmmm	将月显示为单个字母（J 到 D）
d	将日显示为不带前导零的数字（1～31）
dd	将日显示为带前导零的数字（01～31）
ddd	将日显示为缩写形式（Sun 到 Sat）
dddd	将日显示为完整名称（Sunday 到 Saturday）
aaa	将星期显示为单个字符（一到日）
aaaa	将星期显示为 3 位字符（星期一到星期日）

假设要将“日期”列的数据设置为“××××年××月××日”的格式显示，并标注出每个日期属于星期几。例如，日期为“2016/1/2”的单元格应显示为“2016 年 01 月 02 日星期六”。

具体操作步骤如下。

（1）选中需要设置格式的单元格，打开“设置单元格格式”对话框，如图 4.15 所示。

（2）在“数字”选项卡的“分类”列表框中选择“自定义”选项，然后在右侧的“类型”列表框中选择“yyyy"年"m"月"d"日"”数字格式，接着在“类型”文本框中，将数字格式修改为“yyyy"年"mm"月"dd"日"aaaa”。这时，示例选项组里显示的便是最终的日期样式，如图 4.16 所示。单击“确定”按钮关闭对话框。

图 4.16　设置“日期”数字格式

4.2.3 单元格格式的美化

在 Excel 2016 中，除了可通过设置数字格式来改变数据在单元格中的显示形式外，还可以设置字体格式、数据对齐方式、边框、底纹，以及调整单元格高度和宽度，使单元格中的数据更加清晰、美观。

1．设置字体

如图 4.17 所示，可以在“开始”→“字体”组中，通过下拉列表和各种命令按钮按需设置字体。也可以在“设置单元格格式”对话框的“字体”选项卡中，根据需要设置相应的选项。

2．设置对齐格式

在单元格中输入数据时，默认情况下，文本左对齐、数字右对齐、文本和数字都在单元格内垂直居中。可以根据需要设置数据的对齐方式。

（1）选定需要改变对齐方式的单元格，单击“开始”→“对齐方式”组中的对齐方式命令按钮，如图 4.18 所示。

图 4.17 “字体”组

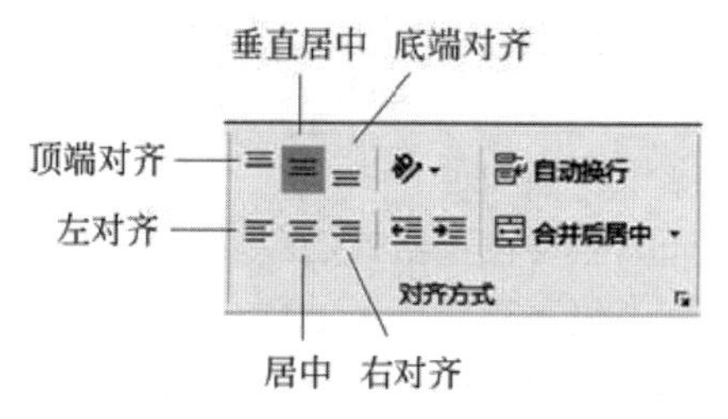

图 4.18 “对齐方式”组

（2）在“对齐方式”组中单击“方向”下拉按钮 ，在弹出的列表中单击某个命令，可将文本设置成相应的旋转效果，如图 4.19 所示。

（3）“合并单元格”可将多个单元格合并为一个单元格，用来存放较长的数据，例如设置标题。当多个单元格都包含数据时，合并后只保留左上角单元格的数据。在“对齐方式”组中，单击“合并后居中”下拉按钮，在弹出的列表中单击单元格的合并形式或单击取消单元格的合并命令，如图 4.20 所示。

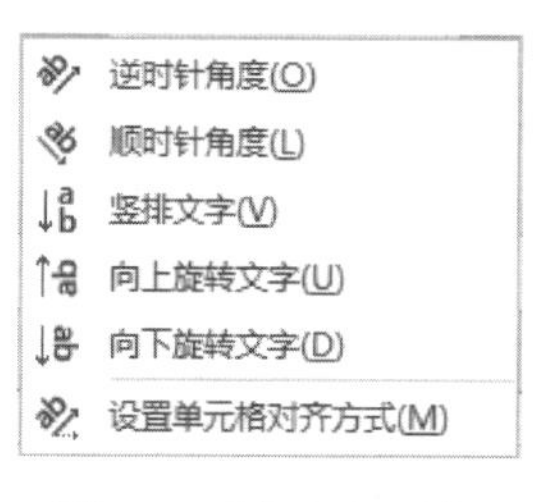

图 4.19 “方向”列表

合并后居中(C)
跨越合并(A)
合并单元格(M)
取消单元格合并(U)

图 4.20 “合并后居中”列表

另外，在“设置单元格格式”对话框的“对齐”选项卡中，也可以进行上述设置。

3．设置边框线

默认情况下，Excel 2016 的表格线是统一的淡虚线，打印预览时这些边框线不显示，如果需要打印边框线，应自行设置。

具体操作步骤如下。

（1）选定需要设置单元格边框的单元格区域，右击，在弹出的快捷菜单中单击“设置单元格格式”命令，打开“设置单元格格式”对话框，单击进入“边框”选项卡，如图 4.21 所示。

（2）在“样式”列表中选择一种线条样式，在“颜色”下拉列表框中设置边框的颜色。单击“外边框”按钮，即可设置表格的外边框；单击“内部”按钮，即可设置表格的内部连线；还可以使用“边框”选项组中的 8 个边框按钮，或直接在预览草图的边框位置上单击，设置需要的边框。

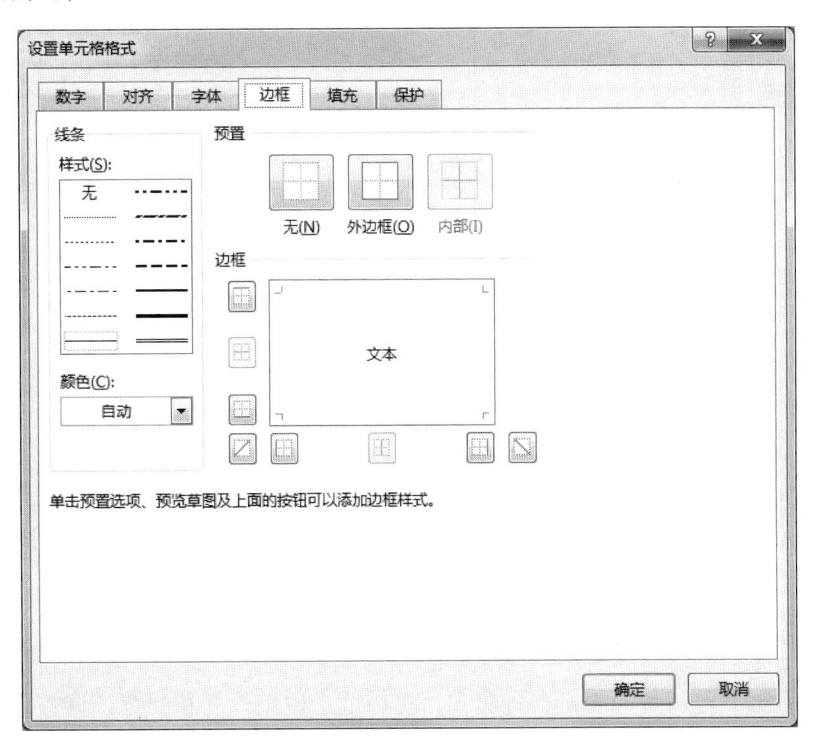

图 4.21 “边框”选项卡

（3）设置完毕，单击“确定”按钮。

4．设置背景

背景设置包括背景色和图案的设置。

（1）设置单元格的背景色。

选定需要设置背景的单元格，打开“设置单元格格式”对话框，单击进入“填充”选项卡，如图 4.22 所示。

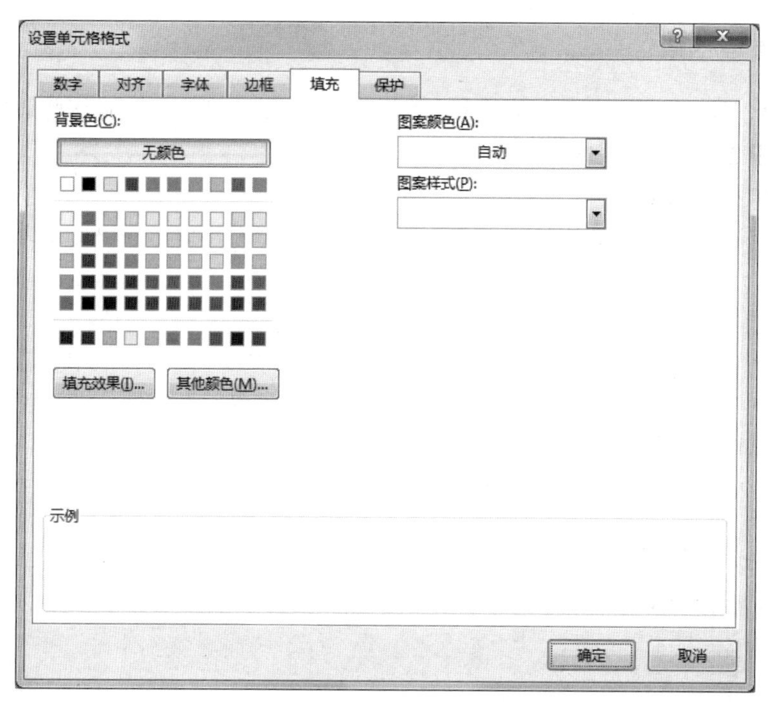

图 4.22 “填充”选项卡

在“背景色”选项组中选择一种颜色，或单击“其他颜色”按钮，在打开的“颜色”对话框中选择一种颜色。单击“填充效果”按钮，打开“填充效果”对话框，设置不同的填充效果，然后单击“确定”按钮返回“填充”选项卡。单击“确定”按钮即可完成单元格背景色的设置。

（2）设置单元格的背景图案。

在图 4.22 所示的“填充”选项卡中，单击“图案样式”下拉按钮，在弹出的列表中选择一种图案样式；单击“图案颜色”下拉按钮，在弹出的列表中选择一种图案颜色。单击“确定”按钮，即可为选定的单元格设置新的背景图案。

5. 调整行高和列宽

为使数据完整清楚、表格整齐美观，可以适当调整行高和列宽。调整行高和列宽可以采用以下两种方法。

（1）拖动鼠标调整。

将鼠标指针移动到工作表两个行序号之间，此时指针变为指向上下方向的双向箭头。向上或向下拖动鼠标，就会缩小或增加行高。松开鼠标，行高则调整完毕。调整列宽的方法类似。

（2）使用行高/列宽对话框设置。

选定要调整行高或列宽的行或列，单击“开始”→“单元格”→“格式”下拉按钮，弹出如图 4.23 所示的列表。单击“行高”或“列宽”命令，打开对话框，在文本框中输入要设定的数值，然后单击“确定”按钮即可。

6. 条件格式化

条件格式化是对单元格区域中满足条件的数据进行格式设置。只有条件为 True，数据才会按格式设置显示。下面以常用的“突出显示单元格规则”为例，介绍具体实现方法。

（1）选择要使用条件格式化显示的单元格区域。

（2）单击“开始”→“样式”→“条件格式”下拉按钮，弹出如图 4.24 所示的“条件格式”列表。

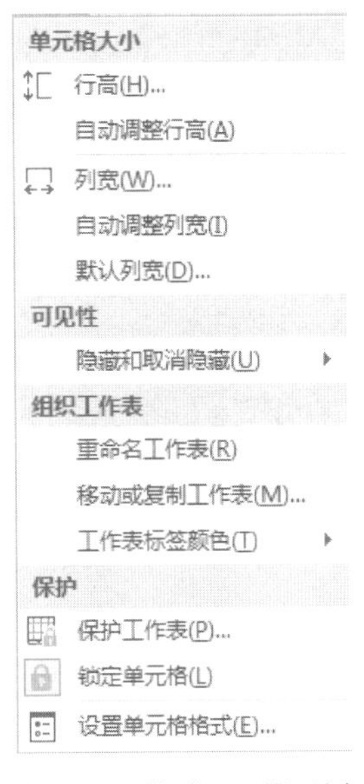

图 4.23 “格式”下拉列表

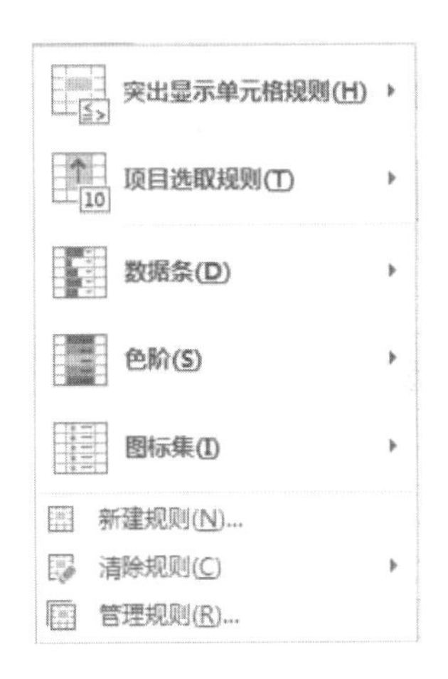

图 4.24 “条件格式”列表

（3）在“突出显示单元格规则”的级联菜单中选择所需要的命令，如“介于”“文本包含”或“发生日期”等。

（4）输入具体条件值，选择定义格式，单击“确定”按钮。

7. 自动套用格式

所谓自动套用格式是指一整套可以迅速应用于某一数据区域的内置格式和设置的集合，包括字体大小、图案和对齐方式等设置信息。通过自动套用格式功能，可以迅速构建带有特定格式的表格。Excel 2016 提供了多种可供选择的工作表格式。

设置自动套用格式，具体操作步骤如下。

（1）选定需要应用自动套用格式的单元格区域。

（2）单击“开始”→“样式”→“套用表格格式”下拉按钮，弹出图 4.25 所示的“套用表格格式”列表。

（3）在示例下拉列表中，根据需要选择一种格式。

（4）在弹出的“套用表格式”对话框中，设置表数据的来源，以及“表包含标题”选项，单击“确定”按钮。

注意：自动套用格式时，“表包含标题”选项是指数据的各列标题，而不是表标题。所以当表既有表标题，又有列标题时，表数据的来源应排除表标题所在单元格。

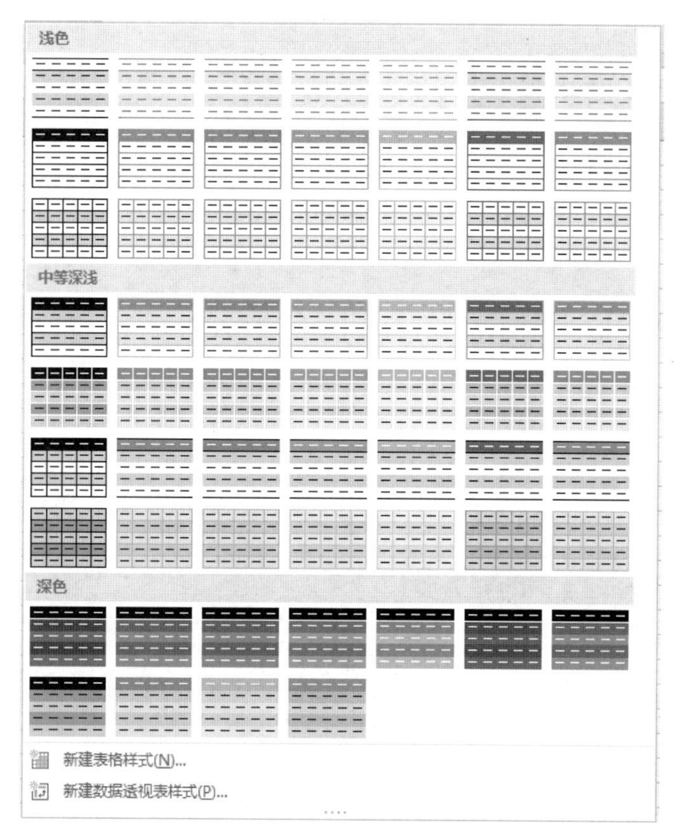

图 4.25 “套用表格格式”列表

8. 格式的复制

格式的复制是指对所选对象所用的格式进行复制。具体操作步骤如下。

（1）选定有相应格式的单元格作为样本单元格。

（2）单击“开始”→“剪贴板”→“格式刷”命令按钮 ，鼠标指针变成刷子形状。

（3）用刷子形指针选中目标区域，即完成格式复制。

如果需要将选定的格式复制多次，可双击“格式刷”命令按钮，复制完毕之后，再次单击“格式刷”命令按钮或按 Esc 键，即可退出复制状态。

9. 格式的清除

如果要删除单元格中已设置的格式，可以使用“清除格式”命令。具体操作步骤如下。

（1）选中要删除格式的单元格或单元格区域。

（2）单击“开始”→“编辑”→“清除”下拉按钮，弹出图 4.26 所示的“清除”列表。

（3）在列表中单击“清除格式”命令，即可把应用的格式删除。格式被删除后，单元格中的数据仍然存在，并以常规格式表示，即文字左对齐，数字右对齐。

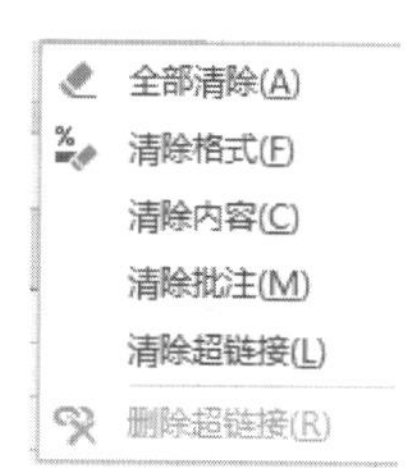

图 4.26 “清除”列表

4.3 工作簿的建立与管理

本节主要介绍在 Excel 2016 中有关工作簿的基本操作，包括工作簿的创建、保存、隐藏和保护等。

4.3.1 工作簿的基本操作

1．新建空白工作簿

启动 Excel 2016 后，单击“空白工作簿”选项，系统将自动创建一个新的工作簿。如果需要重新创建工作簿，可以单击“文件”→“新建”命令，如图 4.27 所示，单击“空白工作簿”选项，即可新建一个空白工作簿。

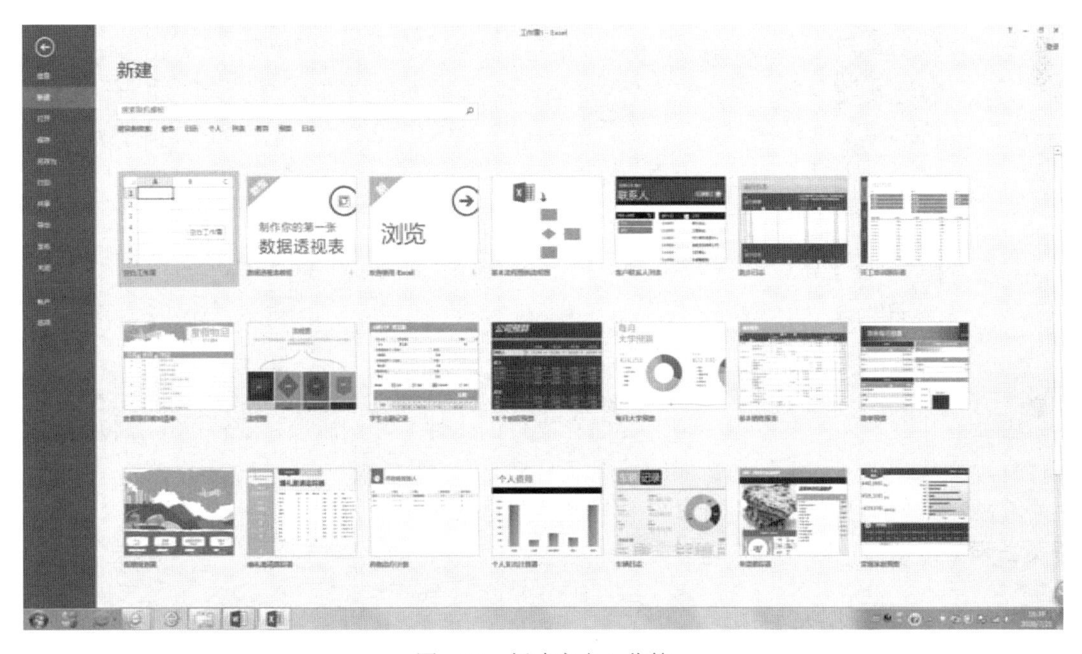

图 4.27 新建空白工作簿

2．使用模板建立工作簿

模板是有样式和内容的文件。Excel 2016 提供了很多精美的模板，如基本销售报表，客户联系人报表，跑步日志等。可以根据需要找到一款适合的模板，然后在此基础上快速新建一个工作簿。

（1）单击“文件”→“新建”命令，如图 4.27 所示。

（2）选择 Excel 2016 中系统自带的模板，双击示例模板，即可快速创建出一个有样式和内容的工作簿。

（3）若要获得更多的工作簿模板，可以搜索联机模板，将模板下载使用。

3. 工作簿的保存

保存新建工作簿的具体操作步骤如下。

（1）单击快速访问工具栏上的“保存”按钮或单击“文件”→“保存”命令/“另存为”命令，或按 Ctrl+S 组合键，将存储位置设置为“这台电脑”，再选择具体位置，此处选择的是“文档”，打开“另存为”对话框，如图 4.28 所示。

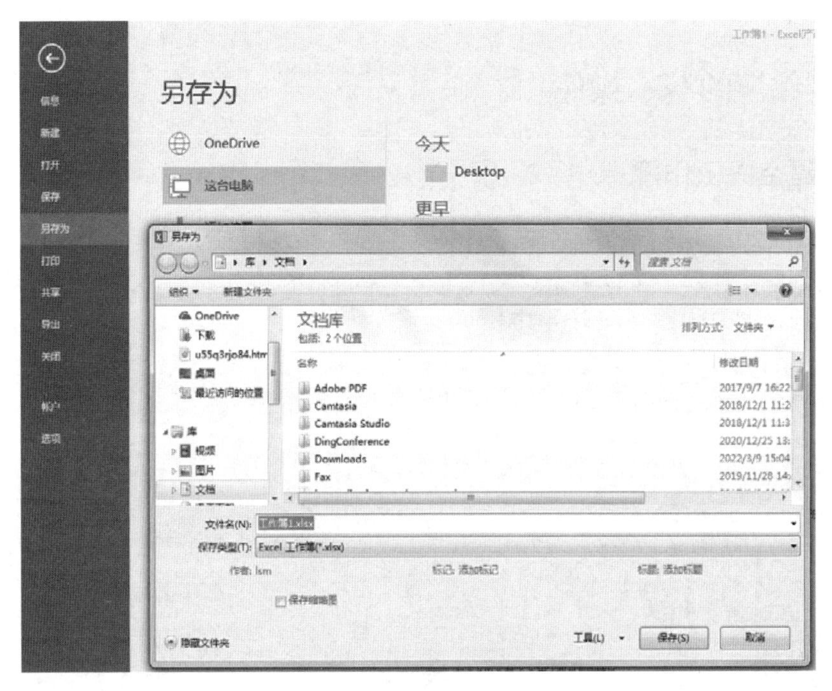

图 4.28 “另存为”对话框

（2）在“文件名”文本框中输入要保存文件的文件名，然后选择文件的保存位置，单击“保存”按钮。默认工作簿文件的扩展名是.xlsx。

注意： 若需要在 Excel 2003 之前的版本中编辑这个文件，保存的时候需要将文件的保存类型设置为“Excel 97-2003 工作簿”。

4.3.2 工作簿的隐藏

1. 隐藏工作簿窗口

打开需要隐藏的工作簿后，单击“视图”→“窗口”→“隐藏”命令按钮，即可实现对当前工作簿的隐藏，如图 4.29 所示。

图 4.29 “窗口”组

2．显示隐藏的工作簿窗口

若要将隐藏的工作簿窗口显示出来，单击“视图”→“窗口”→“取消隐藏”命令按钮，在打开的“取消隐藏”对话框中选择要显示的工作簿文件，如图 4.30 所示。单击“确定”按钮，或直接双击要显示的工作簿文件，即可显示工作簿窗口。

图 4.30 “取消隐藏”对话框

注意：如果“取消隐藏”按钮不可用，则说明不包含隐藏的工作簿窗口。

4.3.3 工作簿的保护

若要防止其他用户对工作簿进行查看或修改（如添加、移动、删除、重命名或隐藏工作表等），可以对该工作簿设置密码进行保护。

1．保护工作簿

（1）打开需要保护的工作簿后，单击“审阅”→“更改”→“保护工作簿”下拉按钮。

（2）在打开的“保护结构和窗口”对话框中设置对工作簿的结构和窗口进行保护，在“密码”文本框中输入一个密码，单击“确定”按钮，如图 4.31 所示。

（3）在打开的“确认密码”对话框中，重新输入密码，单击“确定”按钮，即可实现对当前工作簿的保护，如图 4.32 所示。

图 4.31 “保护结构和窗口”对话框

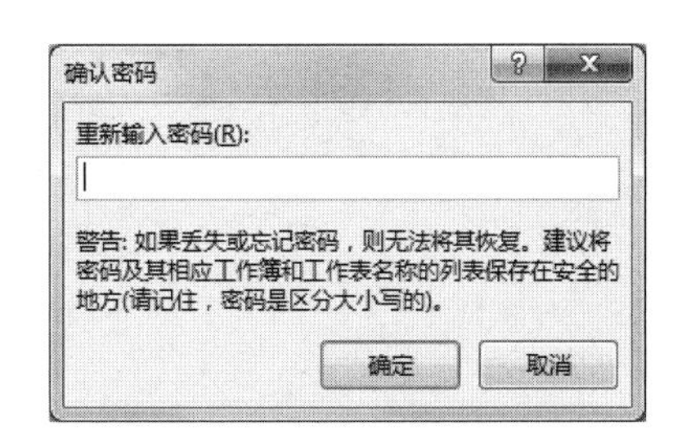

图 4.32 “确认密码”对话框

工作簿受保护后，“文件”选项卡“信息”命令右侧面板的“保护工作簿”选项会明确指明受保护的工作簿的结构已被锁定，此时插入和删除工作表、重命名工作表、移动或复制工作表、隐藏和取消隐藏工作表的选项均变成灰色不可用状态。

2．撤销保护工作簿

（1）打开需要撤销保护的工作簿后，单击“审阅”→“更改”→“保护工作簿”命令按钮。

（2）在打开的“撤销工作簿保护”对话框中输入保护工作簿时设置的密码，单击“确定”按钮。

4.4 工作表的建立与管理

本节主要介绍在工作簿中如何建立与管理工作表，其中包括工作表的建立、编辑和保护，以及对多个工作表的操作等。

4.4.1 工作表的基本操作

1．插入工作表

默认状态下，一个工作簿只包含一个工作表。如果一个工作表不能满足需要，可以向原工作簿中插入新的工作表，通常使用以下两种方法。

（1）单击工作簿底端工作表标签右侧的“新工作表”图标⊕，如图4.33所示。

图4.33　插入新工作表

（2）右击工作簿底端工作表标签，在弹出的快捷菜单中单击“插入”命令，打开“插入”对话框，如图4.34所示。在“常用”选项卡中单击“工作表”图标，然后单击“确定”按钮，此时原工作表标签左侧会插入一个新工作表。

图4.34　“插入”对话框

2. 移动工作表

在工作中，经常需要在一个工作簿或不同工作簿之间复制或移动工作表。

（1）在同一个工作簿中移动工作表，具体操作步骤如下。

① 右击工作簿底端工作表标签，在弹出的快捷菜单中单击“移动或复制”命令，打开“移动或复制工作表”对话框，如图 4.35 所示。

② 在“下列选定工作表之前”列表框中选择工作表要移动的位置，然后单击“确定”按钮。

（2）在不同工作簿之间移动工作表，具体操作步骤如下。

① 将原工作簿和目标工作簿均打开。

② 右击原工作簿底端工作表标签，在弹出的快捷菜单中单击“移动或复制”命令，打开“移动或复制工作表”对话框，如图 4.35 所示。

③ 单击“工作簿”下拉按钮，在弹出的列表中选择工作表要移动到的目标工作簿，然后在“下列选定工作表之前”列表框中选择工作表移动的位置。

④ 设置完毕后，单击“确定”按钮。

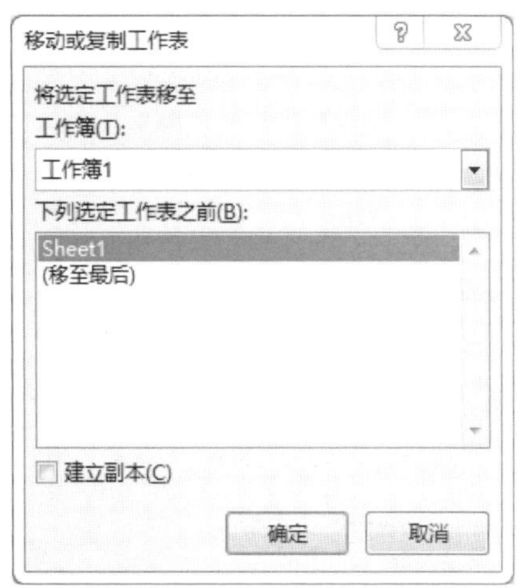

图 4.35 “移动或复制工作表”对话框

3. 复制工作表

可以在同一个工作簿中或不同工作簿之间复制工作表，操作过程与移动工作表基本相同，仅需在图 4.35 所示的“移动或复制工作表”对话框中选中“建立副本”复选框，即可实现对工作表的复制。

注意：在一个工作簿中，拖动工作表标签，在目标位置松开鼠标，即可实现工作表的移动；按 Ctrl 键的同时拖动工作表的标签，可以将所选工作表复制到目标位置。

4.4.2 工作表的保护

若要防止其他用户更改、移动或删除工作表中的数据，可以将想保护的单元格锁定，并设置保护工作表的密码。默认状态下，保护工作表后，所有单元格均处于锁定状态。若要允许其他用户对部分单元格进行编辑，可以预先解除对这些单元格的锁定，再进行工作表的保护设置。

1. 对允许编辑的单元格解除锁定

（1）在工作簿中选择想要保护的工作表。

（2）选择允许其他用户可以编辑的单元格或单元格区域。

（3）右击，在弹出的快捷菜单中单击“设置单元格格式”命令。

（4）打开“设置单元格格式”对话框，单击进入“保护”选项卡，然后取消“锁定”复选框的选择，如图 4.36 所示。

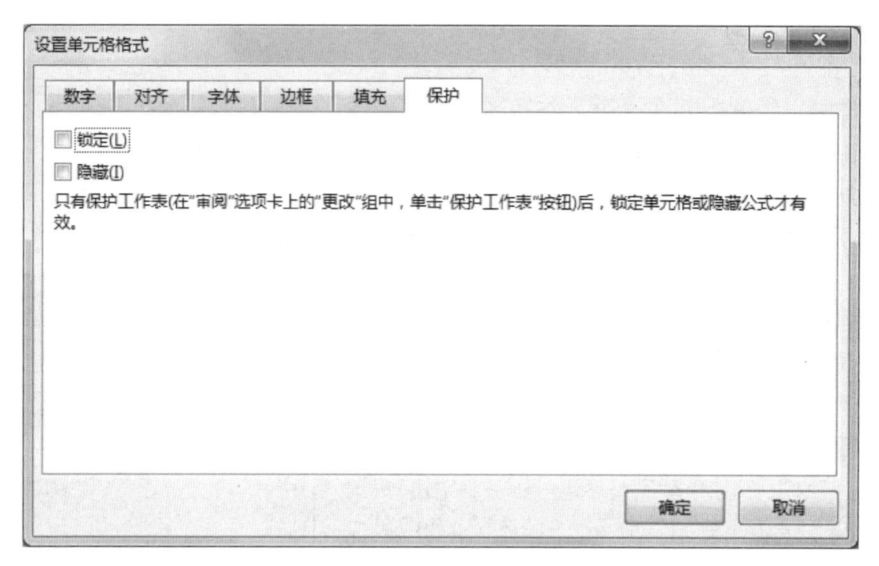

图 4.36 “保护”选项卡

2. 保护工作表

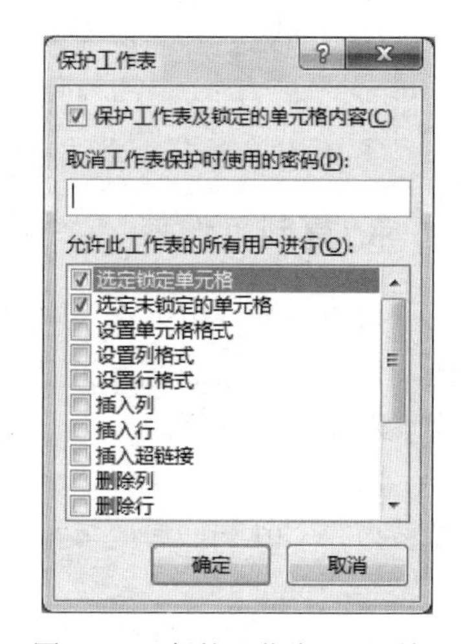

图 4.37 “保护工作表”对话框

（1）单击“审阅”→“更改”→“保护工作表”按钮。

（2）在打开的“保护工作表”对话框中，选中“保护工作表及锁定的单元格内容”复选框，在“取消工作表保护时使用的密码”文本框中输入密码，并在下方“允许此工作表的所有用户进行”列表框中选择定义所有用户能够更改的操作项，如图 4.37 所示。然后单击“确定”按钮。

（3）在打开的“确认密码”对话框中重新输入密码，单击“确定”按钮，即可实现对当前工作表的保护。

只有输入正确的密码撤销工作表的保护设置，才可以对工作表进行正常的操作。

4.4.3 工作窗口的视图控制

使用 Excel 处理数据量繁多的工作表或同时编辑多个工作表时，通常都需要切换工作表，或进行查找定位等操作。为了便于对工作表内容的查询与编辑，提高效率，可以通过工作窗口的视图控制来实现。

1. 新建窗口

当一个工作簿中不同工作表的内容需要进行对照时，可以使用“新建窗口”功能为当前工作簿新建一个窗口，对窗口进行重排后，在不同的窗口中选择不同的工作表，即可方便地对两个工作表中的内容进行比较。

单击“视图”→“窗口”→“新建窗口”命令按钮，即可创建一个新的窗口视图。

注意：新窗口是原窗口的一个副本，新窗口的内容与原工作簿窗口的内容完全一样。

对文件所做的各种编辑操作在两个窗口中同时有效，唯一的不同是工作簿名称不同。假定原窗口中工作簿名称为“工作簿 1”，在打开新窗口后，原窗口中工作簿名称变为“工作簿 1：1”，新窗口中工作簿名称为“工作簿 1：2”。

2. 切换窗口

如果屏幕上显示了多个工作簿窗口，可以直接通过单击某一个工作簿窗口中内容的方式，将此工作簿切换为当前工作簿窗口；如果工作簿窗口是全屏模式，可以单击“视图”→“窗口”→“切换窗口”下拉按钮，在弹出的列表中选择需要切换的工作簿名称即可，如图 4.38 所示。

3. 重排窗口

在同时编辑多个工作簿时，可以利用窗口重排功能对所有的工作簿窗口进行按需排列。窗口重排功能可以通过手动排列，用鼠标依次拖动窗口到某个位置，使它们平铺显示；也可以单击“视图”→“窗口”→“全部重排”命令按钮，在打开的“重排窗口”对话框中选择适当的窗口排列方式，如图 4.39 所示。

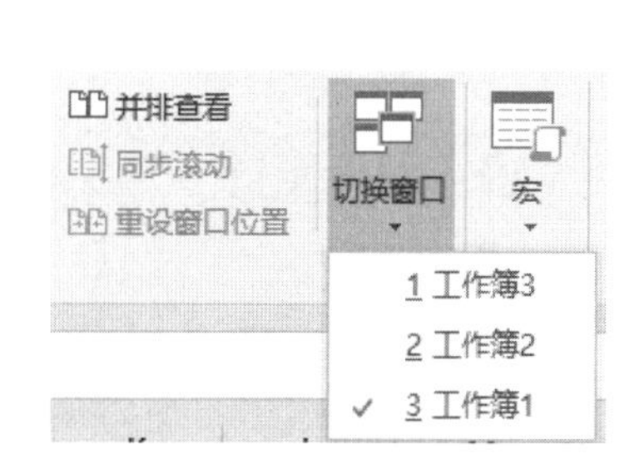

图 4.38 “切换窗口”列表

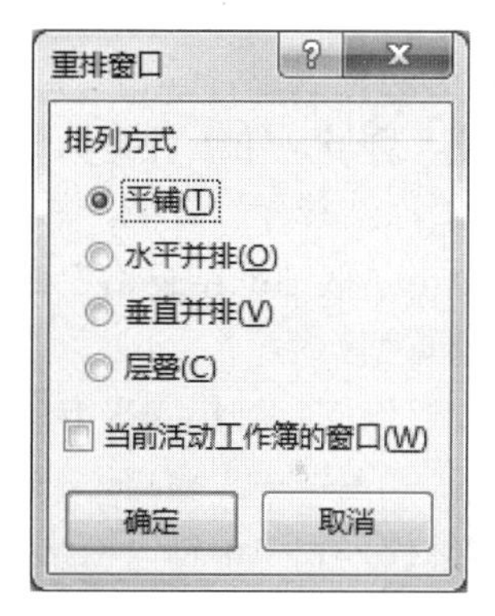

图 4.39 “重排窗口”对话框

4. 并排查看

如果需要比较同一个工作簿或不同工作簿中的两个工作表，并要求两个工作表中的内容能够同步滚动浏览，可以使用并排查看功能。需要注意的是，此方式只适用于对两个工作表进行并排查看，如果已经打开了两个以上的工作簿，就需要自行选择与活动工作表进行比较的工作表所在的工作簿。通过单击“视图”→“窗口”→“并排查看”命令按钮可以将两个工作簿窗口并排显示在屏幕上，两个工作表的内容能够同步滚动查看。若是多个工作簿窗口，则要在“并排比较”对话框中选择需要的另一个工作簿，如图 4.40 所示。如果想退出这个模式，再次单击“并排查看”命令按钮即可。

5. 冻结窗口

对页面较大的工作表进行操作时，需要将行标题或列标题冻结，以便于编辑其他行或列时标题仍保持可见。

（1）冻结首行。

冻结首行可以固定行标题来方便检索数据，具体操作步骤如下。

① 单击“视图”→“窗口”→“冻结窗格”下拉按钮，如图 4.41 所示。

图 4.40 “并排比较”对话框

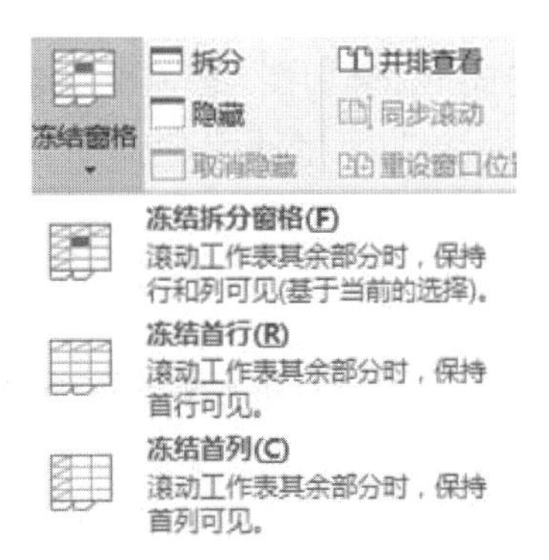

图 4.41 “冻结窗格”列表

② 在弹出的列表中，单击“冻结首行”命令，即可实现冻结首行效果。此时拖动右侧的行滚动条，会发现第 1 行将始终位于首行位置。

③ 取消“冻结首行”效果。单击“视图”→“窗口”→“冻结窗格”下拉按钮，在弹出的列表中单击“取消冻结窗格”命令。

（2）冻结首列。

冻结首列可以固定列标题来方便检索数据，具体操作步骤如下。

① 单击“视图”→“窗口”→“冻结窗格”下拉按钮。

② 在弹出的列表中单击“冻结首列”命令，即可实现冻结首列效果。此时拖动下面的列滚动条，会发现第 1 列将始终位于首列位置。

③ 取消“冻结首列”效果。单击“视图”→“窗口”→“冻结窗格”下拉按钮，在弹出的列表中单击“取消冻结窗格”命令。

（3）冻结拆分窗格。

冻结拆分窗格可以冻结选中的单元格，固定工作表中若干行和若干列，并拆分出 4 个窗格。具体操作步骤如下。

① 如果需要冻结前 m 列前 n 行，则应单击选中单元格 xy（x 为从 A 开始数第 m+1 列，y 为第 n+1 行），如要冻结前 3 列前 2 行，则应单击选中单元格 D3。

② 单击“视图”→“窗口”→“冻结窗格”下拉按钮，在弹出的列表中单击“冻结拆分窗格”命令，即可实现冻结效果。此时拖动行或列滚动条，会发现前 3 列和前 2 行始终保持可见。

③ 取消冻结效果。单击“视图”→“窗口”→“冻结窗格”下拉按钮，在弹出的列表中单击“取消冻结窗格”命令。

习 题 演 练

一、选择题

1．正确表示“工作表 Sheet2 中的 B3 单元格”的是（　　）。

A．Sheet2 ! B3　　B．Sheet2 – B3　　C．Sheet2 : B3　　D．Sheet2 (B3)

2．如果需要对一个 Excel 工作表中的 A、B、C 列设置相同的格式，同时选中这 3 列的最快捷的操作方法是（　　）。

A．用鼠标指针直接在 A、B、C 列的列标上拖动完成选择

B．按 Ctrl 键的同时依次单击 A、B、C 3 列的列标

C．在名称框中输入地址“A:C”，按 Enter 键完成选择

D．在名称框中输入地址“A,B,C”，按 Enter 键完成选择

3．某单位各部门产品统计表分别保存在独立的 Excel 工作簿中，如果希望将这些产品统计表合并到一个工作簿中进行管理，最优的操作方法是（　　）。

A．将各部门产品统计表的数据分别通过复制、粘贴的命令整合到一个工作簿中

B．打开一个部门的产品统计表，将其他部门的数据录入到同一个工作簿的不同工作表中

C．通过插入对象命令，将各部门产品统计表整合到一个工作簿中

D．通过移动或复制工作表命令，将各部门产品统计表整合到一个工作簿中

4．当输入正确数据后，单元格显示“###”字样，这是（　　）错误引起的。

A．列宽不够　　B．行高不够　　C．小数位数太长　　D．公式

5．王老师要将本学期高一学生期末成绩统计表发给各班主任，统计表中包含统计结果和中间计算过程两个工作表。他希望大家无法看到存放中间计算过程的工作表，最优的操作方法是（　　）。

A．将存放中间计算过程的工作表删除

B．将存放中间计算过程的工作表移动到其他工作簿保存

C．将存放中间计算过程的工作表隐藏，然后设置保护工作簿结构

D．将存放中间计算过程的工作表隐藏，然后设置保护工作表隐藏

6．小李正在使用 Excel 统计全家本月的消费情况，他希望与存放在不同工作簿中的前 3 个月的情况进行比较，最优的操作方法是（　　）。

A．分别打开前 3 个月的全家消费情况工作簿，将它们复制到同一个工作表中进行比较

B．打开前 3 个月的全家消费情况工作簿，需要比较时在每个工作簿窗口之间进行切换查看

C．通过全部重排功能，将 4 个工作簿平铺在屏幕上进行比较

D．通过并排查看功能，分别将本月与前 3 个月的数据两两进行比较

二、操作题

新建工作簿“学生成绩表.xlsx”，在工作表 Sheet1 中输入图 4.42 所示的内容，并完成以下操作。

	A	B	C	D	E	F	G	H	I	J	K	L
1	学号	姓名	性别	语文	数学	英语	物理	化学	生物	政治	历史	地理
2	20210101	李云娜	女	103	105	89	87	94	78	91.5	93	89
3	20210102	张玉红	女	88.5	92	99.5	92	86	85	86	86	73
4	20210103	皮海波	男	95.5	108	116	96	97	86	89	88	84
5	20210104	王玲玲	女	91.5	120	98.5	88	96	94	91	95	96
6	20210105	隋婷	女	97	85	94	88	82	83	88	90	84
7	20210106	郭世嘉	男	98	96	103	93	99	75	89	92	83
8	20210107	董大庆	男	89	107	95	89.5	91	83	93	82	73
9	20210108	王爱珍	女	96	105	92	86	89	92	95	94	86
10	20210109	龚丽丽	女	104.5	115	107	92	95	76	93	100	83
11	20210110	刘辉	男	110	103	99	93	98	81	97	93	76
12	20210111	赵庆敏	女	89	106	85	96	97	83	92	98	86
13	20210112	苏莹莹	女	99.5	111	98	95	88	88	73	90	98

图 4.42　学生成绩表

（1）在第 1 行上面插入 1 行，将 A1～L1 单元格合并，输入标题“2021 级高一学生第 1 次月考成绩表”，设置字号为 18，字体为黑体；设置各列标题的字号为 14，字体为宋体，加粗；下方数据内容字号为 13，字体为宋体；所有数据垂直、水平均居中。

（2）将所有成绩列的数据设置为保留 1 位小数。

（3）设置第 1 行高度为 35，第 2 行高度为 25，其他行高度均为 18；设置 A 列宽度为 12，B 列宽度为 10，C 列为自动调整列宽，D～L 列的宽度为 8。

（4）使用“条件格式化”进行下列设置：将语文、数学、英语 3 科中成绩高于 100 分（包括 100 分）的单元格以红色填充，其他 6 科中成绩高于 90 分的数据设置为绿色。

（5）将表中前 2 行冻结，即冻结表标题和各列标题。

（6）将工作表 Sheet1 重命名为“2021 级 1 班第 1 次月考”。

（7）复制工作表“2021 级 1 班第 1 次月考”，将副本放置到原表右侧；设置该副本工作表标签的颜色为红色，并重命名为“成绩分析表”。

（8）保护工作表“成绩分析表”，密码设置为“202101”。

（9）保存以上所有操作，并另存为可以在 Excel 2003 软件中打开和编辑的文件，文件名保持不变。

第5章

Excel 2016 高级应用

Excel 2016不仅具有丰富的电子表格功能，而且具有强大的数据分析与数据处理能力。本章将进一步学习 Excel 2016 的相关应用，包括数据管理分析、图表及常见函数的应用等内容。

5.1 Excel 数据管理与分析

在 Excel 2016 中，具有二维表特性的电子表格被称为数据列表或数据清单，如图 5.1 所示，A2:F14 单元格区域就是数据列表。数据列表与数据库表类似，其中行表示记录，列表示字段。通常数据表的第 1 行是文本类型，即相应列（字段）的名称。下方是连续的数据区域，每 1 列均包含相同类型的数据。针对数据列表，Excel 2016 提供了一套功能强大的命令，利用这些命令可以完成对数据的排序、筛选、分类汇总、合并计算等操作。

	A	B	C	D	E	F
1	学生学籍信息一览表					
2	学号	姓名	性别	班级	籍贯	入学成绩
3	1	王大义	男	一班	北京	482
4	2	张昊	男	二班	吉林	512
5	3	张春婷	女	三班	山东	496
6	4	欧阳慧	女	一班	四川	504
7	5	彭小兰	女	二班	河北	521
8	6	宋冰冰	女	三班	上海	479
9	7	汤博	男	一班	湖南	493
10	8	李鑫	男	二班	吉林	496
11	9	魏国明	男	三班	吉林	502
12	10	李芳怡	女	一班	辽宁	493
13	11	卢伟	男	二班	重庆	504
14	12	张硕	男	三班	黑龙江	512
15						

图 5.1 数据列表实例

5.1.1 数据排序

1. 简单排序

如果对图 5.1 中的入学成绩按数值排序，可首先单击排序列中的任意单元格，然后单击“数据”→“排序和筛选”→“升序”命令按钮和“降序”命令按钮。之后，数值按照由小到大的升序或由大到小的降序排序，文字默认按照待排数据首字的字母顺序排序。

2. 高级排序

在本例中，对入学成绩进行排序后，结果显示有几组相同的成绩。如果还需要在数据列表中选择其他字段作为排序的依据，如成绩相同按籍贯排序，则可采用高级排序的方法。首先选中数据列表中的任意单元格，然后单击“数据”→“排序和筛选”→“排序”命令按钮，打开图 5.2 所示的“排序”对话框。

图 5.2 “排序”对话框

其中，主要关键字为排序的基础字段，可以根据要求选择主关键字数值、单元格颜色、字体颜色或单元格图标作为排序依据，然后对所选项进行“升序”或“降序”的排列。如果指定的主要关键字中出现相同值，还可以根据需要单击“添加条件”按钮添加次要关键字。在 Excel 2016 中，最多可以指定 63 个次要关键字。同时可以通过单击“删除条件”按钮对多余的次要关键字进行删除。

在数据列表排序的过程中，默认情况下，数据列表中的各字段名为数据列表的标题行。若选中“数据包含标题”复选框，则排序时标题行不参与排序。

本例将入学成绩作为主要关键字，入学成绩相同的记录按照籍贯的升序原则进一步排序，排序条件的设置如图 5.3 所示。

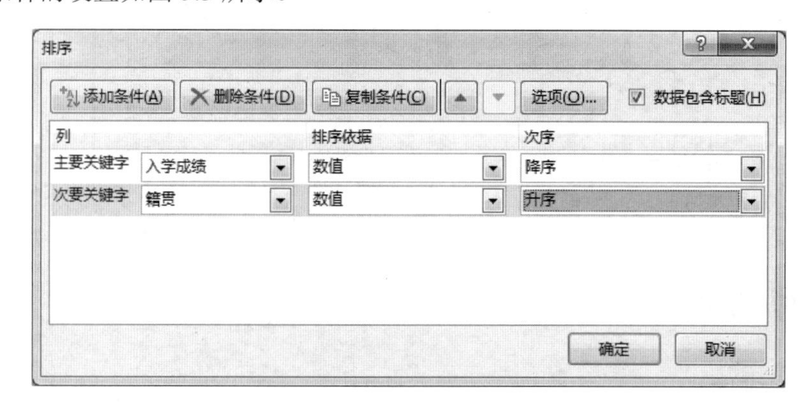

图 5.3 排序条件的设置

5.1.2　数据筛选

数据筛选就是从数据列表中选取满足条件的数据并显示，而将不满足条件的数据暂时隐藏起来。数据筛选分为自动筛选和高级筛选，自动筛选可以实现单个字段简单条件的筛选和多个字段简单条件的筛选；高级筛选可以实现多个字段复杂条件的筛选。

1. 自动筛选

以图 5.1 中的数据列表为例，若要筛选出表中所有的男同学，具体操作步骤如下。

（1）单击数据列表区域的任一单元格。

（2）单击“数据”→“排序和筛选”→“筛选”命令按钮。

（3）单击性别字段的下拉按钮，在弹出的列表仅选择“男”复选框，如图 5.4 所示。

（4）数据列表仅显示男同学的记录，不符合条件的记录自动隐藏，如图 5.5 所示。

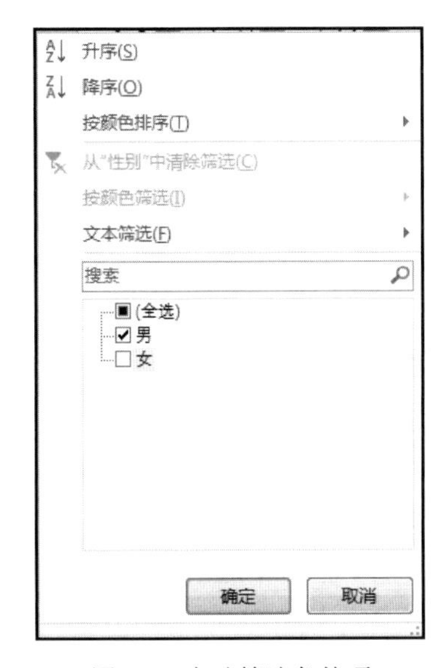

图 5.4　自动筛选条件项

	A	B	C	D	E	F
1	学生学籍信息一览表					
2	学号	姓名	性别	班级	籍贯	入学成绩
3	1	王大义	男	一班	北京	482
4	2	张昊	男	二班	吉林	512
9	7	汤博	男	一班	湖南	493
10	8	李鑫	男	二班	吉林	496
11	9	魏国明	男	三班	吉林	502
13	11	卢伟	男	二班	重庆	504
14	12	张硕	男	三班	黑龙江	512
15						

图 5.5　自动筛选出“男”同学的记录

（5）单击“数据”→“排序和筛选”→“清除”命令按钮，可以重新显示列表中的所有记录。

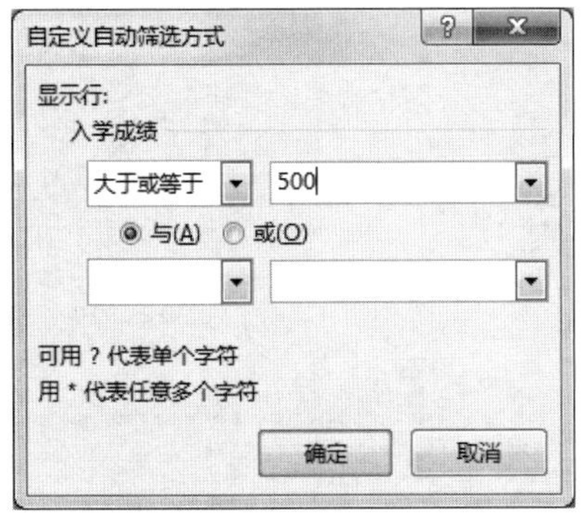

图 5.6　“自定义自动筛选方式”对话框

（6）单击“数据”→“排序和筛选”→“筛选”命令按钮，可以取消筛选。

如果要筛选性别为男并且入学成绩大于500的学生，可以单击性别字段的下拉按钮，在弹出的列表中选中“男”复选框，取消“女”复选框的选择；再单击入学成绩字段的下拉按钮，在弹出的列表中单击“数字筛选”→“大于或等于”命令按钮，打开“自定义自动筛选方式”对话框，按图 5.6 所示进行设置即可。

2．高级筛选

高级筛选可以一次性筛选满足多个条件的数据，筛选条件涉及多个字段。若要使用高级筛选，需要建立条件区域。

使用高级筛选时，常见的条件区域书写有两种形式，如图 5.7 所示。

A	B
A1	B1

（a）筛选出字段 A 中符合条件 A1 并且字段 B 中符合条件 B1 的所有记录

A	B
A1	
	B1

（b）筛选出字段 A 中符合条件 A1 或字段 B 中符合条件 B1 的所有记录

图 5.7　常用的条件区域书写形式

假设要在图 5.1 中的数据列表中一次性筛选出性别为男且入学成绩大于等于 500 的学生记录。可考虑采用高级筛选。首先在工作表中建立条件区域。本例的筛选条件是性别为男，并且入学成绩要大于等于 500，在工作表的空白区域采用条件区域的书写形式，如图 5.8 所示。

性别	入学成绩
男	>=500

图 5.8　筛选条件的设置

高级筛选的具体操作步骤如下。

（1）单击数据列表中的任意单元格，单击“数据”→“排序和筛选”→“高级筛选”命令按钮，打开“高级筛选”对话框。

（2）选择筛选结果的显示位置。若单击选择“在原有区域显示筛选结果”单选按钮会覆盖原数据区域的内容；若单击选择“将筛选结果复制到其他位置”单选按钮，则需要将筛选结果显示的单元格地址或区域填写到指定文本框中。

（3）设置数据清单的列表区域、筛选条件区域和定义筛选结果存放位置。

在本例中，“高级筛选”对话框的设置如图 5.9 所示。为了保证原数据列表的完整性，应在“高级筛选”对话框中单击选中“将筛选结果复制到其他位置”单选按钮，设置条件区域为$B$16:$C$17，筛选结果显示在以 A19 单元格为左上角的起始区域，如图 5.10 所示。

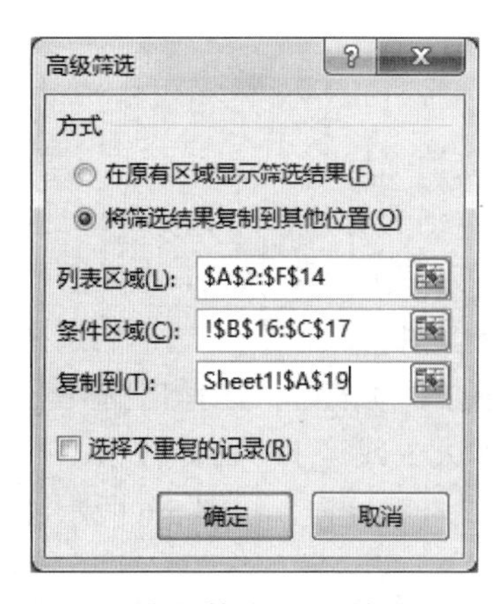

图 5.9 “高级筛选”对话框的设置

	A	B	C	D	E	F
1	学生学籍信息一览表					
2	学号	姓名	性别	班级	籍贯	入学成绩
3	1	王大义	男	一班	北京	482
4	2	张昊	男	二班	吉林	512
5	3	张春婷	女	三班	山东	496
6	4	欧阳慧	女	一班	四川	504
7	5	彭小兰	女	二班	河北	521
8	6	宋冰冰	女	三班	上海	479
9	7	汤博	男	一班	湖南	493
10	8	李鑫	男	二班	吉林	496
11	9	魏国明	男	三班	吉林	502
12	10	李芳怡	女	一班	辽宁	493
13	11	卢伟	男	二班	重庆	504
14	12	张硕	男	三班	黑龙江	512
15						
16		性别	入学成绩			
17		男	>=500			
18						
19	学号	姓名	性别	班级	籍贯	入学成绩
20	2	张昊	男	二班	吉林	512
21	9	魏国明	男	三班	吉林	502
22	11	卢伟	男	二班	重庆	504
23	12	张硕	男	三班	黑龙江	512
24						

图 5.10 “高级筛选”的结果

使用高级筛选时需要注意以下几个问题。

（1）高级筛选必须建立一个条件区域，它可以与数据列表在一张工作表上（必须与数据之间有空白行隔开），也可以与数据列表不在一张工作表上。

（2）条件区域中的字段名必须与数据列表中的字段名完全一致。

（3）条件区域可以定义多个条件，以便筛选符合多个条件的记录。需要注意根据条件选择正确的书写形式。

5.1.3 分类汇总及分级显示

1. 分类汇总

分类汇总是在已排序的基础上，将相同类别的数据进行统计汇总。没有排序的分类汇总没有意义。Excel 可以对工作表中选定的列进行分类汇总，并将分类汇总结果显示在数据下方。

分类汇总的汇总方式包括求和、计数、求平均值、求最大值等运算。

假设要在图 5.1 所示的数据列表中，分别计算男女生入学成绩的平均值。这里需要使用分类汇总，先按性别进行排序，然后对入学成绩进行分类汇总，汇总的方式为平均值。具体步骤如下。

（1）在数据列表中，先按字段“性别”排序。

（2）单击数据列表中的任意单元格，单击“数据”→“分级显示”→“分类汇总”命令按钮，打开“分类汇总”对话框，如图 5.11 所示。

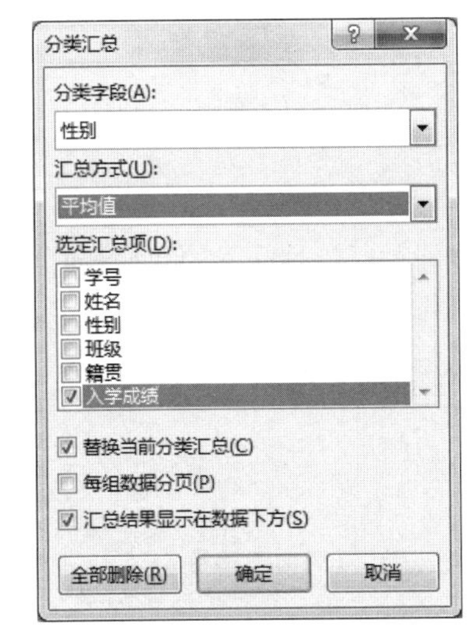

图 5.11 “分类汇总”对话框

（3）在“分类字段”下拉列表框中选择“性别”字段。

注意：这里选择的字段即是数据列表中的排序字段。

（4）在“汇总方式”下拉列表框中选择“平均值”方式。

（5）在“选定汇总项”列表框中选中“入学成绩”复选框。

（6）如果要求将汇总结果分页显示，则选中“每组数据分页”复选框。

（7）单击“确定”按钮。

分类汇总结果如图 5.12 所示。

如果在分类汇总前未排序或操作过程有误，需要撤销该分类汇总，则可以选择数据表中的数据再次进入分类汇总页面，重新修改字段的设置或单击“全部删除”按钮，即可恢复原来的数据表状态。

2. 分级显示

从分类汇总结果可以看出，数据采用分级显示，工作表的左边为分级显示区，列出各级分级符和分级按钮。

（1）默认情况下，分级显示区分为三级，从左到右分别表示最高级、次高级和第三级，如图 5.13 所示。

	A	B	C	D	E	F
1	学生学籍信息一览表					
2	学号	姓名	性别	班级	籍贯	入学成绩
3	1	王大义	男	一班	北京	482
4	2	张昊	男	二班	吉林	512
5	7	汤博	男	一班	湖南	493
6	8	李鑫	男	二班	吉林	496
7	9	魏国明	男	三班	吉林	502
8	11	卢伟	男	二班	重庆	504
9	12	张硕	男	三班	黑龙江	512
10			男 平均值			500.1429
11	3	张春婷	女	三班	山东	496
12	4	欧阳慧	女	一班	四川	504
13	5	彭小兰	女	二班	河北	521
14	6	宋冰冰	女	三班	上海	479
15	10	李芳怡	女	一班	辽宁	493
16			女 平均值			498.6
17			总计平均值			499.5
18						

图 5.12　分类汇总结果

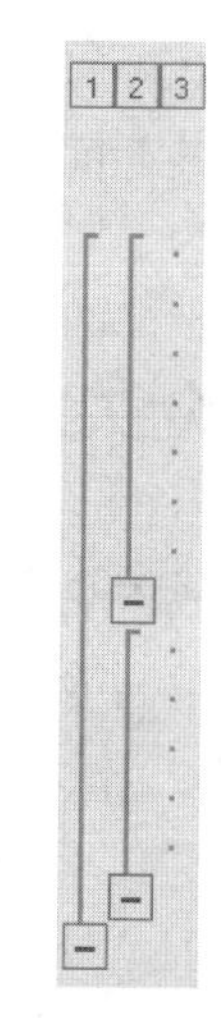

图 5.13　分级显示

（2）在这个分级显示图中，级别按钮 1 代表单击该按钮时，只显示总的汇总结果，在本例中为入学成绩的总计结果。级别按钮 2 代表单击该按钮时，只显示部分数据及其汇总结果，在本例中为男同学入学成绩的总计结果和女同学入学成绩的总计结果。级别按钮 3 代表单击该按钮时显示全部数据及其汇总结果。隐藏细节按钮 - 可以隐藏分级显示信息，显示细节按钮 + 可以显示分级显示信息。

5.1.4　数据透视表和数据透视图

数据透视表是对大量数据快速汇总的交互式表格，可以通过行、列交叉的数据查看汇总后的不同结果，可以设置不同的显示页面来筛选数据，操作简单、易学。只需要对字段进行适当的拖曳操作，即可在数据表中重新组织和统计数据，是集筛选、分类汇总于一体的多元化表格。

1．创建数据透视表

假设要在图 5.1 所示的数据列表中，对同一地区学生的入学成绩进行平均分汇总。具体步骤如下。

（1）选定数据列表中的任意单元格。

（2）单击“插入”→“表格”→“数据透视表”命令按钮，在“创建数据透视表”对话框中选择数据源内容和要放置数据透视表的位置。本例放置数据透视表的位置为“现有工作表”，单击“位置”文本框右侧的拾取按钮，然后单击表中待放置数据透视表的单元格位置，文本框中即显示该单元格地址，如图 5.14 所示，单击“确定”按钮。

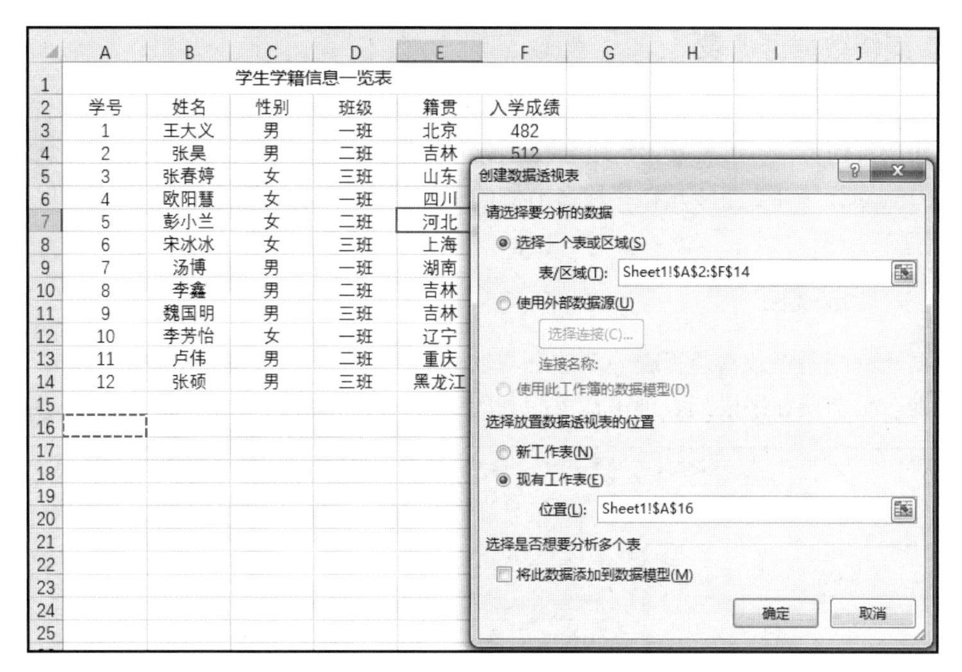

图 5.14 “创建数据透视表”对话框

（3）在界面右侧的“数据透视表字段”任务窗格中，将“籍贯”字段拖入“行”列表框中；将“入学成绩”字段拖入“值”列表框中，单击下拉按钮，在弹出的列表中单击“值字段设置”命令，将值汇总方式设置为“平均值”，可在选定位置处产生符合要求的数据透视表，如图 5.15 所示。

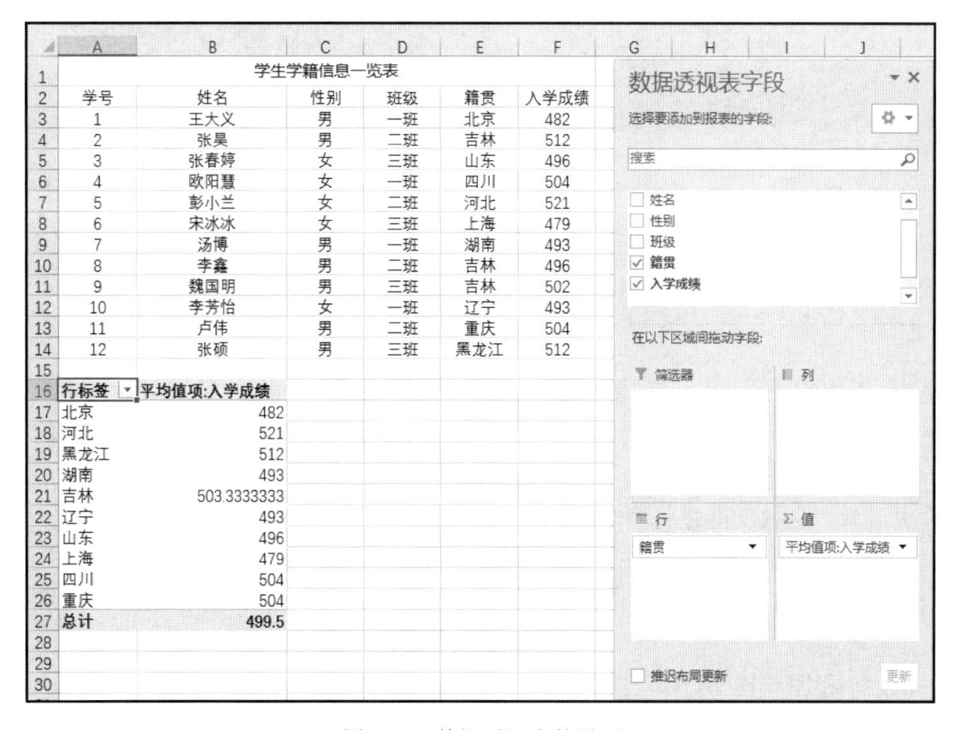

图 5.15 数据透视表的设置

2．编辑数据透视表

拖入“列”或“行”中的字段名可以在区域间任意调整位置，可以单击字段名右侧的下拉按钮进行切换，也可删除该字段名，重新拖曳其他字段名。“值”列表框中默认以字段求和的方式进行统计，可以单击字段名右侧的下拉按钮，在弹出的列表中选择其他的汇总方式。

3．数据透视图

数据透视图是在数据透视表的基础上，以图表的方式更直观地显示数据。在最终图表生成之前，仍需要在字段列表框中拖曳相关的字段名，数据透视图的结果如图 5.16 所示。

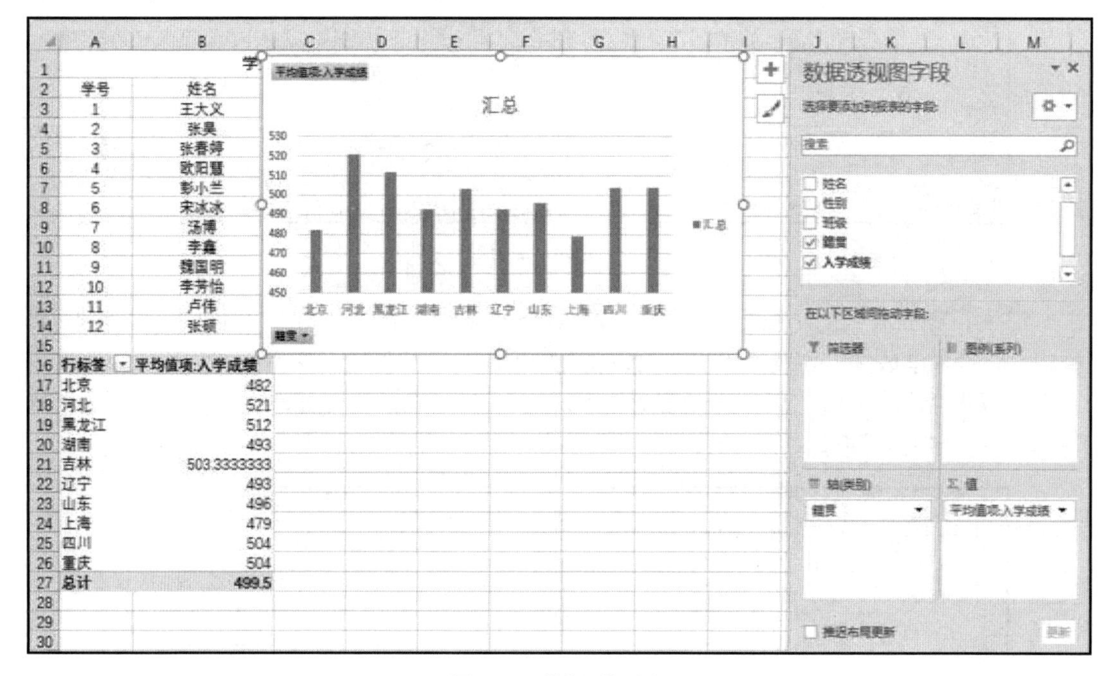

图 5.16 数据透视图

5.1.5 合并计算

在实际工作中，经常会遇到要将分部门、分月份或者分地区等制作的多张工作表进行汇总的情况。使用 Excel 2016 的“合并计算”命令就可以轻松完成多张格式相同的数据表格的汇总处理。

“合并计算”主要功能是将多个区域的值合并到一个新区域，多个区域可以在一个工作表，也可以在相同或不同工作簿的多个工作表中。

例如，对两个部门领取的办公用品总数进行合并计算。给定的工作表如图 5.17 和图 5.18 所示。

从图 5.17 和图 5.18 中不难看出，两个工作表中行标题和列标题大致相同，现在需要把两个工作表中的数据合并到一个表中，需要采用“合并计算”。

	A	B	C	D	E
1	办公用品名称	第1季度	第2季度	第3季度	第4季度
2	打印纸（包）	4	3	3	5
3	订书机（个）	5	2	2	3
4	订书钉（盒）	6	4	3	8
5	中性笔（盒）	6	5	6	7
6	荧光笔（盒）	2	1	3	3
7	档案盒（个）	13	10	8	16
8	板夹（个）	6	4	2	7
9	固体胶（个）	8	3	5	9
10	液体胶（瓶）	4	3	2	6
11	胶带（个）	6	2	8	8
12	剪刀（把）	4	3	2	3
13	书立（对）	4	2	2	4
14					
15					

部门1　部门2

图 5.17　部门 1 领取办公用品情况

	A	B	C	D	E
1	办公用品名称	第1季度	第2季度	第3季度	第4季度
2	打印纸（包）	5	4	5	7
3	订书机（个）	8	2	3	6
4	订书钉（盒）	5	4	4	6
5	文件夹（个）	12	8	9	16
6	中性笔（盒）	6	3	5	8
7	荧光笔（盒）	3	1	2	4
8	彩色打印纸（包）	3	2	5	3
9	固体胶（个）	10	5	8	15
10	白板笔（盒）	3	1	4	5
11	剪刀（把）	4	2	2	3
12	记事本（本）	8	4	8	8
13					
14					

部门1　部门2

图 5.18　部门 2 领取办公用品情况

具体操作步骤如下。

（1）选择合并后放置数据的工作表。本例将新建一个工作表“合并计算”。

（2）单击该工作表的 A1 单元格，然后单击“数据”→“数据工具”→“合并计算”命令按钮，打开“合并计算”对话框，如图 5.19 所示。

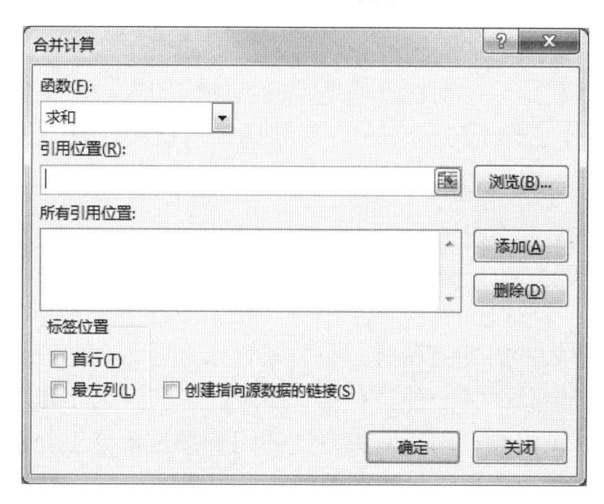

图 5.19　“合并计算”对话框

（3）“函数”下拉列表框中包含了求和、计数、平均值、最大值、最小值等一系列函数。本例中，要计算合计的数量，因此选择求和函数。

（4）“引用位置”是选择合并计算涉及的数据区域。先选择包含合并数据的工作表，再选择整个数据区域(包括行标题和列标题)。在本例中，分别选择“部门 1!$A$1:$E$13”和“部门 2!$A$1:$E$12”两个数据区域，单击“添加”按钮，将这两个数据区域加入所有引用位置列表中，如图 5.20 所示。

（5）在操作后的工作表中若要保留原列标题和行标题，则应选中“首行”复选框和“最左列”复选框，单击“确定”按钮。

操作完成后，效果如图 5.21 所示。

图 5.20　合并计算中引用位置的添加

	A	B	C	D	E
1		第1季度	第2季度	第3季度	第4季度
2	打印纸（包）	9	7	8	12
3	订书机（个）	13	4	5	9
4	订书钉（盒）	11	8	7	14
5	文件夹（个）	12	8	9	16
6	中性笔（盒）	12	8	11	15
7	荧光笔（盒）	5	2	5	7
8	档案盒（个）	13	10	8	16
9	板夹（个）	6	4	2	7
10	彩色打印纸（包）	3	2	5	3
11	固体胶（个）	18	8	13	24
12	液体胶（瓶）	4	3	2	6
13	胶带（个）	6	2	8	8
14	白板笔（盒）	3	1	4	5
15	剪刀（把）	8	5	4	6
16	书立（对）	4	2	2	4
17	记事本（本）	8	4	8	8
18					

图 5.21　合并计算完成效果图

5.2　图表的使用

图表可以将枯燥的数据更加清晰地表现出来，更加便于数据分析。Excel 2016 提供了丰富的图表功能，可以利用这些功能方便地绘制不同的图表。除了常用的图表类型，如柱形图、折线图、饼图外，Excel 2016 还引入树状图、旭日图、直方图、箱形图等 6 种新的图表类型。

5.2.1　创建图表

Excel 2016 创建图表的方式有两种：一种是嵌入式图表，即在原工作表中创建图表，图表作为原工作表的一部分；另一种是单独式图表，即在空白工作表中创建图表，图表单独占用一个工作表，可以单独打印。两种方式的图表都是依据工作表中的数据创建的，当工作表中的数据改变时，图表也将做相应的变化，以反映出图表数据的变动情况。

创建图表，首先必须选择数据的来源，即数据源。这些数据要求以列或行的方式存放在工作表固定的区域中。下面以图 5.22 所示的数据进行图表的创建。

1. 嵌入式图表

以图 5.22 所示的“姓名”列和“总分”列数据作为数据源，建立嵌入式图表，具体操作步骤如下。

（1）选定建立图表的数据区域部分。本例中只用到“姓名”列和“总分”列数据，先选中姓名列数据，按住 Ctrl 键的同时选中总分列数据，然后单击“插入”→“图表”组右下角的对话框启动器，打开“插入图表”对话框，如图 5.23 所示。

	A	B	C	D	E	F	G	H
1	学号	姓名	性别	语文	数学	英语	总分	
2	001	王佳一	女	80.5	92.0	87.0	259.5	
3	002	张会君	男	73.0	60.5	98.0	231.5	
4	003	刘盛亮	男	69.0	56.0	89.0	214.0	
5	004	王晓娟	女	89.5	89.0	67.0	245.5	
6	005	黎华	女	85.5	78.0	72.5	236.0	
7	006	金娜	女	76.0	80.0	63.0	219.0	
8	007	张权有	男	88.5	76.5	78.5	243.5	
9	008	潘晓阳	女	92.0	82.0	96.0	270.0	
10	009	苗志平	男	76.0	73.0	83.0	232.0	
11	010	张欢欢	女	84.0	86.0	86.0	256.0	
12	011	王靓	男	93.0	98.5	79.0	270.5	
13	012	黄晓岩	女	91.5	84.5	86.5	262.5	
14	013	孙志华	男	82.0	75.5	79.5	237.0	
15	014	李凯	男	91.0	86.5	92.5	270.0	
16	015	辛雪莲	女	84.0	90.5	86.5	261.0	
17	016	韩雪琪	女	85.5	81.5	78.0	245.0	
18	017	蓝天宇	男	96.5	90.0	90.0	276.5	
19	018	华齐娜	女	86.5	81.5	80.0	248.0	
20								

图 5.22　图表数据源

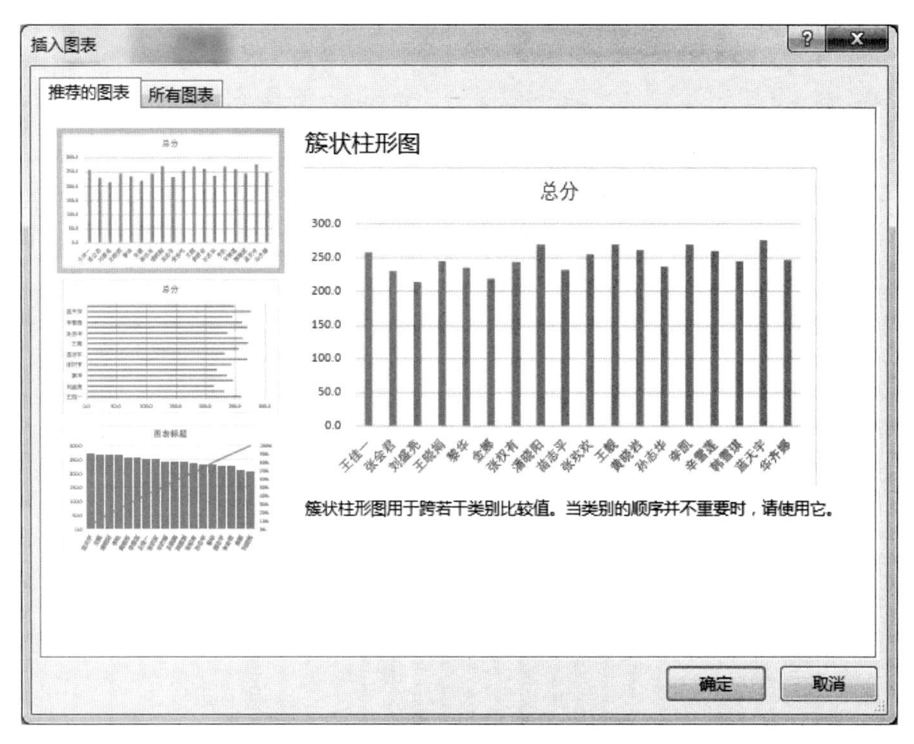

图 5.23 “插入图表”对话框（一）

在“推荐的图表”选项卡中，直接选中需要的图表，单击“确定”按钮。如果没有满足需要的图表，则单击切换至“所有图表”选项卡，如图 5.24 所示。

（2）在左侧列表框中选择需要的图表类型。本例选择“柱形图”，在右边列表框中选择具体的柱形图。将鼠标指针在某个图标上面稍微停留几秒，就会有提示出现，在此选择“簇状柱形图”，单击“确定”按钮。

（3）新创建的图表出现在当前工作表中，如图 5.25 所示。

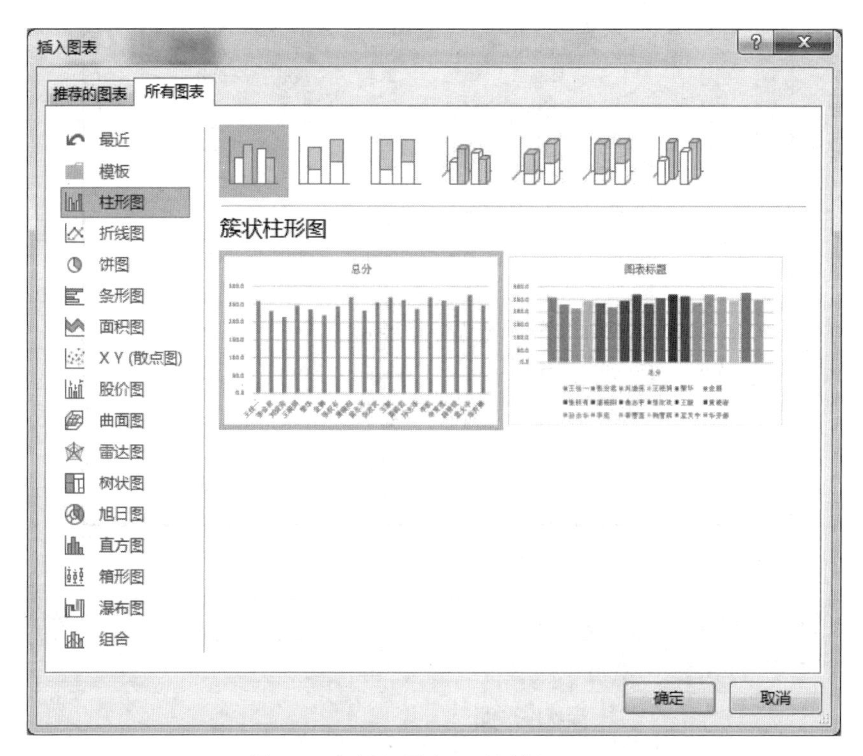

图 5.24 “插入图表”对话框（二）

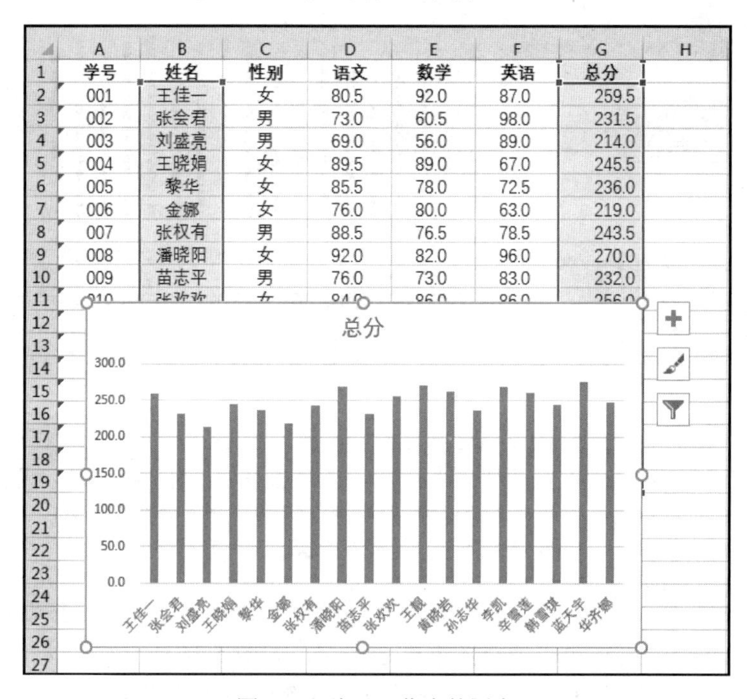

图 5.25 嵌入工作表的图表

图表嵌入工作表后，处于选中状态，在图表的右上角有 3 个按钮，自上而下分别是图表元素 ＋、图表样式 和图表筛选器 。利用这些按钮可以很方便地对图表进行编辑。单击“图表元素”按钮 ＋，可以添加、删除和更改图表元素（如坐标轴、图表标题、图例等），如图 5.26 所示。单击“图表样式”按钮，可以设置图表的样式和颜色，如图 5.27 所示。单击“图表筛选器”按钮，可以直接选择在图表中需要显示的数据，对数据源进行修改等，如图 5.28 所示。

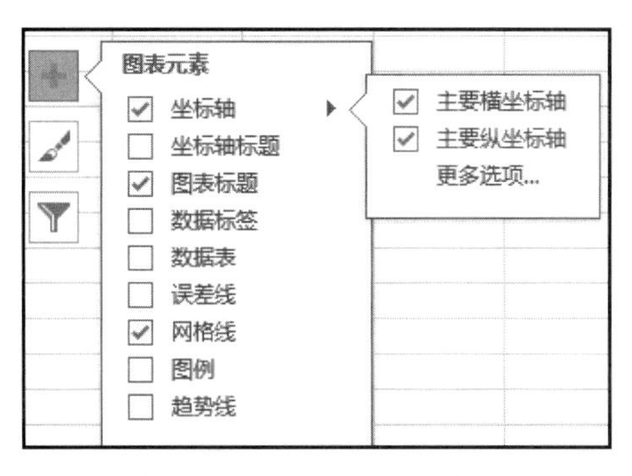

图 5.26 “图表元素”选项

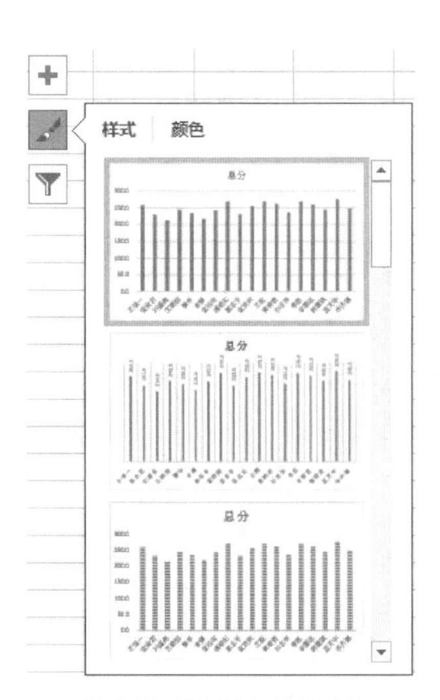

图 5.27 “图表样式”选项

图 5.28 “图表筛选器”选项

2．单独式图表

以图 5.22 所示的“姓名”列和“总分”列数据作为数据源，创建单独式图表，具体操作步骤如下。

（1）选择需要的数据列（“姓名”列和“总分”列），创建嵌入式图表，此时功能区中会显示图表工具的“设计”选项卡，单击“位置”→“移动图表”命令按钮，打开图 5.29 所示的“移动图表”对话框。

图 5.29 “移动图表”对话框

（2）单击选中“新工作表”单选按钮，在其后的文本框中输入新的工作表名，然后单击“确定”按钮，创建单独式图表，如图 5.30 所示。

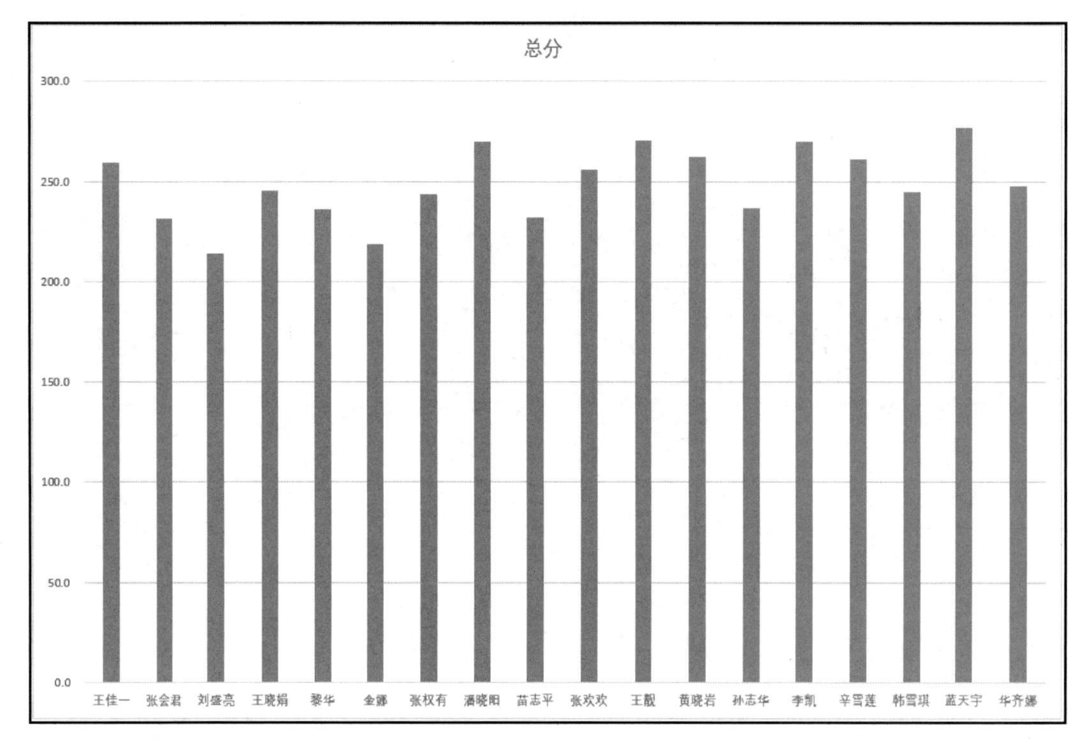

图 5.30 单独式图表

5.2.2 编辑图表

新创建的嵌入式图表或者单独式图表，如果不满足需求，还可以继续进行编辑调整。完整的图表包括图表标题、数据源、数据系列、网格线、坐标轴、图例等元素，选定元素后，才能进一步编辑。

1. 图表类型的更改

（1）选中要更改类型的图表。

（2）单击“图表工具”→“设计”→“类型”→“更改图表类型”命令按钮，打开“更改图表类型”对话框，选择一种满意的图表类型，如图 5.31 所示。

（3）单击“确定”按钮，将所选图表类型应用于图表。

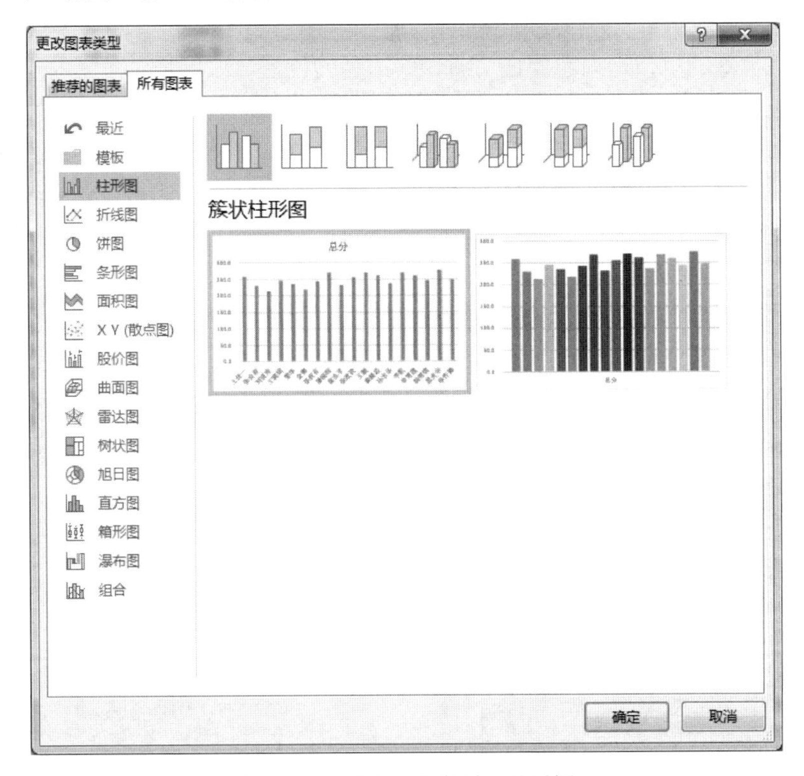

图 5.31 “更改图表类型”对话框

2．数据源的修改

（1）选中要更改数据源的图表。

（2）单击“图表工具”→“设计”→“数据”→“选择数据”命令按钮，打开“选择数据源”对话框，如图 5.32 所示。

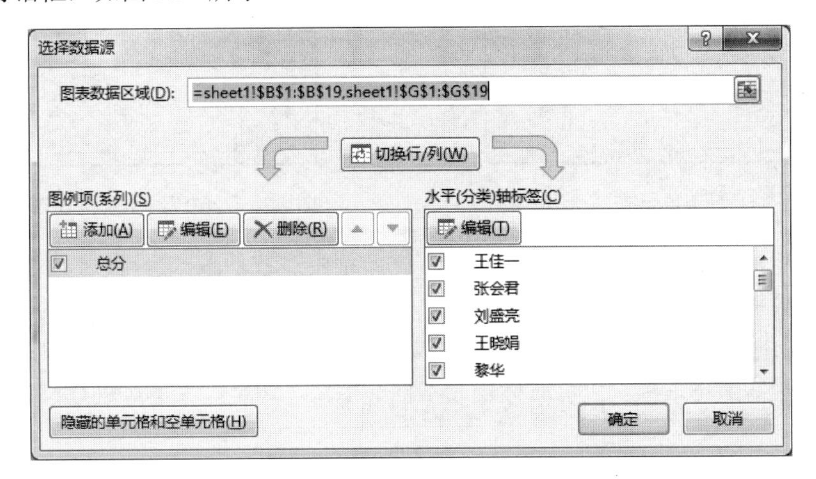

图 5.32 “选择数据源”对话框

（3）在“图表数据区域”文本框中，更改图表数据源的区域。

（4）单击“确定”按钮，图表将根据更改的数据源区域进行相应的改动。

3．图表位置的更改

简单图表位置的更改，只需要拖动图表到适当的位置。如果是对“嵌入式图表”和“单独式图表”进行转换，则应首先选中需要更改位置的图表，然后单击“设计”→“位置”→“移动图表”命令按钮，打开如图 5.29 所示的“移动图表”对话框，在“移动图表”对话框中设置新的位置，单击“确定”按钮，方能完成图表位置的调整。

4．图表格式的设置

图表格式的设置包括图表区、绘图区、图表标题等部分的设置。

（1）右击图表区空白区域，在弹出的快捷菜单中单击“设置图表区域格式”命令按钮，打开“设置图表区格式”任务窗格，其中有图表选项和文本选项，如图 5.33 所示。选择图表选项，可以对图表区的填充、边框、效果、大小和属性进行设置。选择文本选项，可以对文本填充与轮廓、文字效果、文本框进行设置。

（2）右击绘图区空白区域，在弹出的快捷菜单中单击“设置绘图区格式”命令按钮，打开“设置绘图区格式”任务窗格，如图 5.34 所示。通过绘图区选项，可以对绘图区的填充、边框和效果进行设置。

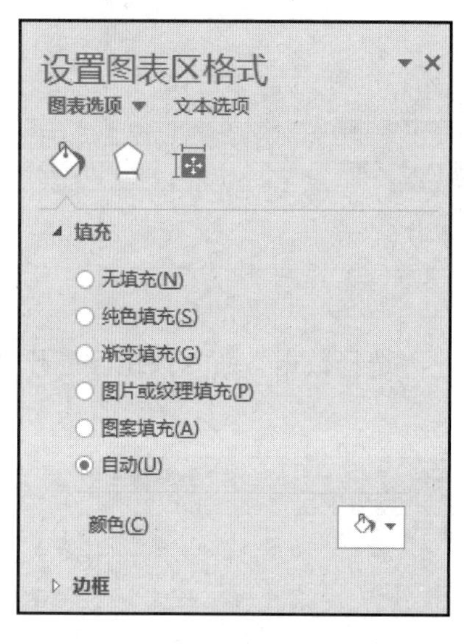

图 5.33 “设置图表区格式”任务窗格

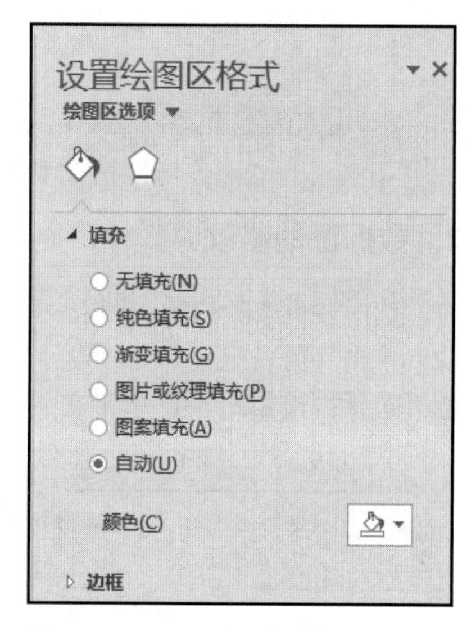

图 5.34 “设置绘图区格式”任务窗格

（3）图表标题位于图表的上方，可以在文本框中进行更改，也可以通过删除文本框来删除。如果要对图表标题进行更多的设置，还可选中标题后右击，在弹出的快捷菜单中单击“设置图表标题格式”命令按钮，打开“设置图表标题格式”任务窗格，如图 5.35 所示。通过标题选项和文本选项，可以对标题文本框的填充、边框、文本等进行设置。

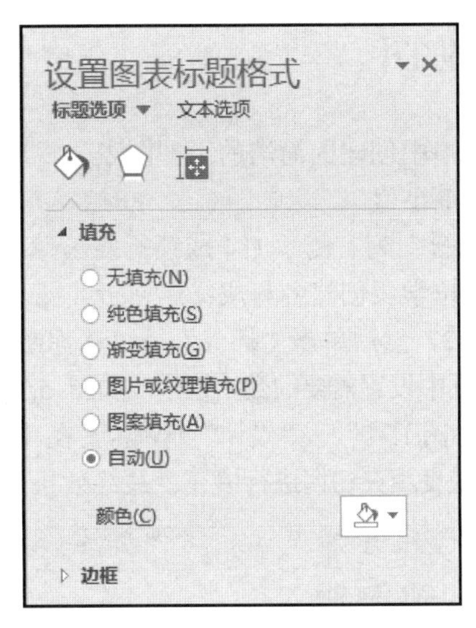

图 5.35 “设置图表标题格式”任务窗格

5. 图表数据的删除

（1）选中图表，右击图表中要删除的数据系列。

（2）在弹出的快捷菜单中单击“删除”命令，即可将所选数据系列从图表中删除。

6. 添加横（纵）坐标轴标题

（1）选中要添加或需要修改标题的图表，单击“图表工具”→“设计”→“图表布局”组→“添加图表元素”→“坐标轴标题”→“主要横（或纵）坐标轴”命令。图表右上角的图表元素按钮＋，在弹出的列表中展开“坐标轴标题”的级联菜单，选择“主要横（或纵）坐标轴”复选框。图表区上即会出现横（或纵）坐标轴标题。

（2）选中要修改的坐标轴标题，右击，在弹出的快捷菜单中单击“编辑文字”命令按钮，即可修改文字。

7. 图例的设置

可以设置是否显示图表的图例、图例的显示位置、图例的格式。选中图表后，单击图表右上角的图表元素按钮＋，在弹出的列表中展开“图例”选项的级联菜单，单击“更多选项”命令，打开“设置图例格式”任务窗格，在其中进行格式设置即可。

8. 数据标签的设置

为图表添加数据标签有利于快速读取图表中的相关数据。与数据标签链接的工作表中的数值会随源数值的变化而自动更新。

在数据标签中可以显示系列名称、类别名称和百分比等。选中图表后，单击图表右上角的图表元素按钮＋，在弹出的列表中展开“数据标签”选项的级联菜单，单击“更多选项...”命令按钮，打开“设置数据标签格式”任务窗格，即可在其中进行相关的设置。

5.2.3 创建及编辑迷你图

迷你图是在工作表单元格中创建的简洁的小型图表，常用于直观地显示数据趋势，或突出显示数据中的最大值和最小值。

假设要在图 5.22 的“总分”列右侧添加“成绩折线图”列，为每位学生的各科成绩创建迷你折线图。首先为第一位学生创建各科成绩迷你折线图。具体的操作方法为：首先选中要创建迷你图的单元格 H2，然后单击“插入”→“迷你图”→“折线图”命令按钮，在打开的“创建迷你图”对话框中设置需要的数据范围，如图 5.36 所示。单击“确定”按钮，界面中便会同步显示出“迷你图工具”→“设计”选项卡，在其中可以对迷你图进行更详细的设置。其余的迷你图可通过拖曳填充句柄进行填充。最终效果如图 5.37 所示。

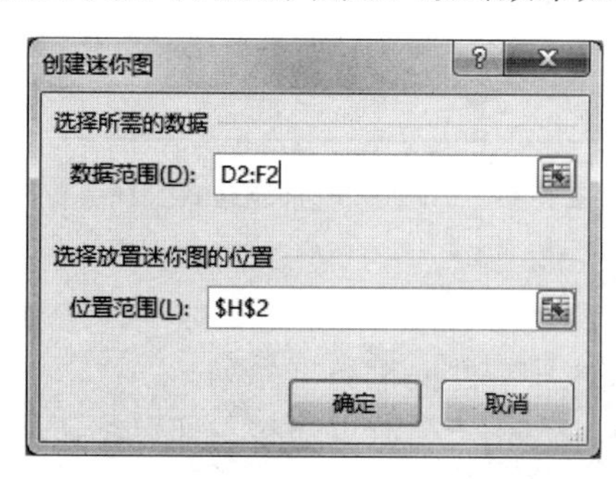

图 5.36 “创建迷你图”对话框

	A	B	C	D	E	F	G	H
1	学号	姓名	性别	语文	数学	英语	总分	成绩折线图
2	001	王佳一	女	80.5	92.0	87.0	259.5	
3	002	张会君	男	73.0	60.5	98.0	231.5	
4	003	刘盛亮	男	69.0	56.0	89.0	214.0	
5	004	王晓娟	女	89.5	89.0	67.0	245.5	
6	005	黎华	女	85.5	78.0	72.5	236.0	
7	006	金娜	女	76.0	80.0	63.0	219.0	
8	007	张权有	男	88.5	76.5	78.5	243.5	
9	008	潘晓阳	女	92.0	82.0	96.0	270.0	
10	009	苗志平	男	76.0	73.0	83.0	232.0	
11	010	张欢欢	女	84.0	86.0	86.0	256.0	
12	011	王靓	男	93.0	98.5	79.0	270.5	
13	012	黄晓岩	女	91.5	84.5	86.5	262.5	
14	013	孙志华	男	82.0	75.5	79.5	237.0	
15	014	李凯	男	91.0	86.5	92.5	270.0	
16	015	辛雪莲	女	84.0	90.5	86.5	261.0	
17	016	韩雪琪	女	85.5	81.5	78.0	245.0	
18	017	蓝天宇	男	96.5	90.0	90.0	276.5	
19	018	华齐娜	女	86.5	81.5	80.0	248.0	

图 5.37 各科成绩迷你折线图

5.3 公式与常用函数的应用

Excel 2016 不仅具有数据管理和分析的功能，而且具有强大的数据统计和计算功能。Excel 通过公式，尤其是丰富的函数功能，实现了对数据进行求和、求平均值、汇总及其他更复杂的运算，有效避免了手工计算易出错的缺点。当数据有改动时，公式的计算结果会相应更新，比手工计算更加方便高效。

5.3.1　公式的使用

Excel 中公式以“=”开头，后面是参与计算的元素，这些元素由运算符连接起来。参与计算的元素可以是数值、单元格地址、单元格区域、函数等。运算符包括算术运算符、关系运算符、文本运算符和引用运算符。

1．输入公式

图 5.38 是学生第一学期的成绩表，现在要求计算张龙同学 3 科成绩的总和，即 B3～D3 这 3 个单元格中的数据之和。

具体操作方法是：先选中计算结果要存放的单元格 E3，再输入公式“=B3+C3+D3”，最后按 Enter 键或单击编辑栏中的“✓”按钮，即可计算出张龙 3 科成绩的总分。

D3　×　✓　fx　=B3+C3+D3

	A	B	C	D	E	F
1			第一学期成绩表			
2	姓名	数学	语文	英语	总分	平均分
3	张龙	95	85	76	=B3+C3+D3	
4	王全	67	89	90		
5	魏明	78	90	76		
6	王国鸣	83	56	89		
7	苏燕	80	90	95		
8						

图 5.38　公式的输入

2．编辑公式

单元格中的公式，相当于普通的数据，可以进行各种编辑操作，具体操作步骤如下。

（1）选中要编辑公式的单元格。

（2）在编辑栏中，将光标定位到公式要修改的位置或按 F2 键，进入数据的编辑模式，然后就可以对公式进行必要的修改。

（3）公式修改完毕后，单击编辑栏上的“输入”按钮✓或按 Enter 键，将修改后的公式输入单元格。

3．显示和隐藏公式

输入公式后，单元格便会显示使用此公式计算的结果。如果需要查看单元格使用的公式，可以根据下面的方法进行操作。

单击“公式”→“公式审核”→“显示公式”命令按钮，即将工作表单元格中的公式显示出来。

再次单击“公式”→“公式审核”→“显示公式”命令按钮，“显示公式”命令按钮退出突出显示状态，即可将单元格中的公式隐藏，显示计算结果。

此外，按键盘上的Ctrl+ `键（Tab键上方的键）组合键，可以在显示公式和显示计算结果之间切换。选中计算结果，使用的计算公式将自动在编辑栏中显示。

5.3.2 单元格的引用

当大量数据需要统计、计算时，使用复制公式可以减少工作量，让操作更加方便快捷。复制公式时，若在公式中使用单元格或单元格区域，则在复制的过程中应根据情况使用不同的单元格引用方式。单元格的引用方式有相对引用、绝对引用和混合引用。

1．相对引用

所谓相对引用，是指当一个单元格中的公式复制并粘贴到一个新单元格时，公式中的单元格地址会随之做相应的变化。默认情况下，单元格的引用都是相对引用。例如，单元格 E3 中的公式为“=B3+C3+D3”，当公式复制到单元格 E4 时，其中的公式自动更改为“=B4+C4+D4”。

2．绝对引用

所谓绝对引用，是指公式中的单元格地址是绝对地址，当公式复制并粘贴到一个新单元格时，公式中的单元格地址不会发生变化。绝对地址的列号、行号前都有“$”符号。例如，单元格 E3 中的公式为“=$B$3+$C$3+$D$3”，则当复制到单元格 E4 后，显示的公式仍为“=$B$3+$C$3+$D$3”，计算结果也保持不变。

3．混合引用

所谓混合引用，是指在公式中既有相对引用又有绝对引用，单元格地址需要改变的行号或列号使用相对引用，反之使用绝对引用。

混合引用有如下两种情况。

（1）只在列号前有“$”符号，行号前没有“$”符号，被引用的单元格列的位置是绝对的（即不发生改变）；

（2）只在行号前有“$”符号，列号前没有“$”符号，被引用的单元格行的位置是绝对的（即不发生改变）。

例如，单元格 E3 中的公式为“=$A$3+$B3+C$3+D3”，当复制到单元格 E4 后，显示的公式为“=$A$3+$B4+C$3+D4”。

在使用 3 种单元格引用方式时，可以按 F4 键切换引用方式，节省手动输入的时间。

5.3.3 常用函数的应用

Excel 2016 提供了 13 类丰富的函数，包括财务函数、日期与时间函数、数学与三角函数、统计函数、查找与引用函数、数据库函数、文本函数、逻辑函数、信息函数、工程函数、多维数据集函数、兼容性函数及 Web 函数。这些函数可以单独使用，也可以与其他公式或函数共同使用。

Excel 中的常用函数及其功能如表 5.1 所示。

表 5.1　常用函数及功能

名　称	功　能	表 达 式
SUM	求指定单元格及单元格区域中数值的和	SUM(number1, number2, …)
AVERAGE	求指定单元格及单元格区域中数值的平均值	AVERAGE(number1, number2, …)
MAX	返回参数中的最大值	MAX(number1, number2, …)
MIN	返回参数中的最小值	MIN(number1, number2, …)
COUNT	计算参数列表中数字项的个数	COUNT(value1, value2, …)
RANK	求某一数值在某一区域中的排名	RANK(number,ref,[order])
MID	从一个字符串中截取指定数量的字符	MID(text,start_num,num_chars)
LEFT	从字符串左侧提取指定个数的字符	LEFT(text,[num_chars])
IF	根据指定条件返回相应值	IF(logical_test,[value_if_true],[value_if_false])
VLOOKUP	按列查找，最终返回该列所需查询列序对应的值	VLOOKUP(lookup_value, table_array, col_index_num, range_lookup)
SUMIF	对数据表范围中符合某一指定条件的值求和	SUMIF(range, criteria, sum_range)
SUMIFS	根据多个指定条件对若干单元格求和	SUMIFS(sum_range, criteria_range1, criteria1, [criteria_range2, criteria2], …)
COUNTIF	对指定区域中符合指定条件的单元格计数	COUNTIF(range,criteria)
COUNTIFS	统计多个区域中满足给定条件的单元格的个数	COUNTIFS(criteria_range1, criteria1, criteria_range2, criteria2, …)

1. RANK 函数

功能：对指定单元格区域的数据进行排名统计。

语法结构：RANK(number,ref,order)

其中，number 为需要排名的数值或单元格；ref 为排名的参照数值区域；order 为排序方式，如果为 0 或者忽略，则按降序排名，如果为非 0 时，则按升序排名。结果返回 number 在单元格区域 ref 中的排名。

图 5.39 是某年级学生成绩一览表，表中需要对排名字段进行填充，学生的排名根据总分高低进行计算。

本例中，首先选中存放排名结果的单元格 H2，在编辑栏中输入“=RANK(G2,$G$2:$G$19,0)”，然后按 Enter 键或单击编辑栏旁的提交按钮✓结束输入，得到学号为 001 学生的排名。要得到其余同学的名次，拖动单元格 H2 右下角的填充柄，复制公式即可完成。结果如图 5.40 所示。在这个公式的 RANK 函数中，G2 为待排名的单元格，$G$2:$G$19 为所有学生总分区域，即排名的参照数值区域，第 3 个参数为 0，则排名按总分降序排列。

填写函数参数的过程中，以下几点需要注意。

（1）参数中的单元格地址和区域可以通过点选或拖曳的方法进行填写。

（2）RANK 函数的第 2 个参数 ref 采用绝对引用的方式，是为保证能够正确计算其他学生的名次。因为复制公式时所有学生总分区域（排名的参照数值区域）不发生变化。而采用相对引用则会在复制公式时数值区域发生变化。

G2 =SUM(D2:F2)

学号	姓名	性别	语文	数学	英语	总分	排名	总评
001	王佳一	女	80.5	92.0	87.0	259.5		
002	张会君	男	73.0	60.5	98.0	231.5		
003	刘盛亮	男	69.0	56.0	89.0	214.0		
004	王晓娟	女	89.5	89.0	67.0	245.5		
005	黎华	女	85.5	78.0	72.5	236.0		
006	金娜	女	76.0	80.0	63.0	219.0		
007	张权有	男	88.5	76.5	78.5	243.5		
008	潘晓阳	女	92.0	82.0	96.0	270.0		
009	苗志平	男	76.0	73.0	83.0	232.0		
010	张欢欢	女	84.0	86.0	86.0	256.0		
011	王靓	男	93.0	98.5	79.0	270.5		
012	黄晓岩	女	91.5	84.5	86.5	262.5		
013	孙志华	男	82.0	75.5	79.5	237.0		
014	李凯	男	91.0	86.5	92.5	270.0		
015	辛雪莲	女	84.0	90.5	86.5	261.0		
016	韩雪琪	女	85.5	81.5	78.0	245.0		
017	蓝天宇	男	96.5	90.0	90.0	276.5		
018	华齐娜	女	86.5	81.5	80.0	248.0		

学生成绩一览表

图 5.39　学生成绩一览表

H2 =RANK(G2,$G$2:$G$19,0)

学号	姓名	性别	语文	数学	英语	总分	排名	总评
001	王佳一	女	80.5	92.0	87.0	259.5	7	
002	张会君	男	73.0	60.5	98.0	231.5	16	
003	刘盛亮	男	69.0	56.0	89.0	214.0	18	
004	王晓娟	女	89.5	89.0	67.0	245.5	10	
005	黎华	女	85.5	78.0	72.5	236.0	14	
006	金娜	女	76.0	80.0	63.0	219.0	17	
007	张权有	男	88.5	76.5	78.5	243.5	12	
008	潘晓阳	女	92.0	82.0	96.0	270.0	3	
009	苗志平	男	76.0	73.0	83.0	232.0	15	
010	张欢欢	女	84.0	86.0	86.0	256.0	8	
011	王靓	男	93.0	98.5	79.0	270.5	2	
012	黄晓岩	女	91.5	84.5	86.5	262.5	5	
013	孙志华	男	82.0	75.5	79.5	237.0	13	
014	李凯	男	91.0	86.5	92.5	270.0	3	
015	辛雪莲	女	84.0	90.5	86.5	261.0	6	
016	韩雪琪	女	85.5	81.5	78.0	245.0	11	
017	蓝天宇	男	96.5	90.0	90.0	276.5	1	
018	华齐娜	女	86.5	81.5	80.0	248.0	9	

学生成绩一览表

图 5.40　RANK 函数的应用

2. IF 函数

功能：根据指定条件判断返回结果。

语法结构：IF(logical_test,[value_if_true],[value_if_false])。
其中，logical_test 为指定的条件，该函数先计算 logical_test 的值，若值为真，则结果返回[value_if_true]的值，反之，返回[value_if_false]的值；若省略第 2 个、第 3 个参数，则函数返回的结果为 TRUE 或 FALSE。

假设在图 5.40 所示数据表中，还需要根据数学成绩确定总评成绩，若数学成绩大于等于 90 分，学生总评成绩为优秀，小于 90 分但大于等于 60 分为及格，小于 60 分为不及格。

首先选中单元格 I2，在编辑栏中输入公式“=IF(E2>=90, "优秀",IF(E2>=60,"及格","不及格"))”。

由于本题判断的条件为多个，使用单个 IF 函数无法实现正确的判断，因此需要多个 IF 函数嵌套使用。函数中涉及的文字部分用英文输入法下的双引号括起来。其余同学的总评成绩可以拖曳填充柄，复制公式完成填充。结果如图 5.41 所示。

I2 =IF(E2>=90, "优秀",IF(E2>=60,"及格","不及格"))

	A	B	C	D	E	F	G	H	I
1	学号	姓名	性别	语文	数学	英语	总分	排名	总评
2	001	王佳一	女	80.5	92.0	87.0	259.5	7	优秀
3	002	张会君	男	73.0	60.5	98.0	231.5	16	及格
4	003	刘盛亮	男	69.0	56.0	89.0	214.0	18	不及格
5	004	王晓娟	女	89.5	89.0	67.0	245.5	10	及格
6	005	黎华	女	85.5	78.0	72.5	236.0	14	及格
7	006	金娜	女	76.0	80.0	63.0	219.0	17	及格
8	007	张权有	男	88.5	76.5	78.5	243.5	12	及格
9	008	潘晓阳	女	92.0	82.0	96.0	270.0	3	及格
10	009	苗志平	男	76.0	73.0	83.0	232.0	15	及格
11	010	张欢欢	女	84.0	86.0	86.0	256.0	8	及格
12	011	王靓	男	93.0	98.5	79.0	270.5	2	优秀
13	012	黄晓岩	女	91.5	84.5	86.5	262.5	5	及格
14	013	孙志华	男	82.0	75.5	79.5	237.0	13	及格
15	014	李凯	男	91.0	86.5	92.5	270.0	3	及格
16	015	辛雪莲	女	84.0	90.5	86.5	261.0	6	优秀
17	016	韩雪琪	女	85.5	81.5	78.0	245.0	11	及格
18	017	蓝天宇	男	96.5	90.0	90.0	276.5	1	优秀
19	018	华齐娜	女	86.5	81.5	80.0	248.0	9	及格

学生成绩一览表

图 5.41　IF 函数的应用

3. VLOOKUP 函数

功能：按列查找内容，返回相对应的值。

语法结构：VLOOKUP(lookup_value,table_array,col_index_num, range_lookup)。其中，第 1 个参数 lookup_value 为需要在数据列表第 1 列中进行查找的数值，可以为数值、引用或文本字符串。

第 2 个参数 table_array 为查找数据的参考区域，可以使用对区域或区域名称的引用。

第 3 个参数 col_index_num 为查找数据时满足条件单元格在 table_array 中的列序号，col_index_num 为 1 时，返回 table_array 第 1 列的数值；col_index_num 为 2 时，返回 table_array 第 2 列的数值，以此类推。如果 col_index_num 小于 1，函数 VLOOKUP 返回错误值 #VALUE!；如果 col_index_num 大于 table_array 的列数，函数 VLOOKUP 返回错误值#REF!。

第 4 个参数 range_lookup 为逻辑值，指明函数 VLOOKUP 查找方式是精确匹配，还是近似匹配。如果为 FALSE 或 0，则精确匹配；如果为 TRUE、1 或省略，则近似匹配值。如果找不到，则返回错误值#N/A。

使用 VLOOKUP 函数实现不同工作表中数据的引用。假设在一个工作簿中包含“学生基本信息表”和“奖学金情况表”。“学生基本信息表”如图 5.42 所示，“奖学金情况表”如图 5.43 所示，其中“姓名”列数据可以根据“学生基本信息表”实现填充。

	A	B	C	D
1	学号	姓名	身份证号码	联系电话
2	2017110101	张瑜	220101199903081020	15566720124
3	2017110102	王曾强	220101200001051000	13666780129
4	2017110103	伍大庆	220101199810292713	15862710224
5	2017110104	孙丹丹	220101199909271542	13962190321
6	2017110105	莫伊琳	220101199904240461	18761180427
7	2017110106	吴全飞	220102200001281913	18162330194
8	2017110107	康雪娜	220102199902030920	13566580729
9	2017110108	李楠	220102199903270613	13666760624
10	2017110109	王丹丹	220102199904290946	15865620901
11	2017110110	张丽丽	220102199908171588	15967380906
12	2017110111	许瑞杰	220103199810261739	13267911854
13	2017110112	张环	220103200003051226	13366510627
14	2017110113	谢天宇	220103199807142130	13666520512
15	2017110114	王英雄	220104200010054537	15566720618
16	2017110115	于丹琳	220104199810212519	13962780209
17	2017110116	邵宇飞	220105199812111135	13696410454
18	2017110117	赵丹	220105199905036123	15843580720
19	2017110118	王萍萍	220106199902293973	15666560800
20	2017110119	曲靖	220106199912133052	18163428077
21	2017110120	刘雯雯	220106199910174869	15566780665

图 5.42　学生基本信息表

	A	B	C
1	学号	姓名	获奖情况
2	2017110101		一等
3	2017110113		一等
4	2017110102		二等
5	2017110112		二等
6	2017110114		二等
7	2017110115		二等
8	2017110104		三等
9	2017110106		三等
10	2017110107		三等
11	2017110109		三等
12	2017110111		三等
13	2017110116		三等

图 5.43　奖学金情况表

两个工作表有共同字段“学号”，通过“学号”，可以完成奖学金情况表中“姓名”字段的填充。VLOOKUP 函数是按列查找，最终返回该列所需查询列序对应的值，以解决这个问题。

首先选中奖学金情况表中的 B2 单元格，在编辑栏中输入“=VLOOKUP(A2,学生基本信息表!$A$2:$B$21,2,FALSE)”，其中 A2 是第 1 列要查找的数值（学号是两表连接字段）。第 2 个参数是需要查找数据的参考区域，这个区域采用绝对引用方式，是为了保证在复制公式时引用的区域不发生变化。第 3 个参数为要填充的单元格 B2（姓名）在参考区域中的列号，本例中列号为 2。最后一个参数采用精确匹配，选择 FALSE 值。

注意：使用该函数时，如果两个表中有多个连接字段，应选择具有唯一性的连接字段进行查找，否则查找不到正确结果，最终效果如图 5.44 所示。

B2 =VLOOKUP(A2,学生基本信息表!$A$2:$B$21,2,FALSE)

	A	B	C	D	E	F	G
1	学号	姓名	获奖情况				
2	2017110101	张瑜	一等				
3	2017110113	谢天宇	一等				
4	2017110102	王曾强	二等				
5	2017110112	张环	二等				
6	2017110114	王英雄	二等				
7	2017110115	于丹琳	二等				
8	2017110104	孙丹丹	三等				
9	2017110106	吴全飞	三等				
10	2017110107	康雪娜	三等				
11	2017110109	王丹丹	三等				
12	2017110111	许瑞杰	三等				
13	2017110116	邵宇飞	三等				

图 5.44　VLOOKUP 函数的应用

4. MID 函数

功能：在字符串的指定位置提取指定个数的字符。

语法结构：MID(Text, Start_num,Num_chars)。

其中，参数 Text 为需要提取的字符串，Start_num 为从左起第几位开始提取，Num_chars 为提取的字符数。

在图 5.42 所示的学生基本信息表中“联系电话”字段的右侧插入新列“出生日期”。身份证号的 7～14 位代表出生年月日，因此可以从身份证号得出学生的出生日期。注意，Excel 单元格只能接收不超过 11 位的数字，为了使 18 位的身份证号完全显示在单元格中，需要将“身份证号码”列的数字格式设为“文本”。

具体操作步骤如下：单击 E2 单元格，单击编辑栏左侧的 *fx* 按钮，打开“插入函数”对话框。在“选择函数”列表框中找到 MID 函数，单击“确定”按钮，打开“函数参数”对话框，如图 5.45 所示。对话框中需要填写 3 个参数：参数 Text 为 C2 单元格地址；参数

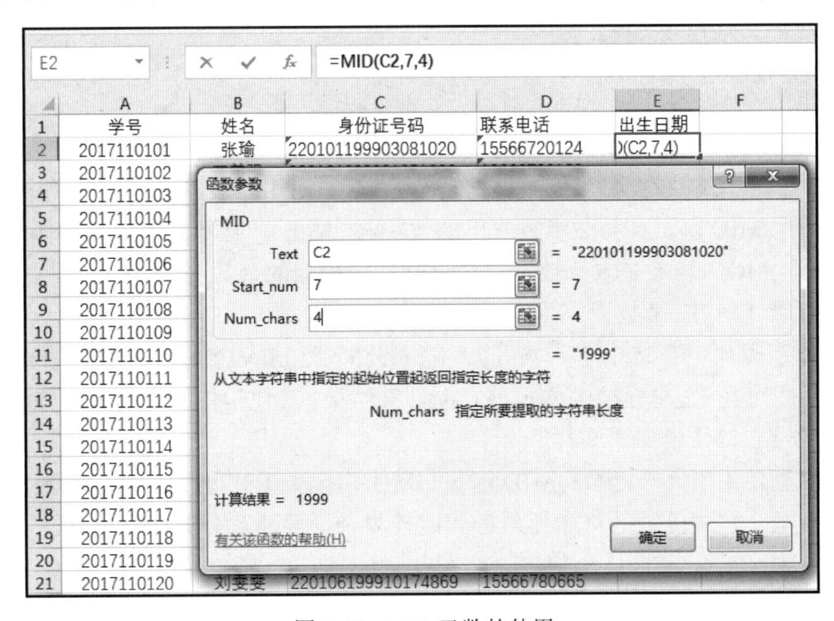

图 5.45　MID 函数的使用

Start_num 为 7，代表从字符串的第 7 位开始提取；参数 Num_chars 为 4，代表向右取 4 位。这样就提取了出生年份 1999。出生月份和日期的提取方法与此类似。

最后将 MID 函数提取的 3 个字符串用“&”连接起来，并添加年月日。最终显示的效果如图 5.46 所示。

E2　=MID(C2,7,4)&"年"&MID(C2,11,2)&"月"&MID(C2,13,2)&"日"

	A	B	C	D	E
1	学号	姓名	身份证号码	联系电话	出生日期
2	2017110101	张瑜	220101199903081020	15566720124	1999年03月08日
3	2017110102	王曾强	220101200001051000	13666780129	2000年01月05日
4	2017110103	伍大庆	220101199810292713	15862710224	1998年10月29日
5	2017110104	孙丹丹	220101199909271542	13962190321	1999年09月27日
6	2017110105	莫伊琳	220101199904240461	18761180427	1999年04月24日
7	2017110106	吴全飞	220102200001281913	18162330194	2000年01月28日
8	2017110107	康雪娜	220102199902030920	13566580729	1999年02月03日
9	2017110108	李楠	220102199903270613	13666760624	1999年03月27日
10	2017110109	王丹丹	220102199904290946	15865620901	1999年04月29日
11	2017110110	张丽丽	220102199908171588	15967380906	1999年08月17日
12	2017110111	许瑞杰	220103199810261739	13267911854	1998年10月26日
13	2017110112	张环	220103200003051226	13366510627	2000年03月05日
14	2017110113	谢天宇	220103199807142130	13666520512	1998年07月14日
15	2017110114	王英雄	220104200010054537	15566720618	2000年10月05日
16	2017110115	于丹琳	220104199810212519	13962780209	1998年10月21日
17	2017110116	邵宇飞	220105199812111135	13696410454	1998年12月11日
18	2017110117	赵丹	220105199905036123	15843580720	1999年05月03日
19	2017110118	王萍萍	220106199902293973	15666560800	1999年02月29日
20	2017110119	曲靖	220106199912133052	18163428077	1999年12月13日
21	2017110120	刘雯雯	220106199910174869	15566780665	1999年10月17日

图 5.46　最终效果图

5. 函数的嵌套使用

Excel 中除了可以单独使用某个函数外，还可以嵌套使用多个函数。嵌套使用函数可同时使用多个函数，实现复杂的统计功能。

假设在图 5.46 所示的工作表中，要在出生日期后添加“性别”列，利用身份证号码列填写每个学生的性别。

在身份证号码中，第 17 位（即倒数第 2 位）数字可以判定学生的性别，奇数为男性，偶数则为女性。为了解决这个问题，可以分解为 3 步：第 1 步取出身份证号码中的第 17 位数字，可以使用 MID 函数；第 2 步将取出的数字与 2 相除，判断是奇数还是偶数，可以使用 MOD 函数（MOD 函数是求余数函数，返回两数相除的余数）；第 3 步根据奇数或偶数判断性别，可以使用 IF 函数。

具体操作步骤如下：选中单元格 F2，输入公式“=IF(MOD(MID(C2,17,1),2)=0,"女","男")”，回车后即可在 F2 单元格中显示公式的计算结果。其他学生的性别可以拖曳填充柄，复制公式完成填充，结果如图 5.47 所示。

本例共嵌套使用了 3 个函数：MID 函数、MOD 函数和 IF 函数，内层函数的结果作为外层函数的参数，这种函数的嵌套使用形式比较复杂，要注意分清嵌套关系。

F2 =IF(MOD(MID(C2,17,1),2)=0,"女","男")

	A	B	C	D	E	F
1	学号	姓名	身份证号码	联系电话	出生日期	性别
2	2017110101	张瑜	220101199903081020	15566720124	1999年03月08日	女
3	2017110102	王曾强	220101200001051000	13666780129	2000年01月05日	女
4	2017110103	伍大庆	220101199810292713	15862710224	1998年10月29日	男
5	2017110104	孙丹丹	220101199909271542	13962190321	1999年09月27日	女
6	2017110105	莫伊琳	220101199904240461	18761180427	1999年04月24日	女
7	2017110106	吴全飞	220102200001281913	18162330194	2000年01月28日	男
8	2017110107	康雪娜	220102199902030920	13566580729	1999年02月03日	女
9	2017110108	李楠	220102199903270613	13666760624	1999年03月27日	男
10	2017110109	王丹丹	220102199904290946	15865620901	1999年04月29日	女
11	2017110110	张丽丽	220102199908171588	15967380906	1999年08月17日	女
12	2017110111	许瑞杰	220103199810261739	13267911854	1998年10月26日	男
13	2017110112	张环	220103200003051226	13366510627	2000年03月05日	女
14	2017110113	谢天宇	220103199807142130	13666520512	1998年07月14日	男
15	2017110114	王英雄	220104200010054537	15566720618	2000年10月05日	男
16	2017110115	于丹琳	220104199810212519	13962780209	1998年10月21日	男
17	2017110116	邵宇飞	220105199812111135	13696410454	1998年12月11日	男
18	2017110117	赵丹	220105199905036123	15843580720	1999年05月03日	女
19	2017110118	王萍萍	220106199902293973	15666560800	1999年02月29日	男
20	2017110119	曲靖	220106199912133052	18163428077	1999年12月13日	男
21	2017110120	刘雯雯	220106199910174869	15566780665	1999年10月17日	女

图 5.47 函数嵌套运算结果

5.3.4 公式与函数的常见问题及解决方法

在单元格输入公式或函数后，运行时常会遇到一些错误。下面介绍一些常见错误及解决方法。

1. 单元格出现####

运行公式或函数后，若单元格出现该错误，则可能是输入单元格中的数值太长或公式产生的结果太长，单元格容纳不下。其解决方法是适当增加该列的宽度。产生该错误的另一个可能原因为单元格包含的日期或时间值格式不正确，其解决方法为正确设置该单元格的格式，并确保日期和时间为正值。

2. 单元格出现#DIV/0!

产生该错误的原因之一为在公式的使用中，函数使用了指向空单元格或包含零值单元格的引用方式——在 Excel 中，如果运算对象是空白单元格，Excel 会将此空值当作零值。解决方法为修改单元格的引用，或者在作除数的单元格中输入不为零的值。产生该错误的另一个原因为输入的公式中包含明显的除数零（如误输入 1/0），需要检查公式将零改为非零值。

3. 单元格出现#N/A

产生该错误的原因为函数或公式中没有可用的数值。解决该问题的方法为检查公式，查看错误原因。

4. 单元格出现#NAME?

产生错误的原因为在公式中使用了 Excel 无法识别的文本。例如，区域名称或函数名称拼写错误，或者删除了某个公式引用的名称。解决该问题的方法为确定使用的名称确实存在。如果所需的名称没有列出，则添加相应的名称；如果名称存在拼写错误，则修正拼写错误的名称。

5. 单元格出现#NULL!

产生错误的原因为试图为两个不相交的区域指定交叉点。解决该问题的方法是在引用两个不相交的区域时，使用联合运算符（逗号）。

6. 单元格出现#NUM!

产生错误的原因为单元格引用无效。例如，删除了某个公式引用的单元格，该公式将返回该错误。解决该问题的方法为更改公式，在删除或粘贴单元格之后，立即单击“撤销”命令按钮以恢复工作表中的单元格。

7. 单元格出现#REF!

产生错误的原因为单元格区域引用无效。例如，删除某个公式引用的单元格区域时，该公式将返回#REF!错误。

8. 单元格出现#VALUE!

产生错误的原因为公式包含的单元格有不同的数据类型。例如，单元格 A1 包含一个数字，单元格 A2 包含文本，则公式“=A1+A2”返回错误值#VALUE!。解决该错误的方法为确认公式或函数所需的参数或运算符是否正确，并且确认公式引用的单元格包含的均是有效的数值。

5.4 宏的简单应用

1. 宏的定义

宏是一段定义好的指令操作，能自动执行多个命令，与 DOS 系统中的批处理操作类似。在 Excel 中，VBA 宏是存储在工作簿中的一系列操作，利用宏能够简化使用菜单执行操作的过程，使菜单操作更加方便快捷。

2. 宏常用的执行功能

（1）插入文本字符串或公式。
（2）自动执行某个经常执行的程序。
（3）自动执行重复操作。
（4）创建自定义操作。

3. 宏的使用

VBA 宏的创建工程是一组程序集的建立过程，其创建方法有使用宏录制器录制和在VBA 模块中输入代码两种。使用宏录制器能够创建简单的宏，该方法不需要手动编写代码，代码可自动生成。在 VBA 模块中编写代码可以根据需要设置灵活而复杂的宏操作，但要求用户具有一定的编程基础。因此，一般采用宏录制器录制的方法来创建宏。

例如录制自动插入一串字符串的宏。其操作步骤如下。

（1）创建一个空白工作簿，选择工作表中的任意单元格，单击“视图”→“宏”→“宏”→“录制宏”命令按钮，如图 5.48 所示。打开“录制宏”对话框，如图 5.49 所示。

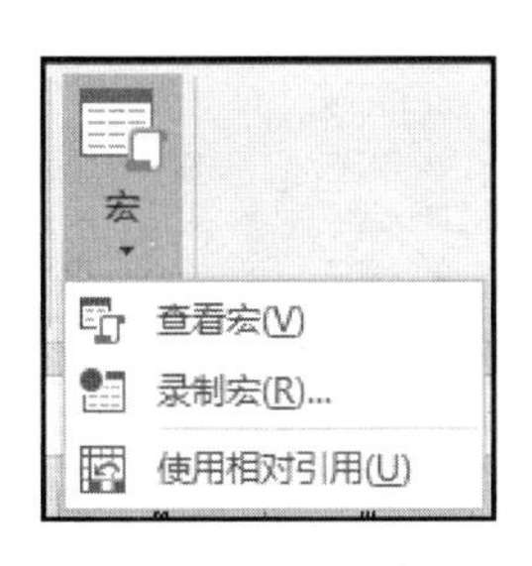

图 5.48　宏命令

图 5.49　“录制宏”对话框

（2）在该对话框中为宏命名，为录制的宏设置快捷键，设置宏保存的位置等，最后单击“确定”按钮。

（3）在单元格中输入字符串（如“计算机学院”），按 Enter 键结束输入。

（4）单击状态栏左侧的“停止”按钮或者“视图”→“宏”→“宏”→“停止录制”命令按钮，结束宏录制工作。

（5）单击选择另一空白单元格，单击“宏”→“查看宏”命令按钮，在打开的“宏”对话框中选择要执行的宏，单击“执行”命令按钮，即会在该单元格中自动输入“计算机学院”。

5.5　案例——团员信息统计

1. 案例要求

某高中团委李老师，将高一年级所有团员信息存放在工作簿“高一团员表.xlsx”中，工作簿中有“高一团员基本信息表”和“统计表”两个工作表，“高一团员基本信息表”的内容如图 5.50 所示，“统计表”的内容如图 5.51 所示。现在需要完善并统计高一团员信息。具体要求如下。

	A	B	C	D	E	F	G	H
1	学号	姓名	性别	出生日期	民族	入团时间	入团单位	是否团干部
2	20190102	张寒月	女	2004/3/2	汉族	2018年5月	第三中学	是
3	20190104	郑涵予	男	2004/1/13	回族	2019年5月	第三中学	否
4	20190301	王源	男	2004/7/24	汉族	2018年5月	第四中学	否
5	20190302	李帅桥	男	2004/3/5	满族	2019年5月	师大附中	否
6	20190201	和浩宇	男	2005/8/16	汉族	2020年9月	第一高中	否
7	20190203	崔闻言	女	2004/9/7	朝鲜族	2019年5月	第四中学	否
8	20190305	齐燕	女	2004/1/18	汉族	2018年5月	第五中学	是
9	20190107	曹诚光	男	2003/2/9	汉族	2019年5月	民主中学	否
10	20190108	赵玉清	男	2004/1/20	汉族	2020年9月	第一高中	否
11	20190205	王晨曦	女	2004/3/11	满族	2018年5月	第三中学	否
12	20190401	李佳璐	女	2004/5/22	汉族	2019年5月	第三中学	否
13	20190110	卜一楠	女	2004/4/13	朝鲜族	2020年9月	第一高中	是
14	20190208	郑关琪	男	2004/6/21	汉族	2018年5月	第四中学	否
15	20190311	童玉	女	2004/8/25	汉族	2020年9月	第一高中	否
16	20190212	魏光辉	男	2004/7/22	汉族	2019年5月	师大附中	是
17	20190113	侯妮妮	女	2003/9/27	汉族	2018年5月	第四中学	否
18	20190402	王卿原	男	2004/4/8	满族	2020年5月	第一高中	否
19	20190407	齐力可	女	2004/2/16	汉族	2020年5月	第一高中	否
20	20190314	王冰冰	女	2004/2/24	汉族	2018年5月	民主中学	否
21	20190318	苏美娜	女	2004/11/1	满族	2019年5月	第五中学	是
22	20190213	付俊琪	女	2005/2/1	汉族	2019年5月	民主中学	否
23	20190409	焦广顺	男	2003/11/2	汉族	2020年9月	第一高中	否
24	20190319	葛媛媛	女	2004/12/27	汉族	2018年5月	第一高中	是
25	20190215	隋丽清	女	2004/3/14	汉族	2020年9月	第一高中	否
26	20190412	赵书苑	男	2005/2/15	回族	2019年5月	第四中学	是
27	20190320	乔禹诚	男	2004/8/16	汉族	2018年5月	第三中学	否
28	20190115	李淳	男	2005/1/12	汉族	2019年5月	师大附中	是
29	20190117	章子彤	女	2004/3/9	汉族	2018年5月	师大附中	否
30	20190216	刘一诺	男	2003/11/16	汉族	2019年5月	第四中学	否
31	20190322	崔明驰	男	2004/8/4	满族	2019年5月	第四中学	是
32	20190414	楚佳旭	男	2004/1/15	满族	2018年5月	民主中学	否
33	20190416	罗光萍	女	2004/9/12	汉族	2020年9月	第一高中	是

高一团员基本信息表　统计表

图 5.50　高一团员基本信息表

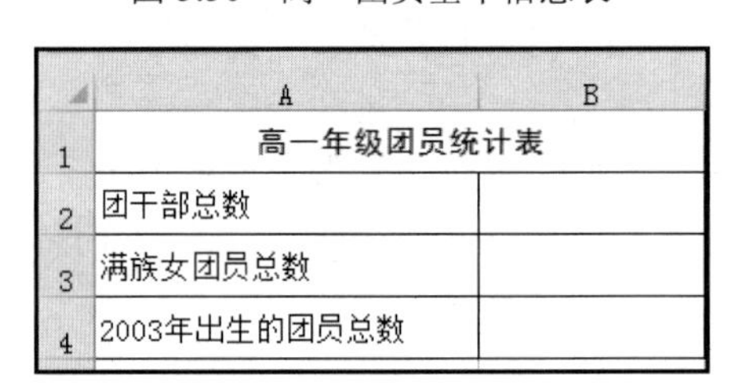

	A	B
1	高一年级团员统计表	
2	团干部总数	
3	满族女团员总数	
4	2003年出生的团员总数	

图 5.51　统计表

（1）打开“高一团员基本信息表”，在“性别”列和“出生日期”列之间插入新列，列名为“班级”，每个学生的班级信息根据“学号”列第 5 位和第 6 位确定。如学号是“20190102”，班级信息应为“01 班”。试将“班级”列数据填写完整。

（2）打开“统计表”，根据工作表“高一团员基本信息表”中的数据进行统计，将统计结果填入到“统计表”。

（3）复制工作表“高一团员基本信息表”到“统计表”右侧，新工作表名称为“班级汇总”，使用分类汇总统计各班团员的总数，汇总结果显示在数据下方。

2. 案例实现

1）插入新列

选择工作表“高一团员基本信息表”，选择“出生日期”列，右击，在弹出的菜单中单击“插入”命令，即在“出生日期”列前插入空白列，输入列名“班级”。选中单元格 D2，在编辑栏输入公式“=MID(A2,5,2)&"班"”，公式中使用 MID 函数，从“学号”的第 5 个字符开始，提取 2 位字符，最后将提取的班级信息和“班”用&连接起来，得到该团员的班级信息，如图 5.52 所示。拖动填充柄，获得 D 列其他团员的班级信息。

D2 =MID(A2,5,2)&"班"

	A	B	C	D	E	F	G	H	I
1	学号	姓名	性别	班级	出生日期	民族	入团时间	入团单位	是否团干部
2	20190102	张寒月	女	01班	2004/3/2	汉族	2018年5月	第三中学	是
3	20190104	郑涵予	男		2004/1/13	回族	2019年5月	第三中学	否

图 5.52　利用公式获取班级信息

2）对数据进行统计

选择“统计表”，这里有单元格 B2、B3、B4 需要填写数据，分别统计团干部总数、满族女团员总数和 2003 年出生的团员总数。这 3 个都是对符合条件的单元格进行计数，可以使用 COUNTIF 或 COUNTIFS 函数完成。

（1）统计团干部总数。

统计团干部总数，就是对“高一团员基本信息表”的“是否团干部”列中数据为“是”的记录进行计数。只需要满足一个条件就可以，这里选择 COUNTIF 函数。

选择单元格 B2，单击编辑栏左侧的“插入函数”按钮，在“插入函数”对话框中选择“统计”类别中的 COUNTIF 函数，Range 参数为给定条件计算的单元格区域，即为“高一团员基本信息表”中的“是否团干部”列 I2 到 I36 单元格区域；Criteria 为符合的条件，条件的形式为数字、表达式或文本形式，使用时需要用双引号括起来，本例中为"是"。参数设置如图 5.53 所示。

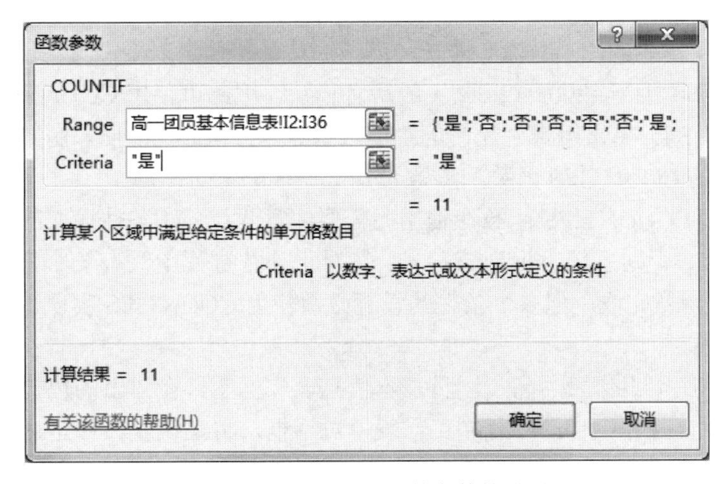

图 5.53　COUNTIF 函数参数的设置

（2）统计满族女团员总数。

统计满族女团员总数时，需要统计满足两个条件，即“高一团员基本信息表”中“民族”列是“满族”，并且“性别”列是“女”的记录。这属于多条件计数，因此要使用COUNTIFS函数。

选择单元格B3，单击编辑栏左侧的“插入函数”按钮，在“插入函数”对话框中选择“统计”类别中的COUNTIFS函数，Criteria_range1参数为给定条件计算的单元格区域，即为“高一团员基本信息表”中的“民族”列F2到F36单元格区域；Criteria1为符合的条件“满族”。第一个条件输入时，第二个条件相关参数自动出现，第二个条件相关参数设置如图5.54所示。

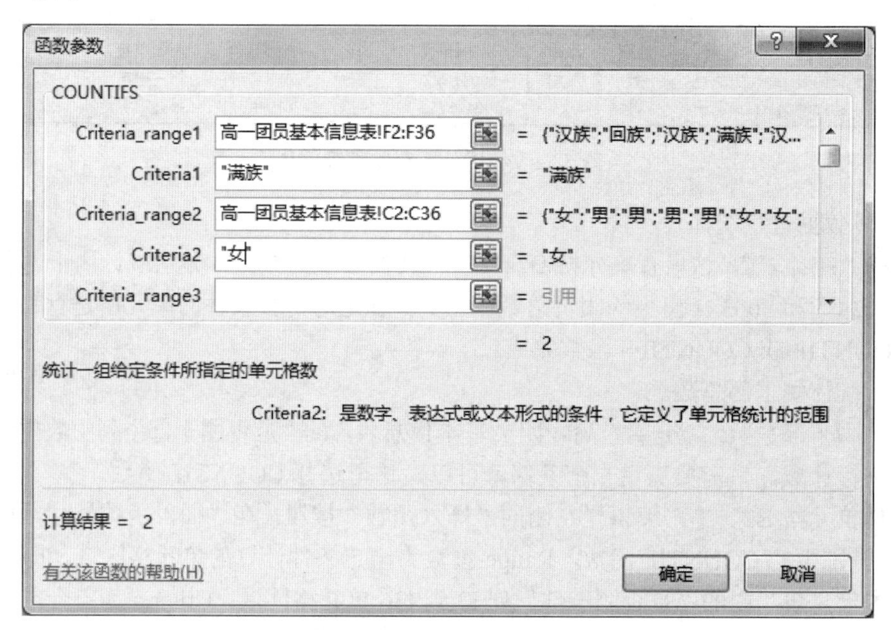

图5.54 COUNTIFS函数参数的设置

（3）统计2003年出生的团员总数。

统计2003年出生的团员总数，即统计高一团员基本信息表中“出生日期”列中出生日期为“">=2003-1-1"且"<=2003-12-31"”的所有记录，因此可使用COUNTIFS函数。

选择单元格B4，单击编辑栏左侧的“插入函数”按钮，在“插入函数”对话框中选择“统计”类别中的COUNTIFS函数，参数设置如图5.55所示。

COUNTIF和COUNTIFS函数在使用时需要注意两点：①条件输入的过程中需要用英文双引号括起来，否则系统不识别该符号；②对于计数过程中只有一个条件的设置，可以使用COUNTIF函数完成，但多个条件的设置必须使用COUNTIFS实现。

3）分类汇总

右击工作簿底端工作表“高一团员基本信息表”标签，在弹出的快捷菜单中单击“移动或复制”命令，打开“移动或复制工作表”对话框，将工作表“移至最后”，建立副本，完成工作表“高一团员基本信息表”的复制，并将新工作表更名为“班级汇总”。

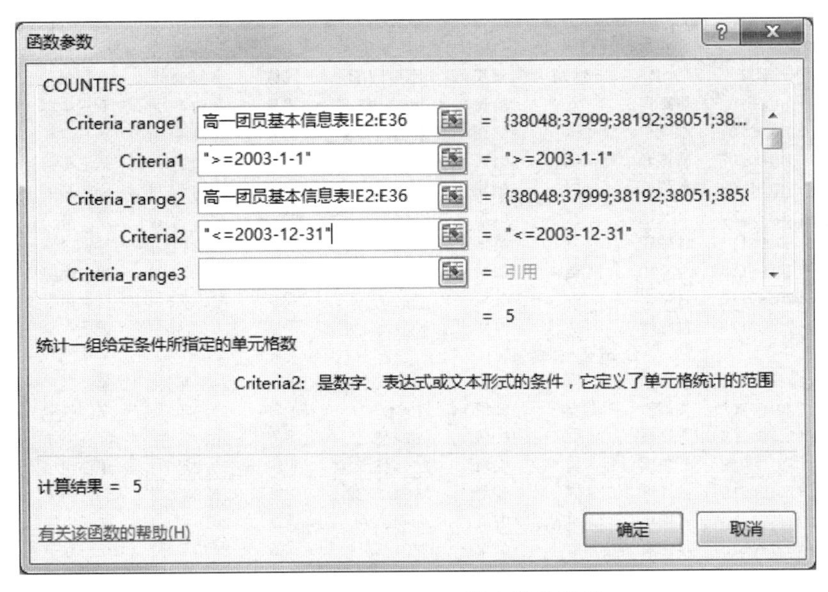

图 5.55 COUNTIFS 函数参数的设置

在工作表“班级汇总”中，按班级进行分类汇总，具体步骤如下。

（1）单击数据列表中的任意单元格，单击“数据”→“排序和筛选”→“排序”命令按钮，对“班级”字段进行“升序”排序。

（2）单击数据列表中的任意单元格，单击“数据”→“分级显示”→“分类汇总”命令按钮，打开“分类汇总”对话框，在“分类字段”下拉列表框中选择“班级”，在“汇总方式”下拉列表框中选择“计数”，在“选定汇总项”下拉列表框中选中“班级”复选框，选中“替换当前分类汇总”复选框和“汇总结果显示在数据下方”复选框，图 5.56 所示。单击“确定”按钮，结果如图 5.57 所示。

最后保存工作簿。

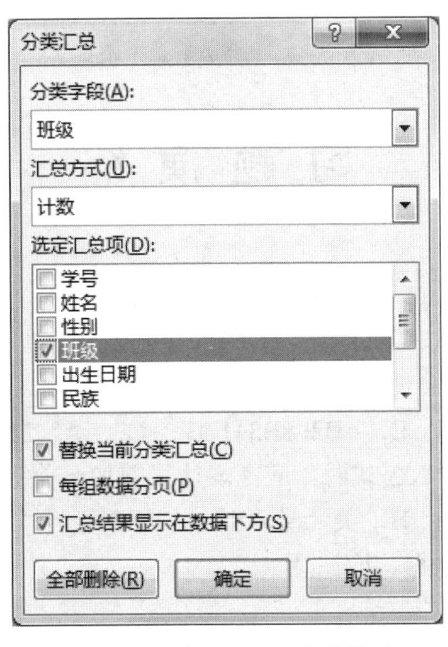

图 5.56 “分类汇总”参数设置

	A	B	C	D	E	F	G	H	I
1	学号	姓名	性别	班级	出生日期	民族	入团时间	入团单位	是否团干部
2	20190102	张寒月	女	01班	2004/3/2	汉族	2018年5月	第三中学	是
3	20190104	郑涵予	男	01班	2004/1/13	回族	2019年5月	第三中学	否
4	20190107	曹诚光	男	01班	2003/2/9	汉族	2019年5月	民主中学	否
5	20190108	赵玉清	男	01班	2004/1/20	汉族	2020年9月	第一高中	否
6	20190110	卜一楠	女	01班	2004/4/13	朝鲜族	2020年9月	第一高中	是
7	20190113	侯妮妮	女	01班	2003/9/27	汉族	2018年5月	第四中学	否
8	20190115	李淳	男	01班	2005/1/12	汉族	2019年5月	师大附中	是
9	20190117	章子彤	女	01班	2004/3/9	汉族	2018年5月	师大附中	否
10	20190120	熊晓辉	男	01班	2004/7/20	汉族	2018年5月	第三中学	是
11			**01班 计数**	9					
12	20190201	和浩宇	男	02班	2005/8/16	汉族	2020年9月	第一高中	否
13	20190203	崔闻言	女	02班	2004/9/7	朝鲜族	2019年5月	第四中学	否
14	20190205	王晨曦	女	02班	2004/3/11	满族	2018年5月	第三中学	否
15	20190208	郑关琪	男	02班	2004/6/21	汉族	2018年5月	第四中学	否
16	20190212	魏光辉	男	02班	2004/7/22	汉族	2019年5月	师大附中	是
17	20190213	付俊琪	女	02班	2005/2/1	汉族	2019年5月	民主中学	否
18	20190215	隋丽清	女	02班	2004/3/14	汉族	2020年9月	第一高中	否
19	20190216	刘一诺	男	02班	2003/11/16	汉族	2019年5月	第四中学	否
20	20190218	金瑶瑶	女	02班	2003/11/10	朝鲜族	2019年5月	民主中学	否
21			**02班 计数**	9					
22	20190301	王源	男	03班	2004/7/24	汉族	2018年5月	第四中学	否
23	20190302	李帅桥	男	03班	2004/3/5	满族	2019年5月	师大附中	否
24	20190305	齐燕	女	03班	2004/1/18	汉族	2018年5月	第五中学	是
25	20190311	童玉	女	03班	2004/8/25	汉族	2020年9月	第一高中	否
26	20190314	王冰冰	女	03班	2004/2/24	汉族	2018年5月	民主中学	否
27	20190318	苏美娜	女	03班	2004/11/1	满族	2019年5月	第五中学	是
28	20190319	葛媛媛	女	03班	2004/12/27	汉族	2018年5月	第一高中	是
29	20190320	乔禹诚	男	03班	2004/8/16	汉族	2018年5月	第三中学	否
30	20190322	崔明驰	男	03班	2004/8/4	满族	2019年5月	第四中学	是
31	20190323	李晓彤	女	03班	2004/7/21	汉族	2018年5月	第五中学	否
32			**03班 计数**	10					
33	20190401	李佳璐	女	04班	2004/5/22	汉族	2019年5月	第三中学	否

高一团员基本信息表　统计表　班级汇总

图 5.57 “分类汇总”结果

习 题 演 练

一、选择题

1. 将 B2 单元格的公式“=A1-$B2+D$3”复制到 C3 单元格，则 C3 单元格中的公式是（　　）。

   A．=A2-$B3+D$3　　B．=B2-$B3+E$3　　C．=A2-$B3+E3　　D．=B2-$B3+D$3

2. 在 Excel 单元格中输入公式时，应在表达式前加一前缀字符（　　）。

   A．左圆括号“(”　　B．美元号“$”　　C．等号“＝”　　D．单撇号“'”

3. 创建图表前要选择数据，应注意（　　）。

   A．可以随意选择数据

   B．选择的数据区域必须是连续的矩形区域

C．选择的数据区域必须是矩形区域

D．选择的数据区域可以是任意形状

4. 用筛选条件“语文>90 或总分>300”对成绩数据表进行筛选后，筛选结果中都是（　　）。

A．语文>90 的记录　　B．语文>90 且总分>300 的记录

C．总分>300 的记录　　D．语文>90 或总分>300 的记录

5. 在 Excel 工作表中，可以将公式“=B1+B2+B3”转换为（　　）。

A．“SUM(B1:B3)”　　B．“=SUM(B1:B3)”

C．“=SUM(B1:B4)”　　D．“SUM(B1:B3)”

6. 在对数据进行分类汇总之前要先进行（　　）操作。

A．排序　　B．求和　　C．筛选　　D．不用任何操作

7. 公式“=MAX(B1:B5)”的作用是（　　）。

A．求 B1 到 B5 这 5 个单元格数据的和

B．求 B1 到 B5 这 5 个单元格数据的最大值

C．求 B1 和 B5 这两个单元格数据的最大值

D．以上说法都不对

8. 在 Excel 中，函数 SUMIF(B1:B10，“>60”)的返回值是（　　）。

A．10

B．统计 B1:B10 这 10 个单元格中大于 60 的数据个数

C．将 B1:B10 这 10 个单元格中大于 60 的数据求和

D．不能执行

二、操作题

新建工作簿“学生成绩表.xlsx”，在工作表 Sheet1 中输入图 5.58 所示的内容，按下列要求进行设置。

	A	B	C	D	E	F	G	H	I	J
1	学号	姓名	性别	语文	数学	英语	物理	化学	生物	总分
2	20210101	李云娜	女	103	105	89	87	94	78	
3	20210102	张玉红	女	88.5	92	99.5	92	86	85	
4	20210103	皮海波	男	95.5	108	116	96	97	86	
5	20210104	王玲玲	女	91.5	120	98.5	88	96	94	
6	20210105	隋婷	女	97	85	94	88	82	83	
7	20210106	郭世嘉	男	98	96	103	93	88	75	
8	20210107	董大庆	男	89	90	95	89.5	91	83	
9	20210108	王爱珍	女	96	105	92	86	89	92	
10	20210109	龚丽丽	女	104.5	115	107	92	95	76	
11	20210110	刘辉	男	110	103	99	93	98	81	
12	20210111	赵庆敏	女	89	106	85	96	97	83	
13	20210112	苏莹莹	女	99.5	111	98	95	88	88	

图 5.58　学生成绩表

（1）将各列（或字段）标题设置为黑体 12 号，所有数据在单元格水平居中显示。

（2）利用公式计算“总分”字段，总分为各科成绩的总和。要求所有数值数据保留 1 位小数。

（3）为数据列表设置套用表格样式，要求样式中四周有边框，偶数行有底纹。

（4）在数据列表最右侧增加新列，列名为“综合成绩”。根据“总分”字段评定“综合成绩”，具体要求如下。

总分	综合成绩
>=500	及格
>=550	良好
>=570	优秀

（5）根据“性别”字段，对各科成绩及总分进行平均值分类汇总。

（6）在分类汇总结果的基础上，创建一个嵌入式二维簇状柱形图，图表用来比较男女生各科的成绩，设置图表标题为“男女学生成绩比较”。

第6章

PowerPoint 2016 基础

PowerPoint 2016 是 Microsoft 公司 Office 2016 系列办公组件中的演示文稿制作软件。利用它能制作出包含文字、图形、图像、声音及视频剪辑等多元素的演示文稿，用于辅助教学、学术交流、广告宣传、产品发布和工作报告等。PowerPoint 2016 的界面简洁、简单易学，通过 PowerPoint 2016 提供的智能向导以及丰富的模板，可以很容易地制作出具有专业水平的演示文稿。

本章任务是通过学习 PowerPoint 2016 制作演示文稿的基本方法，完成涵盖幻灯片的基本操作、幻灯片的主题和背景设置、幻灯片母版的应用、合并演示文稿及导入 Word 文档建立演示文稿等知识点的演示文稿编辑任务。

6.1 PowerPoint 2016 概述

6.1.1 PowerPoint 2016 的工作界面

PowerPoint 2016 窗口主要用于编辑幻灯片的总体结构，既可以编辑单张幻灯片，也可以编辑大纲。PowerPoint 2016 窗口的功能区域划分如图 6.1 所示。下面对各区域做简要介绍。

1. 快速访问工具栏

快速访问工具栏位于窗口顶部标题栏的左边或者功能区下方，始终保持在窗口的最前端。其中默认有“保存”“撤消”“重复”3 个常用的命令按钮，可以通过单击快速访问工具栏右侧的“自定义快速访问工具栏”命令按钮，在其中添加或删除常用的命令。

2. 标题栏

标题栏位于窗口的顶部，其左边显示的是应用软件名和当前的演示文稿名。如果还没有保存演示文稿且未命名，标题栏显示的是通用的默认名（如“演示文稿 1”）。其右边是“功能区显示选项”、“最小化”按钮、“还原 / 最大化”按钮和“关闭”按钮，“功能区显示选项”列表中包括“自动隐藏功能区”“显示选项卡”“显示选项卡和命令”3 个选项，可用来调整功能区的显示方式。

图 6.1　PowerPoint 2016 窗口

3．功能区

设计制作幻灯片时需要用到的命令均位于功能区的各个选项卡中。功能区主要包括“文件”选项卡、“开始”选项卡、“插入”选项卡、“设计”选项卡、“切换”选项卡、“动画”选项卡、“幻灯片放映”选项卡、“审阅”选项卡、“视图”选项卡、“帮助”选项卡和上下文选项卡。Office 2016 提供了屏幕提示功能，将鼠标放置于功能区的某个命令按钮上，即可显示其有关操作信息，包括名称、组合键和功能介绍等内容。

4．登录与共享

PowerPoint 2016 增加了登录账户功能，可以将本地的演示文稿上传到 OneDrive 云保存，方便在其他设备上访问使用。单击“共享”按钮，可以将保存到云端的演示文稿的链接发送给他人，分享演示文稿。

5．编辑区

编辑区用来显示正在编辑的演示文稿。

- **“幻灯片窗格”**：以大视图的形式显示当前幻灯片，并可以直接对幻灯片进行编辑。
- **“占位符”**：一种带有虚线或阴影线边缘的框，可以在其中输入文本或插入图片、图表和其他对象。
- **“视图窗格”**：演示文稿中包含的幻灯片以缩略图的形式显示，可方便地遍历演示文稿。
- **“备注窗格”**：位于幻灯片窗格的下方，可以输入与当前幻灯片内容相关的备注。通常用于为幻灯片添加注释说明，如幻灯片的内容摘要等。可以将备注分发给观众，也可以在播放演示文稿时查看演示者视图中的备注。

6．状态栏

状态栏位于窗口的底端，用来显示正在编辑的演示文稿的相关信息。状态栏左端显示演示文稿的相关信息，所包含的幻灯片的总张数、当前幻灯片张数等。状态栏右端为备注按钮、批注按钮、视图按钮和缩放比例按钮。状态栏最右侧的按钮，可以使幻灯片显示比例自动适应当前窗口的大小。

7．视图按钮

视图按钮对应“普通视图”“幻灯片浏览”“阅读视图”“幻灯片放映”4 种模式，单击可切换显示模式。

- **“普通视图”**按钮 ：切换到普通视图，可以同时显示幻灯片、幻灯片缩略图及备注，该视图是主要的编辑视图。
- **“幻灯片浏览”**按钮 ：切换到“幻灯片浏览”视图，显示演示文稿中所有幻灯片的缩略图、完整的文本和图片。在“幻灯片浏览”视图中，可以重新排列幻灯片顺序、添加切换效果、设置幻灯片放映时间。但与其他视图不同的是，在该视图中，不能编辑幻灯片的具体内容。
- **“阅读视图”**按钮 ：非全屏模式下放映幻灯片，便于查看。
- **“幻灯片放映”**按钮 ：运行幻灯片放映。如果在“普通视图”中单击该按钮，即从当前幻灯片开始放映；如果在“幻灯片浏览”视图中单击该按钮，则从所选幻灯片开始放映。

8．缩放滑块

左右拖动缩放滑块或者单击滑块左右两侧的加减号可以调整正在编辑的幻灯片的显示比例，以便灵活地控制幻灯片的可视范围。

6.1.2 演示文稿的视图模式

PowerPoint 2016 主要提供了两类视图，分别是演示文稿视图和母版视图。其中，演示文稿视图又包括 5 种视图，即普通视图、大纲视图、幻灯片浏览、备注页和阅读视图；母版视图又包括 3 种视图，即幻灯片母版、讲义母版和备注母版。

下面简要介绍每种视图的主要作用。

1．普通视图

普通视图是 PowerPoint 2016 的默认视图模式，也是主要的编辑视图。在该视图下可创建演示文稿、设计幻灯片的总体结构，对每张幻灯片的内容进行编辑和排版。通常认为该视图有 4 个工作区域：“视图”窗格/“大纲”窗格、“幻灯片”窗格和“备注”窗格，如图 6.2 所示。

图 6.2　普通视图

在该视图中，可以显示整张幻灯片。如果要显示其他幻灯片，可以直接拖动垂直滚动条上的滚动块，系统会提示切换的幻灯片编号和标题。当已经切换到需要的幻灯片时，松开鼠标即可显示该幻灯片。下面分别介绍普通视图的各组成部分。

（1）“视图”窗格。

一般情况下，窗口左侧显示视图窗格。视图窗格中列出了当前演示文稿中所有幻灯片的缩略图。使用幻灯片缩略图能方便地遍历演示文稿，并可以直接观看任何设计更改的效果。在这里还可以轻松地重新排列、添加或删除幻灯片。

（2）“大纲”窗格。

窗口左侧还可以设置显示为大纲窗格，如图 6.3 所示。在大纲窗格中可以方便地输入演示文稿要介绍的一系列主题，系统将根据这些主题自动生成相应的幻灯片，且把主题自动设置为幻灯片的标题。在这里，可对幻灯片进行简单的操作（如选择、移动和复制幻灯

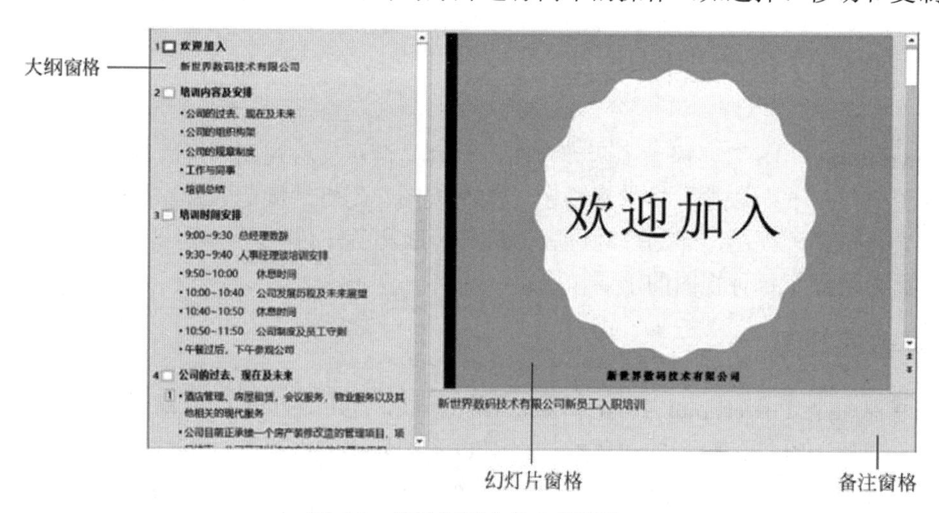

图 6.3　普通视图中的大纲窗格

片）和编辑（如添加标题）。该窗格按幻灯片编号由小到大的顺序和幻灯片内容的层次关系，显示演示文稿中的全部幻灯片的编号、图标、标题和主要的文本信息，因此大纲视图最适合编辑演示文稿的文本内容。

2．大纲视图

单击“视图”→“演示文稿视图”→“大纲视图”命令按钮，可将演示文稿切换到幻灯片大纲模式的显示方式。在此可以看到整个版面中各张幻灯片的主要内容，也可以直接在上面进行排版与编辑，插入新的大纲文件内容，如图 6.4 所示。大纲视图中仅显示幻灯片的标题和主要的文本信息，不显示图形、图像、图表以及文本框等对象，从而可以方便查看整个演示文稿的组织结构和主要构想。

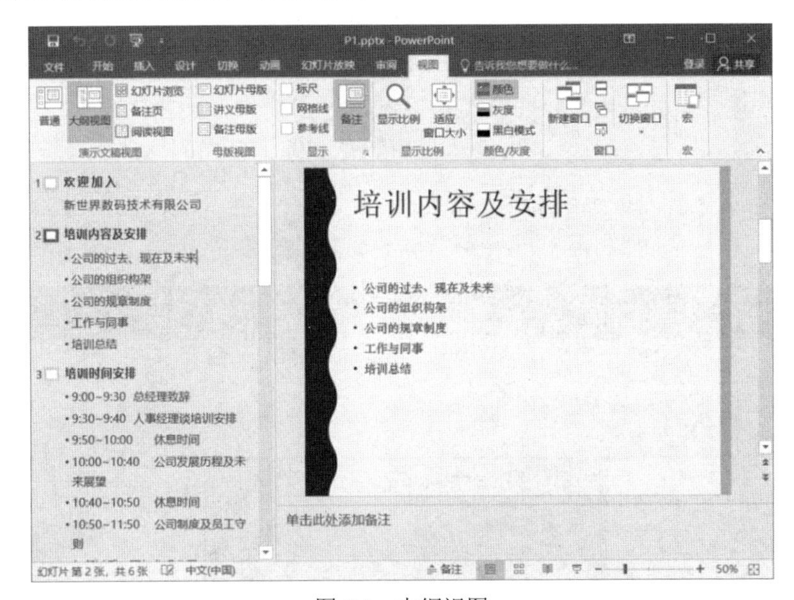

图 6.4　大纲视图

3．幻灯片浏览

单击窗口视图按钮中的“幻灯片浏览”按钮，可将演示文稿切换到幻灯片浏览模式的显示方式。此时，演示文稿中的幻灯片以缩略图方式整齐地显示在同一个窗口中，可以集中调整演示文稿的整体显示效果，如图 6.5 所示。

在幻灯片浏览视图中，各个幻灯片按次序排列，可以显示整个演示文稿的内容，浏览各幻灯片及其相对位置。同在其他视图中一样，在该视图中，也可以对演示文稿进行编辑，包括改变幻灯片的背景设计和配色方案、重新排列幻灯片、添加或删除幻灯片、复制幻灯片及制作现有幻灯片的副本。但与其他视图不同的是，在该视图中，不能编辑幻灯片的具体内容，类似的工作只能在普通视图中进行。

4．备注页

备注是用户对幻灯片的解释和补充说明，如果要以整页格式查看和使用备注，可以单击“视图”→“演示文稿视图”→“备注页”命令按钮，如图 6.6 所示。使用该视图输入备注时更为方便。需要注意的是，在播放幻灯片时，并不显示备注页的内容。

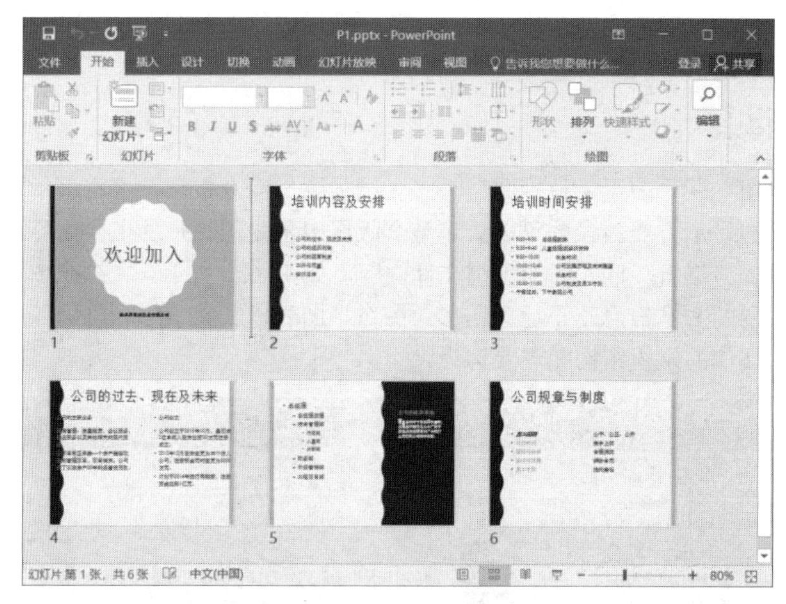

图 6.5　幻灯片浏览视图

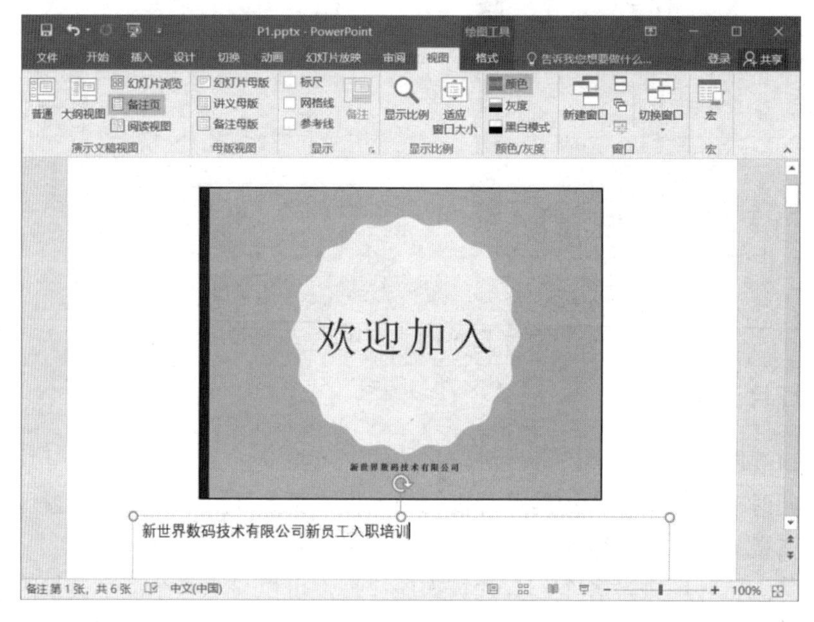

图 6.6　备注页视图

5．阅读视图

如果希望在一个设有简单控件以方便审阅的窗口中查看演示文稿，而不想使用全屏的幻灯片放映视图，可以使用阅读视图，如图 6.7 所示。如果要更改演示文稿，可随时通过状态栏的视图按钮从阅读视图切换至其他视图。

6. 演示者视图

演示者视图可以在放映演示文稿时，仅在计算机上显示幻灯片的备注内容，而不在其他监视器（如投影大屏幕）上显示备注。演示者视图是一种隐藏的视图。在幻灯片放映状态下，屏幕左下角将会显示一排工具，包括笔、橡皮擦、放大镜等图标，最后的 3 个点的图标中包含“显示演示者视图”命令，单击该命令或者在幻灯片放映状态下右击，在弹出的快捷菜单中单击“显示演示者视图”命令，即可打开该视图模式。

图 6.7　阅读视图

演示者视图的左侧为当前幻灯片的放映窗口，右上方为下一张幻灯片的预览窗口，下方为用于提示的备注页内容，如图 6.8 所示。

图 6.8　演示者视图

7. 母版视图

母版视图包括幻灯片母版、讲义母版和备注母版。它们是存储演示文稿信息的主要幻灯片，其中包括背景、颜色、字体、效果、占位符大小和位置。使用母版视图的一个主要优点是，在幻灯片母版、备注母版或讲义母版上，可以对与演示文稿关联的每个幻灯片、备注页或讲义的样式进行全局更改。

每种视图都包含特定的工作区、按钮和工具栏等组件。每种视图都有自己特定的显示方式和加工特色，并且在一种视图中对演示文稿的修改和加工会自动反映在该演示文稿的其他视图中。

一般情况下，打开 PowerPoint 2016 时会显示普通视图，可以根据需要指定 PowerPoint 在打开时显示另一个视图作为默认视图。方法是单击“文件”→“选项”命令按钮，在打开的“PowerPoint 选项”对话框中选择“高级”选项卡；在“显示”选项组的“用此视图打开全部文档”下拉列表框中选择要设置为新默认视图的视图，如图 6.9 所示，然后单击“确定”按钮。

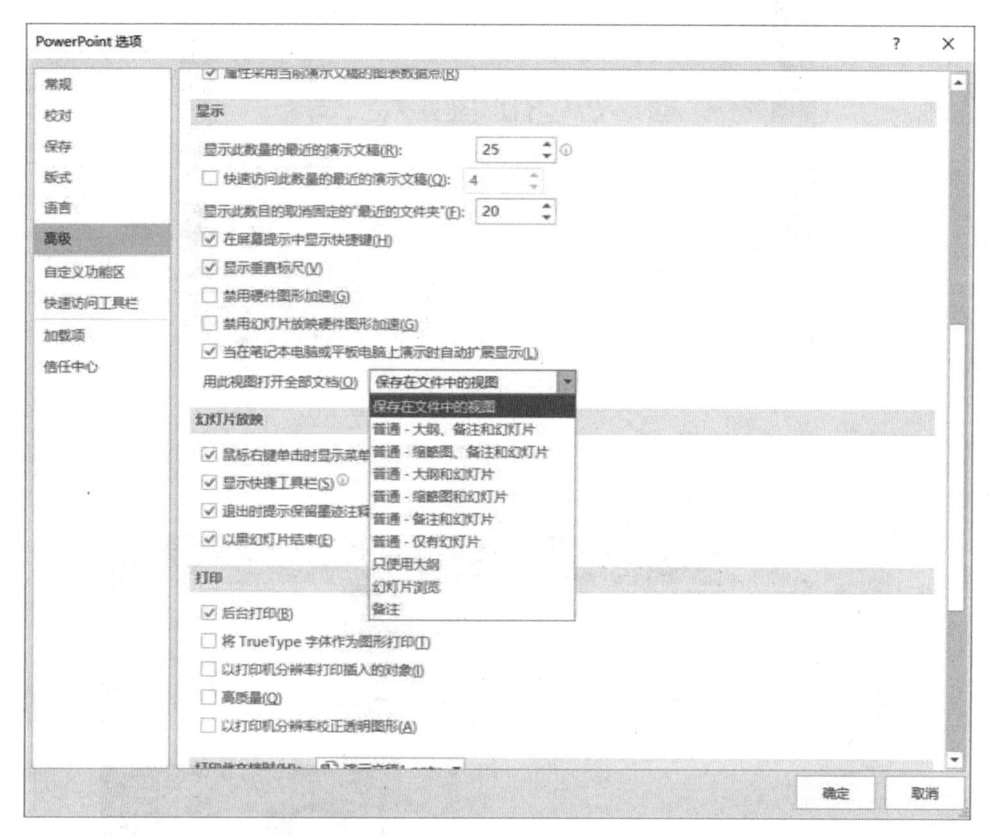

图 6.9　PowerPoint 默认视图方式设置

6.2　演示文稿的基本操作

6.2.1　新建演示文稿

PowerPoint 2016 提供了创建演示文稿的方法，可以新建空白演示文稿，再添加文本、表格、图表等其他对象，也可以使用设计模板或根据现有内容新建演示文稿来创建演示文稿，在创建的时候就可以为演示文稿确定背景、配色、方案、幻灯片放映形式等。无论哪一种方法，在演示文稿创建之后都可以随时进行编辑和修改。创建演示文稿的方法如下。

（1）空白演示文稿：选择该选项后，可以从一个空白演示文稿开始建立幻灯片。

（2）演示文稿模板：通过选择一种与需求相似的模板来确定演示文稿的样式，再通过对其进行修改和编辑来丰富演示文稿的内容。

下面详细介绍上述演示文稿创建的具体操作过程。

1．新建空白演示文稿

打开 PowerPoint 2016，会自动创建一个新的空白演示文稿，默认的文件名是“演示文稿 1”，其中包含一张空白的标题幻灯片等待编辑。

如果在 PowerPoint 2016 环境下，想要另外建立一个新的空白演示文稿，则需要单击“文件”→“新建”命令按钮，进入图 6.10 所示的演示文稿创建界面。单击“空白演示文稿”选项，即可新建一个空白的演示文稿。

图 6.10　演示文稿创建界面

2．使用模板创建演示文稿

使用 PowerPoint 2016 创建演示文稿时，可通过使用模板功能快速地美化和统一每张幻灯片的风格。PowerPoint 2016 提供了许多主题模板和样本模板。其中，主题模板创建演示文稿的结构方案，包括色彩搭配、背景对象、文本格式和版式等，以便在输入演示文稿内容时就能看到其设计方案。而样本模板除了提供设计方案外，还提供了主题模板没有提供的实际内容。使用样本模板创建的演示文稿会自动包含多张幻灯片，并且包含建议的文本内容。可见使用样本模板创建演示文稿比使用主题模板创建演示文稿更简单。

无论是使用主题模板还是使用样本模板设计幻灯片，首先都应单击“文件”→“新建”

命令进入演示文稿创建界面，展开图 6.11 所示的丰富的模板缩略图。选择任一模板后，通过单击前进和后退箭头预览幻灯片，在找到所需模板时单击“创建”按钮，系统便自动生成一份包含多张幻灯片的演示文稿。

图 6.11　可用的主题

若演示文稿创建界面上列出的模板不满足需求，也可以在“搜索联机模板和主题”框中输入模板关键字或短语，按 Enter 键打开相应的模板和主题库进行选择，如图 6.12 所示。选中某一模板后，就可以建立新的演示文稿并应用该主题设计幻灯片。

图 6.12　可用的模板

根据需要，可以在生成的演示文稿中插入各种对象，如文本、图片和表格等，也可以删除某些不需要的幻灯片或插入新的幻灯片。还可以创建、存储、重复使用以及与他人共享自己的自定义模板。

6.2.2 插入和删除幻灯片

新建演示文稿后，就可以在“幻灯片浏览”视图中查看幻灯片的布局，检查前后幻灯片是否符合逻辑，对幻灯片进行调整管理，使之具有条理性。

1. 选择幻灯片

在普通视图的“视图”窗格中，显示了幻灯片的缩略图。此时，单击幻灯片的缩略图，即可选中该幻灯片。被选中的幻灯片的边框显示为橙红色。例如，在“视图”窗格中单击选中第 2 张幻灯片，如图 6.13 所示。

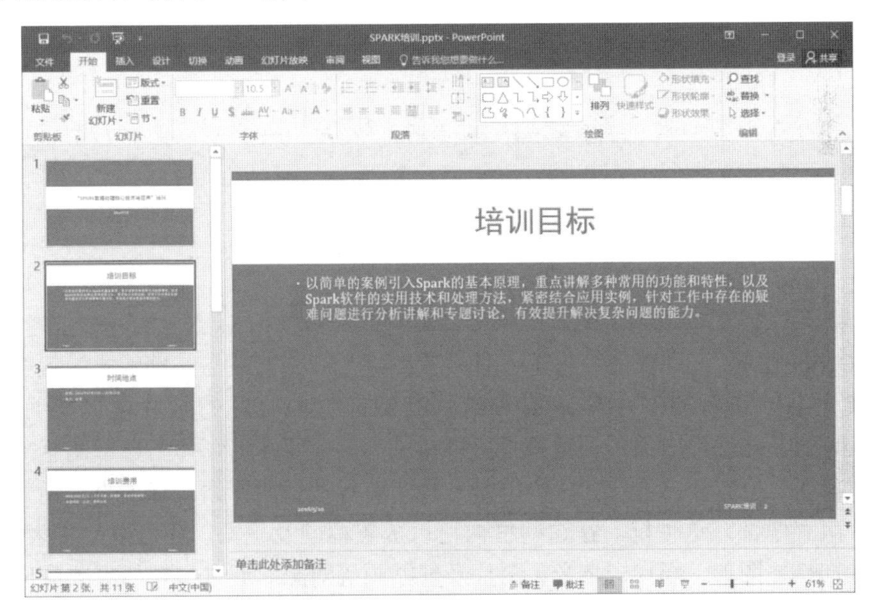

图 6.13 在视图窗格中选择幻灯片

（1）如果要选择一组连续的幻灯片，可以在视图窗格中先单击第 1 张幻灯片的缩略图，然后在按住 Shift 键的同时，单击最后一张幻灯片的缩略图，将这一组连续的幻灯片全部选中。

（2）如果要选择多张不连续的幻灯片，则可在按住 Ctrl 键的同时，分别单击需要选择的幻灯片缩略图。

2. 插入幻灯片

在普通视图中插入默认版式的新幻灯片，具体操作步骤如下。

（1）在视图窗格中选择要插入新幻灯片位置之前的幻灯片。例如，要在第 2 张和第 3 张幻灯片之间插入新幻灯片，则先选中第 2 张幻灯片。

（2）单击“开始”→“幻灯片”→“新建幻灯片”下拉按钮，在弹出的列表中选择要新建的幻灯片版式；或右击，在弹出的快捷菜单中单击“新建幻灯片”命令。

如果想要更精准地插入幻灯片，则需要展开“新建幻灯片”列表，如图 6.14 所示，下面详细介绍该列表。

图 6.14 “新建幻灯片”列表

- **“Office 主题”**：列表中给出了各种内置幻灯片版式，单击某种版式，就会应用该版式建立一张新的幻灯片。版式指的是幻灯片内容在幻灯片上的排列方式，是 PowerPoint 软件中的一种常规排版的格式，包含要在幻灯片上显示的全部内容的格式设置、位置和占位符。占位符是一种带有虚线或阴影线边缘的框，绝大部分幻灯片版式中都有这种框。在这些框内可以放置标题及正文，还可以放置表格、图表、SmartArt 图形、影片、声音、图片及剪贴画等对象。通过幻灯片版式的应用可以对上述对象实现更加合理、简洁的布局。
- **“复制选定幻灯片”**：如果事先在幻灯片视图窗格列表中选中第 2 张幻灯片，然后单击图 6.14 中的“复制选定幻灯片”命令，就会在第 2 张幻灯片后生成一张与第 2 张幻灯片完全一样的幻灯片。
- **“幻灯片（从大纲）”**：单击该命令，就会打开图 6.15 所示的“插入大纲”对话框，如果选择了指定文件类型中的某个文件，就会依据该文件的内容生成若干张幻灯片。普通的文本段落在 PowerPoint 中的表现不太令人满意，若想达到满意的效果，需要事先对文件的文本段落进行格式设置。
- **“重用幻灯片”**：单击该命令会打开“重用幻灯片”任务窗格，浏览并打开指定的演示文稿文件，如图 6.16 所示。在“重用幻灯片”任务窗格的幻灯片列表中单击某张幻灯片，就会把此张幻灯片插入当前编辑的演示文稿中。如果想要插入列表中的所有幻灯片，则需要右击幻灯片列表，在弹出的快捷菜单中单击“插入所有幻灯片”命令完成操作，如图 6.17 所示。

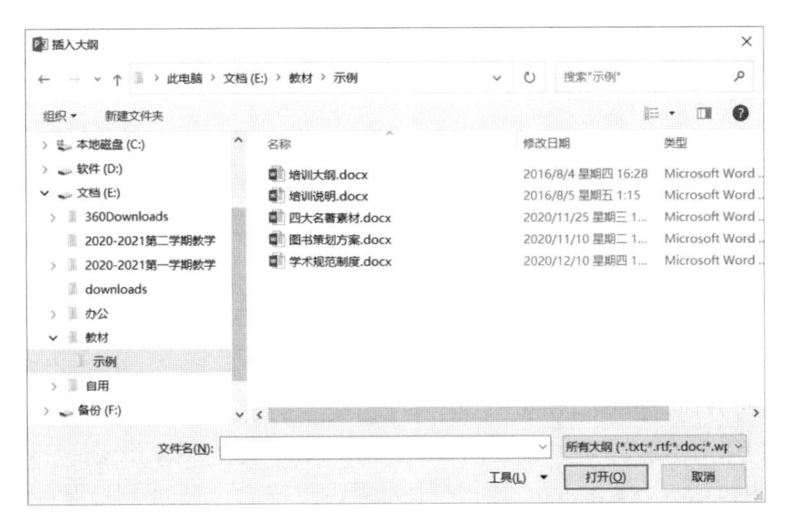

图 6.15 “插入大纲”对话框

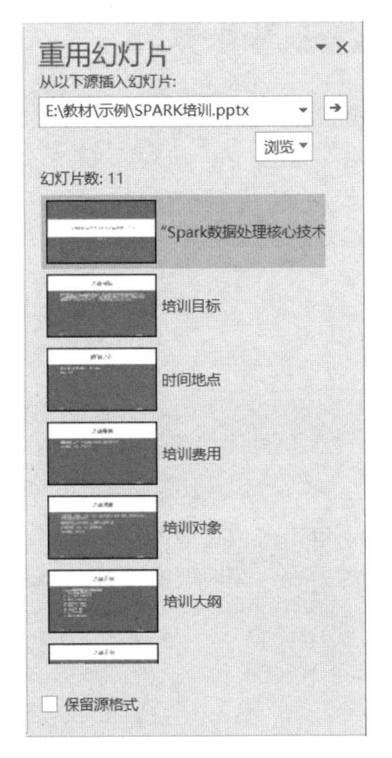

图 6.16 “重用幻灯片”任务窗格

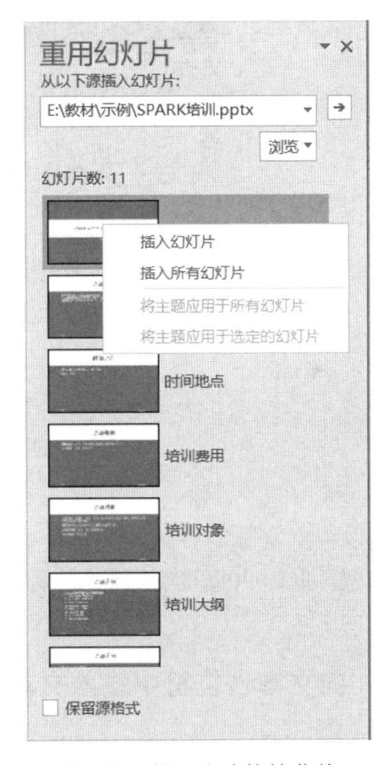

图 6.17 插入方式快捷菜单

3. 删除幻灯片

删除幻灯片的具体操作步骤如下。

（1）在幻灯片视图窗格列表中选择要删除的幻灯片。

（2）单击“开始”→“剪贴板”→“剪切”命令按钮，或右击选定的幻灯片，在弹出的快捷菜单中单击“删除幻灯片”命令，也可以按 Delete 键。

（3）如果要删除多张幻灯片，可重复执行步骤（1）和步骤（2）。或者先选择多张幻灯片后，再执行步骤（2）。

6.2.3 编辑文本

PowerPoint 2016 的普通视图支持同时查看幻灯片、幻灯片缩略图和备注。另外，也可以在幻灯片窗格中添加文本。在幻灯片窗格中添加文本的最简单的方式是直接在占位符中输入文本；如果要在占位符之外添加文本，通常需要使用“插入”→“文本”→“文本框”命令按钮。

在插入幻灯片时，PowerPoint 通常会自动应用上一张幻灯片的版式，用户也可以根据需要在图 6.14 所示的列表中选择适当的版式。如果选择列表中的第一张幻灯片，则默认为标题幻灯片，其中包括两个文本占位符：一个是标题占位符，另一个是副标题占位符，如图 6.18 所示。

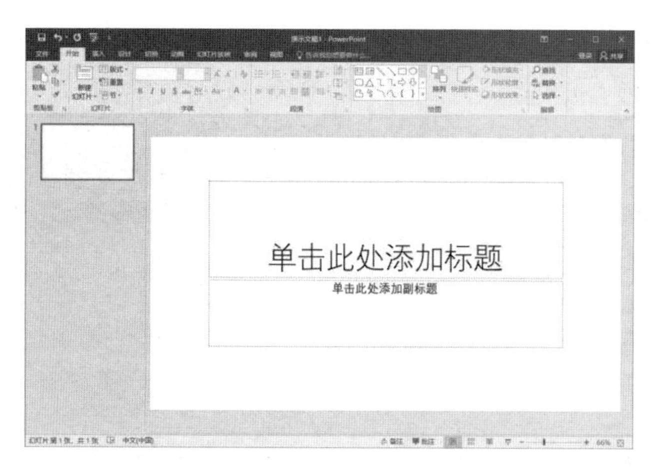

图 6.18　文本占位符

可以根据实际需要输入文本代替占位符中的文本。单击占位符中的任意位置，即可选中文本框，此时占位符的原始示例文本消失，占位符内出现一个闪烁的插入点，表明可以输入文本了。

1．向文本占位符中输入文本

在占位符中输入文本的具体操作步骤如下。

（1）单击占位符中的任意位置，在占位符内出现闪烁的插入点。

（2）输入内容。输入文本时，PowerPoint 会自动将超出占位符的部分转到下一行，或者按 Enter 键开始新的文本行。

（3）输入完毕，单击幻灯片的空白区域，效果如图 6.19 所示。

2．使用文本框输入文本

当需要在幻灯片中的其他位置添加文本时，可以单击“插入”→“文本”→“文本框”命令按钮来完成。为幻灯片添加文本的具体操作步骤如下。

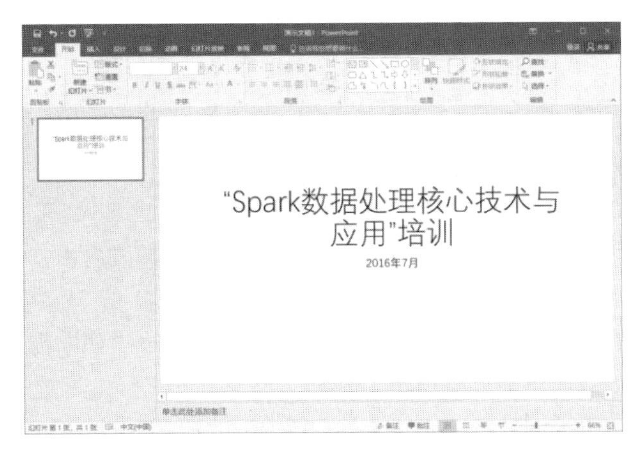

图 6.19　在占位符中输入文本

（1）单击“插入”→“文本”→“文本框”命令按钮，根据需要选择“横排文本框”或“竖排文本框”。

（2）若要添加不自动换行的文本，则在要添加文本的位置单击并输入。如果要添加自动换行的文本，则需要在要添加文本的位置拖动鼠标限定范围，此时在文本框中会出现一个闪烁的插入点，表明可以输入文本了。输入完毕，单击文本框之外的任意地方退出文本编辑状态。

3．文本的编辑

在幻灯片中输入文本之后，可以对文本做进一步修改和编辑，包括文本的选定、移动、复制、删除、文字格式的设置、段落格式的设置等。其基本修改方法与 Word 中的操作方法相似，这里不再介绍，可以参考本书中 Word 的有关章节内容。

这里介绍 PowerPoint 2016 中自带的“替换字体”功能。通过此功能可以批量将演示文稿中使用的某种字体统一替换为另一种字体。具体操作步骤如下：打开幻灯片，单击“开始”→“编辑”→“替换”下拉按钮，在弹出的列表中单击“替换字体”命令，打开“替换字体”对话框，在“替换”下拉列表框中选择需要替换的字体，在“替换为”下拉列表框中选择需要的字体，如图 6.20 所示。

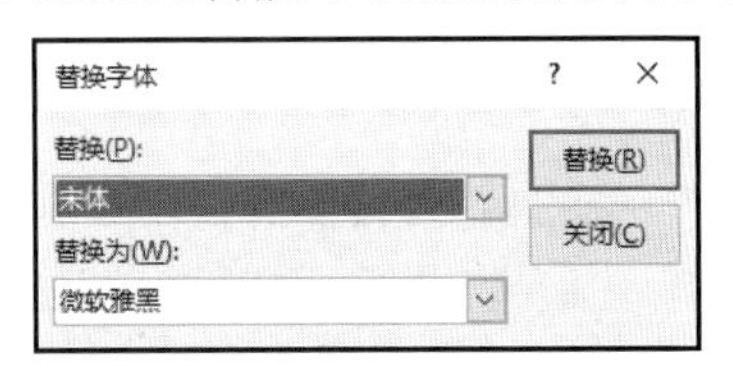

图 6.20　“替换字体”对话框

6.2.4　复制和移动幻灯片

1．复制幻灯片

如果要将幻灯片复制到任意位置，可以在幻灯片浏览视图中，使用“开始”选项卡中的“复制”命令按钮与“粘贴”命令按钮，具体操作步骤如下。

（1）选中要复制的幻灯片。

（2）单击“开始”→“剪贴板”→“复制”命令按钮。

（3）将插入点置于想要插入幻灯片的位置，然后单击“粘贴”命令按钮。

注意：上述操作，可结合右键快捷菜单中的“复制”“粘贴”命令完成，或使用 Ctrl+C、

Ctrl+V 组合键。

2. 移动幻灯片

移动幻灯片的具体操作步骤如下。

（1）选择要移动的幻灯片。

（2）单击“开始”→“剪贴板”→“剪切”命令按钮，或右击，在弹出的快捷菜单中单击“剪切”命令。

（3）在幻灯片的目标位置处单击，然后单击“开始”→“剪贴板”→“粘贴”命令按钮，或右击，在弹出的快捷菜单中单击“粘贴”命令。

（4）如果要移动多张幻灯片，则重复执行步骤（1）～（3）。

注意：上述操作，可结合右键快捷菜单中的“剪切”“粘贴”命令完成，或使用 Ctrl+X、Ctrl+V 组合键。如果需要同时移动、复制或删除多张幻灯片，那么在幻灯片浏览视图中进行操作最为方便。切换到“幻灯片浏览”视图，选择多张幻灯片后，直接拖动鼠标到合适位置，即可完成幻灯片的移动；如果在选择幻灯片后，按住 Ctrl 键的同时拖动，可将幻灯片复制到光标所在位置；如果在选择幻灯片后直接按 Delete 键，则可将幻灯片删除。

6.2.5 使用节

通常，一个演示文稿由多张幻灯片组成，如果想要整理出清晰的脉络和架构，可以使用节功能。添加节可以将整个演示文稿划分成若干个小节来管理。每小节由若干张幻灯片组成。分节管理便于规划文稿结构，修改维护文稿也更加有效率。

假设某个演示文稿有 6 张幻灯片，要将其分为 3 节。第 1 张幻灯片为第 1 节，第 2、3 张幻灯片为第 2 节，其余幻灯片为第 3 节。节名依次为“开始”“安排”“内容”。

1. 添加节

添加节的具体操作步骤如下。

（1）打开演示文稿，切换到普通视图。

（2）在视图窗格中，将光标定位到第 1 张幻灯片上方，或者选择第 1 张幻灯片，然后单击“开始”→“幻灯片”→“节”下拉按钮，在弹出的列表中单击“新增节”命令添加一个“无标题节”，如图 6.21 所示。

（3）接着将光标定位到第 2 节起始的第 2 张幻灯片上方，或者右击第 2 张幻灯片，在弹出的快捷菜单中单击“新增节”命令添加一个“无标题节”，如图 6.22 所示。

（4）用同样的方法，将光标定位到第 4 张幻灯片上方，或者选择第 4 张幻灯片，添加第 3 节。

2. 重命名节

重命名节的具体操作步骤如下。

（1）定位到第 1 节，单击“开始”→“幻灯片”→“节”→“重命名节”命令按钮，如图 6.23 所示。在打开的“重命名节”对话框中将节名称设为“开始”，单击“重命名”

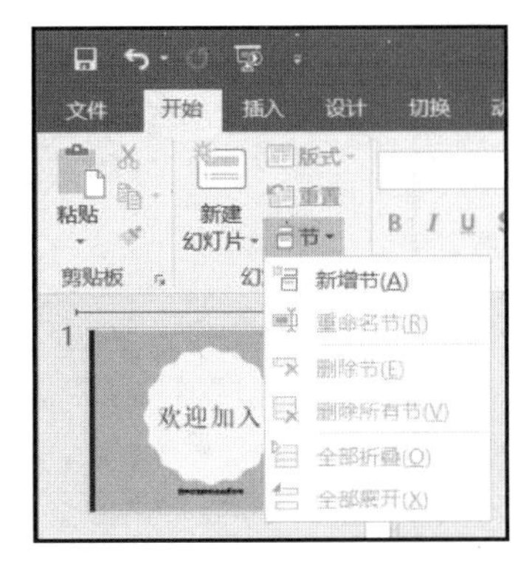

图 6.21 “新增节”命令

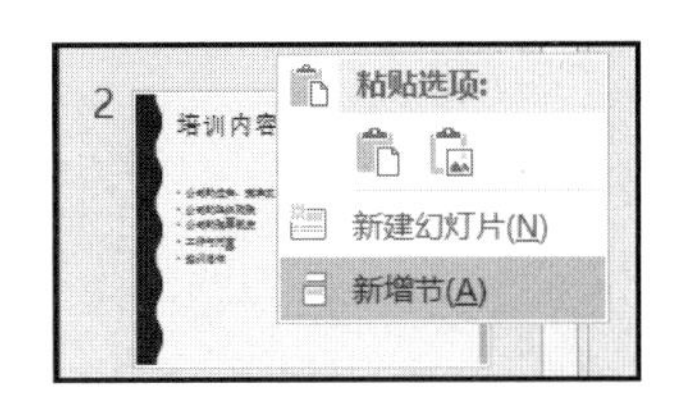

图 6.22 快捷菜单中的“新增节”命令

按钮，如图 6.24 所示。

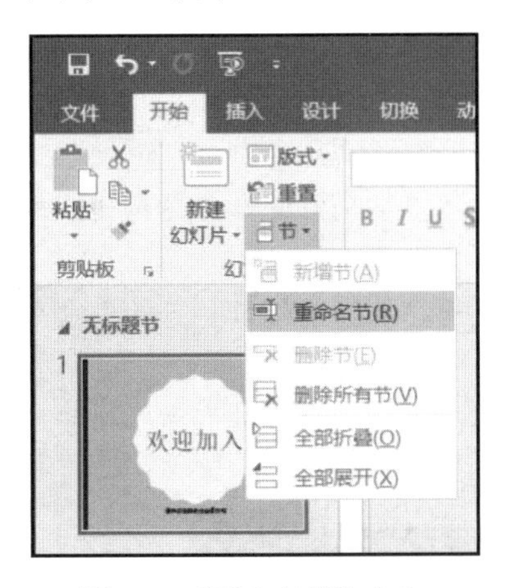

图 6.23 “重命名节”命令

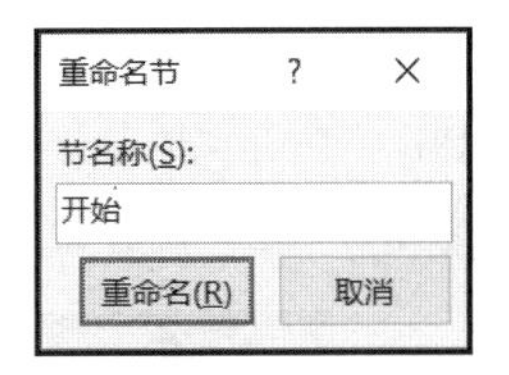

图 6.24 “重命名节”对话框

（2）定位到第 2 节，右击“无标题节”，在弹出的快捷菜单中单击“重命名节”命令按钮，如图 6.25 所示。在打开的“重命名节”对话框的“节名称”文本框中输入节名“安排”，单击“重命名”按钮。

（3）用同样的方法，将第 3 节重命名为“内容”。

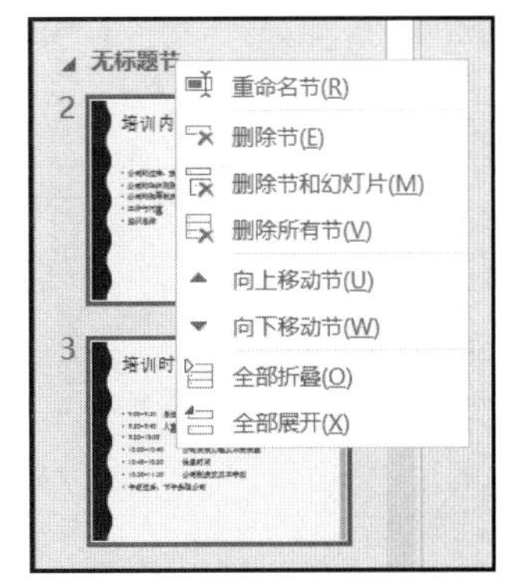

图 6.25 快捷菜单中的“重命名节”命令

3．移动节

右击节名，在弹出的快捷菜单中单击“向上移动节”命令或“向下移动节”命令。

4．删除节

右击节名，可看到弹出的快捷菜单中包含 3 个删除节的命令，如图 6.26 所示。若单击“删除节”命令，将删除当前所选节；若单击“删除节和幻灯片”命令，将删除当前所选节及此节包含的幻灯片；若单击“删除所有节”命令按钮，将删除演示文稿中添加的所有节。

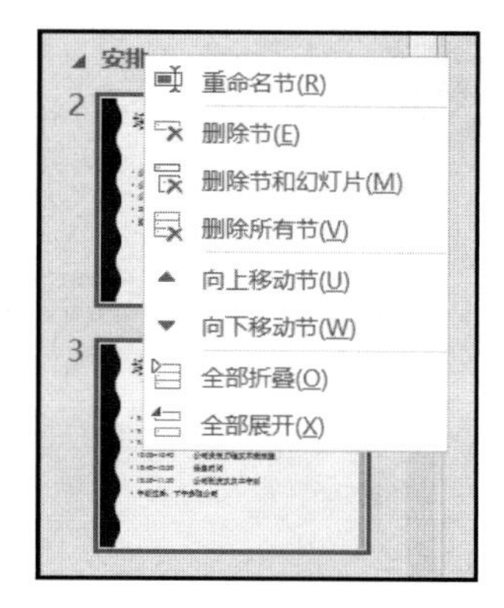

图 6.26　快捷菜单中的节命令

6.2.6　放映幻灯片

1．幻灯片放映方法

（1）单击“幻灯片放映”→“开始放映幻灯片”→“从头开始”命令按钮，或直接按 F5 键，即可从头放映幻灯片。

（2）单击“幻灯片放映”→“开始放映幻灯片”→“从当前幻灯片开始”命令按钮，即可从当前幻灯片开始放映。

（3）在 PowerPoint 窗口状态栏的视图按钮中，单击“幻灯片放映”命令按钮，即可从当前幻灯片开始放映，如图 6.27 所示。

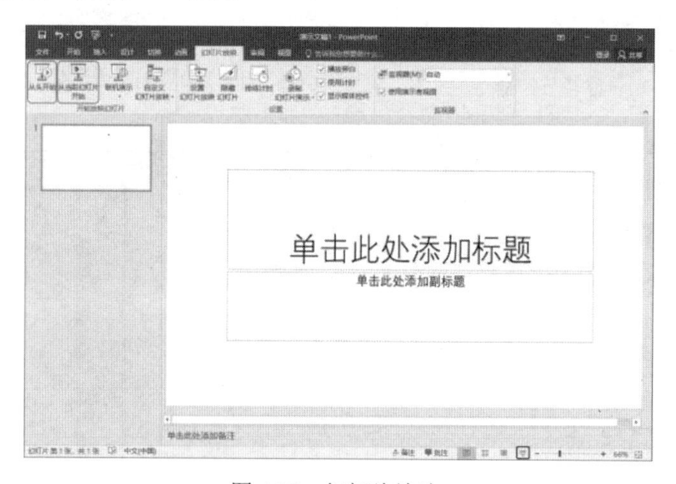

图 6.27　幻灯片放映

2．幻灯片自定义放映

PowerPoint 2016 中的“自定义放映”功能可以实现面向不同观众放映同一个演示文稿中的不同内容的操作。具体操作步骤如下。

（1）打开演示文稿文件，单击“幻灯片放映”→“开始放映幻灯片”→“自定义幻灯片放映”下拉按钮，在弹出的列表中单击“自定义放映”命令，打开图 6.28 所示的“自定义放映”对话框。

图 6.28 “自定义放映”对话框

（2）单击“新建”按钮，打开图 6.29 所示的“定义自定义放映”对话框。左侧列表框中显示了当前演示文稿中的幻灯片，选择幻灯片后，单击“添加”按钮，将其添加到右侧列表框中。

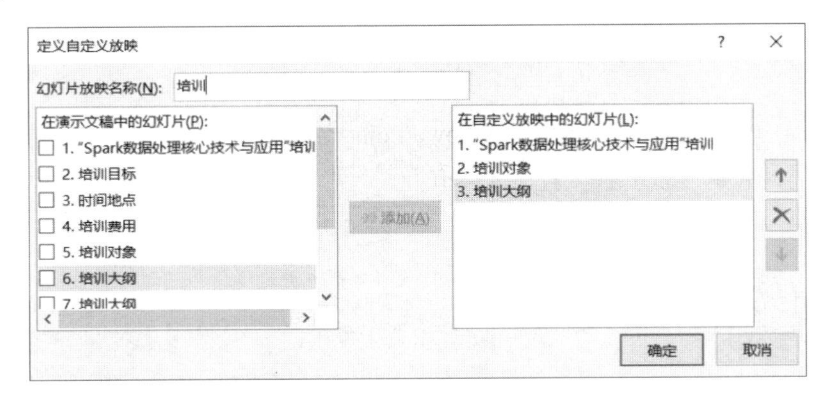

图 6.29 “定义自定义放映”对话框

（3）“定义自定义放映”对话框右侧列表框中的所有幻灯片构成了自定义放映的幻灯片序列，可通过单击其右侧的↑或↓按钮，调整幻灯片放映顺序。设置幻灯片放映名称后，单击“确定”按钮返回“自定义放映”对话框。

（4）在“自定义放映”对话框中选择放映名称后，单击“放映”按钮实现自定义放映。

3. 设置幻灯片放映方式

设置幻灯片放映方式的步骤如下。

（1）单击“幻灯片放映”→“设置”→“设置幻灯片放映”命令按钮，打开图 6.30 所示的“设置放映方式”对话框。

（2）在“设置放映方式”对话框中可以选择放映类型、换片方式、选择全部或部分幻灯片放映。放映类型有以下 3 种。

① 演讲者放映。此种放映方式可全屏显示演示文稿中的每张幻灯片，演讲者具有完全的控制权，可以采用人工换片方式。若对排练计时做了设置，也可不使用人工换片方式。

② 观众自行浏览。此种放映方式，会在放映时显示“文件”“开始”“插入”等选项卡和一些命令按钮，可以利用命令按钮控制放映，既可以较小面积显示幻灯片，又可以全屏幕显示幻灯片。

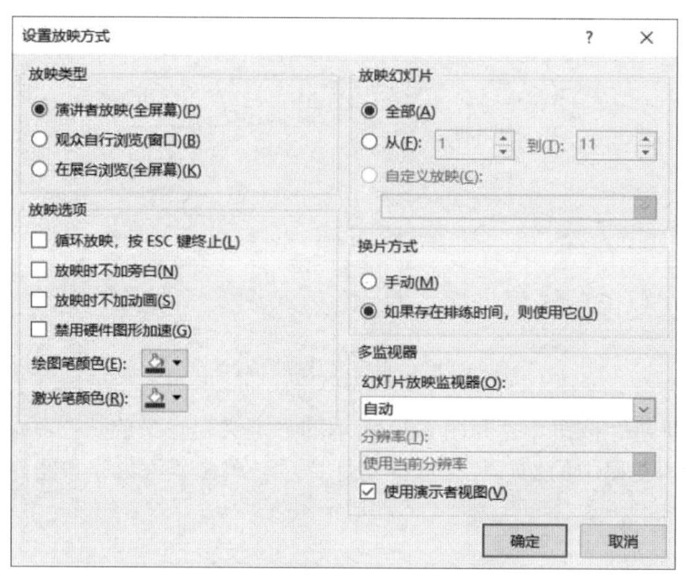

图 6.30　“设置放映方式”对话框

③ 在展台浏览。此种放映方式下，PowerPoint 会自动选中“循环放映，按 ESC 键终止”复选框。此时换片方式可选择“如果存在排练时间，则使用它”，放映时会自动循环放映。

6.2.7　保存演示文稿

创建演示文稿后，应立即为其命名保存。建议在演示文稿编辑过程中经常保存所做的更改。在 PowerPoint 2016 及以上较新版本中，可以将演示文稿保存到本地驱动器、网络位置或云。默认情况下，使用 PowerPoint 2016 编辑的演示文稿的扩展名为.pptx。下面介绍演示文稿保存的几种情况。

1. 对新建演示文稿进行保存

单击快速访问工具栏上的“保存”按钮或单击“文件”→“保存”命令或按 Ctrl+S 组合键，进入图 6.31 所示的演示文稿“另存为”界面。

选择“这台电脑”，可将演示文稿保存到本地驱动器；

选择“OneDrive”，可将演示文稿保存到个人云存储空间；

选择“添加位置”，可将演示文稿轻松保存到云或网络位置。

一般情况，将演示文稿保存到本地驱动器。选择“这台电脑”后，打开“另存为”对话框，如图 6.32 所示。指定保存路径、文件名和保存类型（默认为 PowerPoint 演示文稿），单击“保存”按钮，保存后并不关闭演示文稿的窗口，演示文稿依然处在编辑状态下。

注意：PowerPoint 2016 默认保存的演示文稿类型（*.pptx），只能在 PowerPoint 2007 及以上的 PowerPoint 中打开的，若使用的是早期版本的 PowerPoint，则需要将演示文稿的文件类型保存为“PowerPoint 97-2003 演示文稿（*.ppt）”。

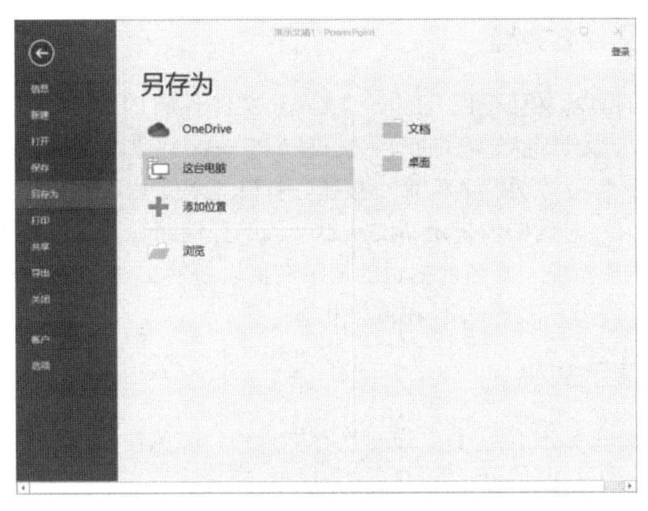

图 6.31 “另存为”界面

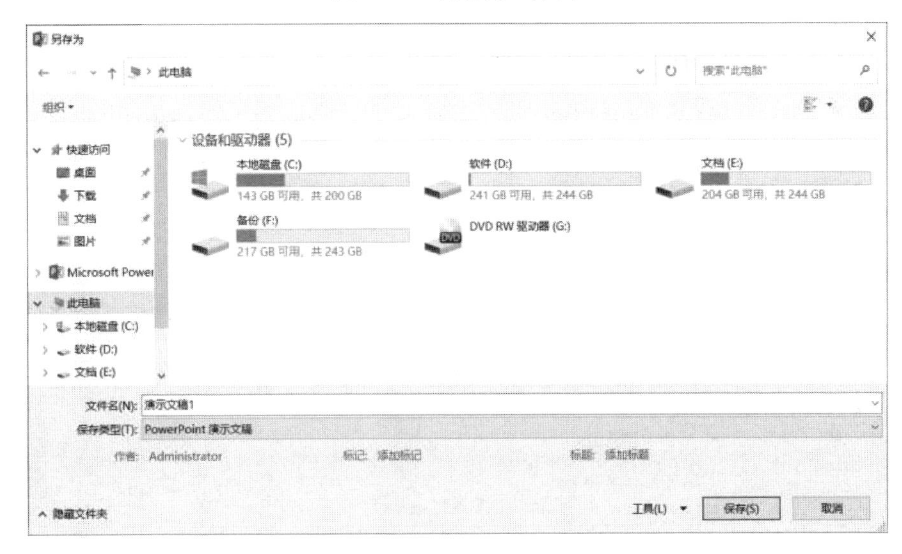

图 6.32 “另存为”对话框

除了可以将编辑的幻灯片保存为演示文稿外，还可以保存为其他类型的文档。PowerPoint 2016 提供了一系列可用作保存类型的文件类型，如演示文稿设计模板（.pot）、网页（.htm）、PowerPoint 放映文件（.pps）、JPEG（.jpg）、可移植文档格式文件（.pdf），甚至是视频或影片等。要保存为其他类型的文档，只需在“另存为”对话框的“保存类型”下拉列表框中选择相应类型。

2. 对原有文档进行保存

如果当前编辑的演示文稿是打开的已有演示文稿，那么单击快速访问工具栏上的“保存”按钮，或单击“文件”→“保存”命令按钮，或按 Ctrl+S 组合键后，演示文稿将在原来的存储位置用原文件名存储，不会出现“另存为”对话框。存储后并不关闭演示文稿的窗口，演示文稿继续处在编辑状态下。

3. 以其他新文件名存盘

如果当前编辑的演示文稿是已有的演示文稿，文件名是 P1.pptx，现在希望既保留原来的演示文稿 P1.pptx，又要将修改后的演示文稿以 P2.pptx 存盘，则操作步骤如下。

（1）单击“文件”→“另存为”命令按钮，打开“另存为”对话框。

（2）在“另存为”对话框内指定新的演示文稿的存储路径和文件名 P2.pptx。

（3）单击“保存”按钮，则当前编辑的演示文稿以新的文件名 P2.pptx 保存到指定的位置。保存后 P1.pptx 关闭，P2.pptx 处在编辑状态。

4. 自动保存演示文稿

建议每隔一段时间（如 10 分钟）做一次存档操作，以免在断电等意外事故发生时未存盘的演示文稿内容丢失。PowerPoint 有自动保存演示文稿的功能，即每隔一定时间就会自动地保存一次演示文稿。默认情况下，每隔 10 分钟自动保存一次文件，可以根据实际情况设置自动保存时间间隔。具体操作步骤如下。

（1）单击“文件”→“选项”命令按钮，打开“PowerPoint 选项”对话框。

（2）选择“保存”选项卡，如图 6.33 所示，选中“保存自动恢复信息时间间隔”复选框，在右边的微调框中输入合适的数值，并单击“确定”按钮完成。

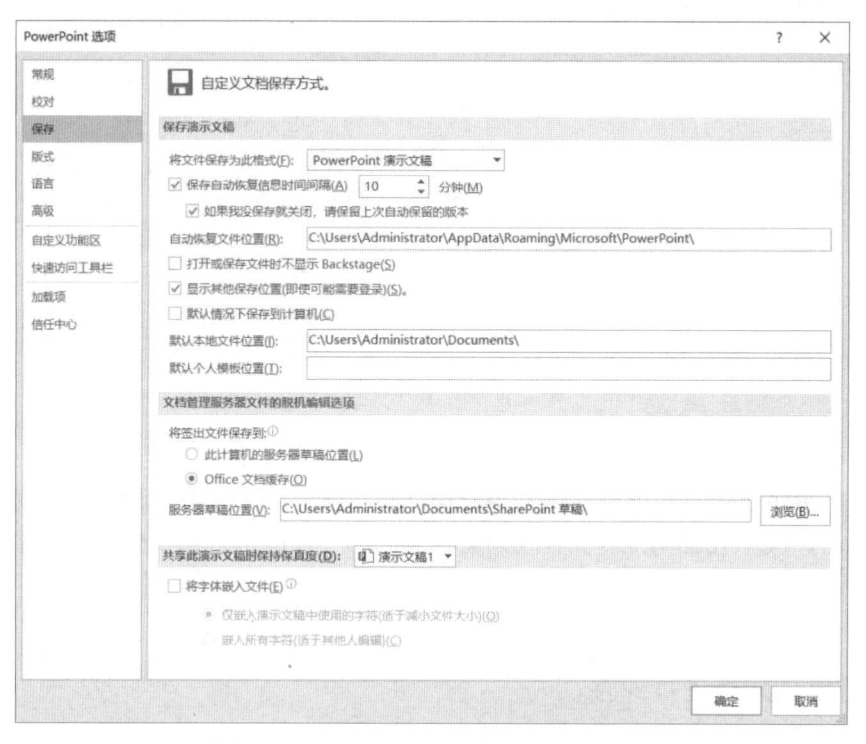

图 6.33　PowerPoint 选项“保存”选项卡

6.2.8 关闭演示文稿

创建并保存演示文稿后，如果不需要继续使用 PowerPoint，那么就可以退出程序。以下方法均可以关闭演示文稿。

（1）单击 PowerPoint 标题栏右上角的“关闭”按钮。

（2）按 Alt+F4 组合键。

（3）单击“文件”→“关闭”命令按钮，关闭当前演示文稿文件，但并不退出 PowerPoint 应用程序。

如果在退出之前没有保存文件，PowerPoint 会打开一个提示框，询问在退出之前是否保存文件。单击“保存”按钮，可保存所有修改；单击“不保存”按钮，则在退出前不保存文件，对文件进行的操作将丢失；单击“取消”按钮，则取消此次退出操作，返回 PowerPoint 操作界面。

6.3　演示文稿的外观设计

6.3.1　使用主题

如果想基于主题模板来设计幻灯片，可以选择“设计”选项卡，再打开主题列表进入主题库，显示所有主题模板，如图 6.34 所示。在主题库中，将鼠标指针移动到某一个主题上，就可以实时预览相应的效果。最后选择某一个主题，就可以将该主题快速应用到整个演示文稿当中。

图 6.34　内置主题

如果对主题效果的某一部分元素不够满意，可以通过颜色、字体或效果进行修改。如果对自己设计的主题效果满意的话，还可以将其保存下来，供以后使用。

1. 更改主题颜色

更改主题颜色的步骤如下。

（1）单击“设计”→“变体”→“颜色”→“自定义颜色...”命令按钮，打开“新建主题颜色”对话框，在确定颜色修改之前，可以在示例中查看文本字体样式和颜色的显示效果，如图 6.35 所示。

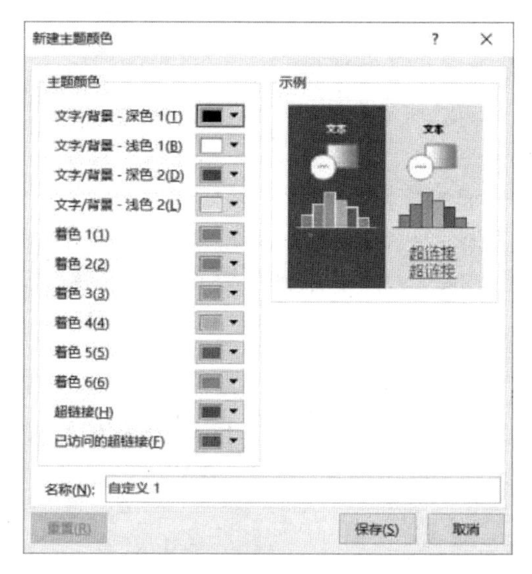

图 6.35 “新建主题颜色”对话框

（2）在“主题颜色”选项组中，单击要更改的主题颜色元素名称旁边的下拉按钮。在弹出的列表中的“标准色”选项组中选择一种颜色，或单击“其他颜色”命令，在打开的“颜色”对话框中的“自定义”选项卡中输入所需的颜色值。

（3）在“名称”文本框中为新主题颜色输入适当的名称，然后单击“保存”按钮。如果要将所有主题颜色恢复为其原始主题颜色，则在保存之前单击“重置”按钮。

2．更改主题字体

可以更改现有主题的标题和正文文本字体，与演示文稿的样式保持一致。更改主题字体的步骤如下。

（1）单击“设计”→“变体”→“字体”→“自定义字体...”命令按钮。

（2）在打开的图 6.36 所示的“新建主题字体”对话框的“标题字体”和“正文字体”

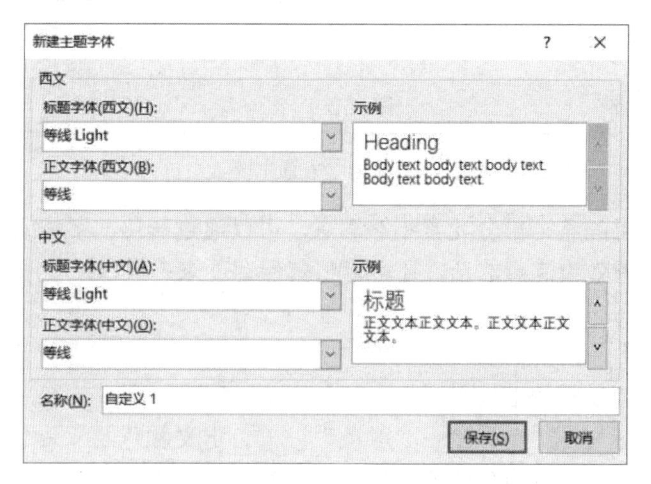

图 6.36 “新建主题字体”对话框

下拉列表框中选择要使用的字体。

（3）在“名称”文本框中为新主题字体输入适当的名称，然后单击“保存”按钮。

3．选择一组主题效果

主题效果是线条与填充效果的组合。可以从不同的效果组合中进行选择，与演示文稿的样式保持一致。更改主题效果的步骤如下。

（1）单击“设计”→“变体”→“效果”下拉按钮。

（2）在弹出的列表中选择要使用的效果，如图 6.37 所示。

图 6.37 “效果”列表

4．保存主题

保存对现有主题的颜色、字体或线条与填充效果做出的更改，以便可以将该主题应用到其他文档或演示文稿。保存主题的步骤如下。

（1）单击“设计”→“主题”→“其他”→“保存当前主题”命令按钮。

（2）在打开的“保存当前主题”对话框中为主题输入适当的名称，然后单击“保存”按钮，如图 6.38 所示。

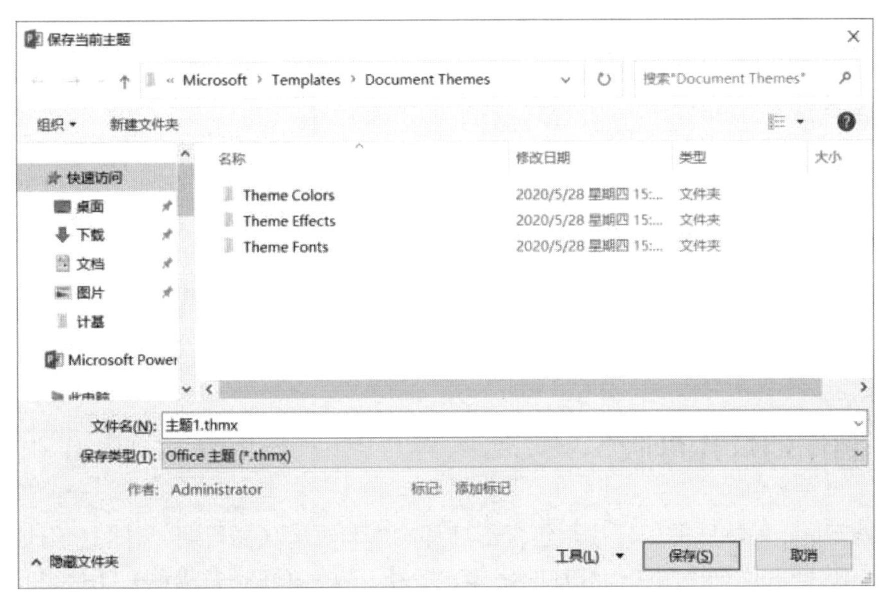

图 6.38 “保存当前主题”对话框

修改后的主题在本地驱动器上的 Document Themes 文件夹中保存为.thmx 文件，并将自动添加到“设计”选项卡“主题”组中的自定义主题列表中。

6.3.2 设置背景

在设计演示文稿时，除了通过应用模板或改变主题颜色来更改幻灯片的背景外，还可以根据需要任意更改幻灯片的背景设计，如删除幻灯片中的设计元素、添加底纹、图案、纹理或图片等。

（1）使用内置背景样式进行幻灯片的背景样式设置。

单击“设计”→“变体”→“背景样式”命令，其级联菜单中有多种内置背景样式，从中选择某一种样式，即可对当前全部幻灯片应用选中的背景样式。还可以右击某一种样式，在弹出的快捷菜单中单击“应用于所有幻灯片”或“应用于所选幻灯片”命令，则将所选背景样式应用于当前全部幻灯片或当前选中的幻灯片。

（2）使用“设置背景格式对话框”进行幻灯片的背景样式设置。

单击“设计”→“变体”→“背景样式”→“设置背景格式...”命令按钮，在窗口右侧打开“设置背景格式”任务窗格，如图 6.39 所示。选择以下功能进行背景设置。

- **“纯色填充”**：单击“颜色”下拉按钮，在下拉列表框中选择一种背景颜色进行填充。
- **“渐变填充”**：选择预设渐变或通过指定颜色，设置颜色之间的过渡效果进行填充。
- **“图片或纹理填充”**：选择合适的图片或具有石质、木质、布质等效果的纹理进行填充。
- **“图案填充”**：指定两种颜色前后搭配，构成背景进行填充。
- **“隐藏背景图形”**：选中该复选框，隐藏幻灯片背景图形，可防止原有母版的背景影响新背景。

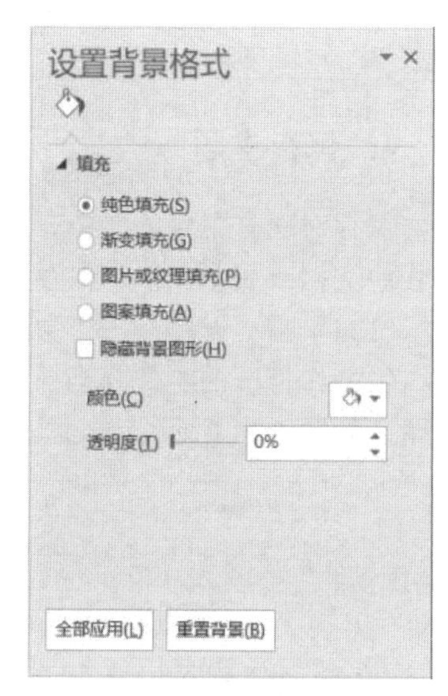

图 6.39 “设置背景格式”任务窗格

完成上述设置后，若单击“重置背景”按钮，则清除当前的背景颜色设置；若单击“全部应用”按钮，则将背景色应用到所有幻灯片；若直接单击“关闭”按钮，则背景色仅应用到当前选定幻灯片，并关闭该对话框。

6.3.3 制作幻灯片母版

“母版”是一种特殊的幻灯片，包含幻灯片文本和页脚（如日期、时间和幻灯片编号）等占位符，这些占位符控制了幻灯片的字体、字号、颜色（包括背景色）、阴影和项目符号样式等版式要素。幻灯片母版通常用来统一整个演示文稿的幻灯片格式，一旦修改了幻灯片母版，则所有采用这一母版建立的幻灯片格式都会随之发生改变。母版通常包括幻灯片母版、讲义母版和备注母版 3 种形式。

在幻灯片母版视图状态下，从左侧的预览中可以看出，PowerPoint 2016 提供了 12 张默认幻灯片母版页面。其中第 1 张为基础页，对它进行的设置会在其余的页面上自动显示。

幻灯片母版使用的基本步骤如下。

（1）新建或打开已有的演示文稿文件，单击“视图”→“母版视图”→“幻灯片母版”命令按钮，切换到幻灯片母版视图，如图 6.40 所示。

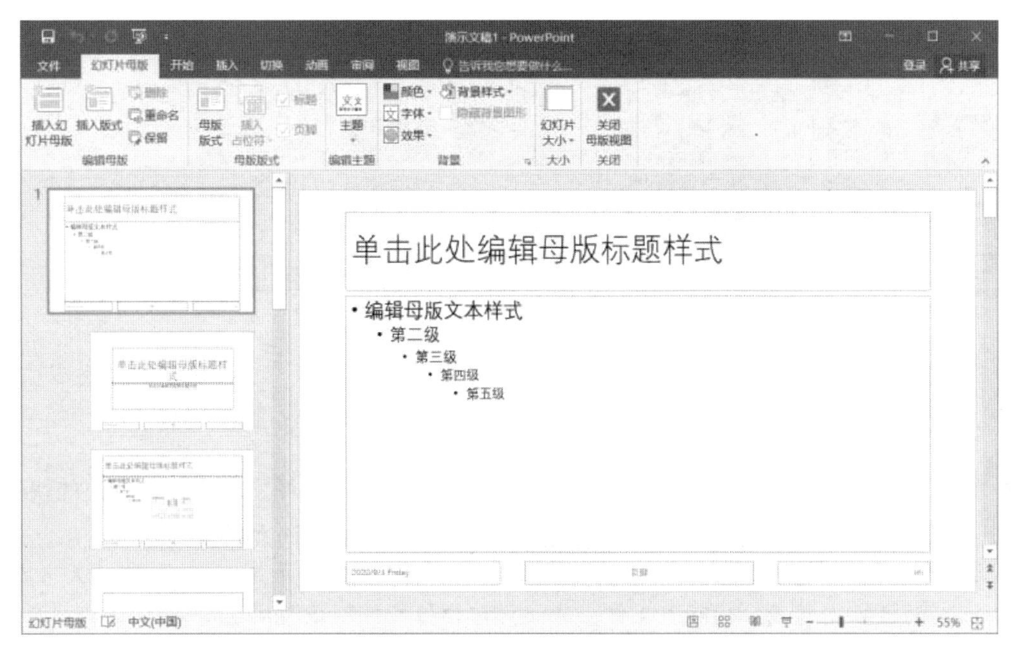

图 6.40　幻灯片母版视图

（2）单击第 1 张幻灯片或对应版式的幻灯片，再单击“幻灯片母版”选项卡各组中的命令，修改母版的主题（包括颜色、字体、效果等）、背景样式、动画方案等。

（3）设置幻灯片的文本格式、缩进距离、项目符号、页码等。

（4）设置完成后单击“幻灯片母版”→“关闭”→“关闭母版视图”命令按钮，退出幻灯片母版视图。

注意：最好在建立新的演示文稿时首先设置幻灯片母版，这样添加到演示文稿中的所有幻灯片都会基于该幻灯片母版及使用与其相关联的版式。如果在构建各张幻灯片之后再创建幻灯片母版，则幻灯片上的某些自定义内容可能不符合幻灯片母版的设计风格，需要进一步使用背景和文本格式设置等功能进行调整。

如果希望演示文稿中包含两种或更多种不同的样式或主题（如背景、配色方案、字体和效果），则需要为每种不同的主题插入一个幻灯片母版。这样，当关闭幻灯片母版后，可从具有多种主题的版式中选择最适合显示信息的版式。具体操作过程如下。

（1）在幻灯片母版视图中，单击“幻灯片母版”→“编辑主题”→“主题”下拉按钮，在弹出的列表中单击“平面”主题，如图 6.41 所示。

（2）继续选择另外一种主题“切片”，并右击，在弹出的快捷菜单中单击“添加为幻灯片母版”命令，如图 6.42 所示。幻灯片母版视图的左侧窗格中会显示添加进来的两种主题的幻灯片母版版式。

（3）重复上两步，可添加多种主题样式。

图 6.41　选择“平面”主题

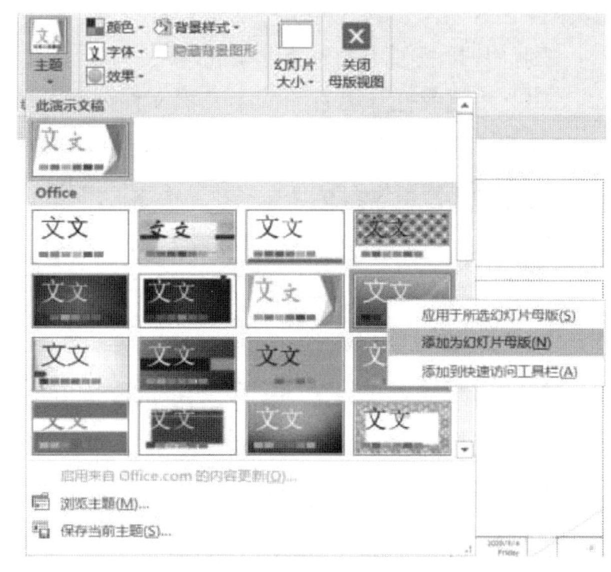

图 6.42　选择“切片”主题

（4）关闭幻灯片母版，插入一张新的幻灯片，并在其缩略图上右击，在弹出的快捷菜单中单击“版式”→“切片”→“标题和内容”版式，效果如图 6.43 所示。

注意：可以创建一个包含一个或多个幻灯片母版的演示文稿，然后将其另存为 PowerPoint 模板（.potx 或.pot）文件，并使用该模板文件创建其他演示文稿。

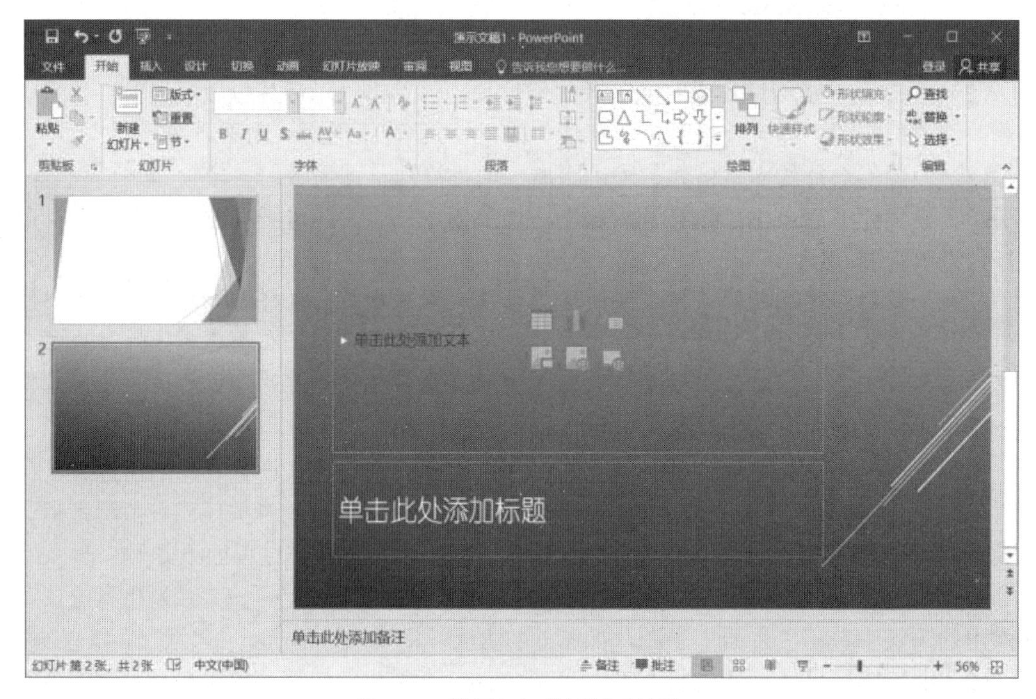

图 6.43　设置幻灯片母版后效果

习 题 演 练

一、选择题

1. 如果希望每次打开 PowerPoint 演示文稿时，窗口都处于幻灯片浏览视图，最优的操作方法是（　　）。

A. 每次保存并关闭演示文稿，通过“视图”选项卡切换到幻灯片浏览视图

B. 每次打开演示文稿后，通过“视图”选项卡切换到幻灯片浏览视图

C. 通过“视图”选项卡的“自定义视图”按钮进行指定

D. 在后台视图中，通过高级选项设置以幻灯片浏览视图打开全部文档

2. 在 PowerPoint 普通视图中编辑幻灯片时，需将文本框中的文本级别由第 2 级调整为第 3 级，最优的操作方法是（　　）。

A. 当光标位于文本最右边时按 Tab 键

B. 在段落格式中设置文本之间缩进距离

C. 在文本最右边添加空格形成缩进效果

D. 当光标位于文本中时，单击“开始”选项卡上的“提高列表级别”按钮

3. 在 PowerPoint 中制作演示文稿时，希望将所有幻灯片中标题的中文字体和英文字体分别统一为微软雅黑、Arial，正文中的中文字体和英文字体分别统一为仿宋、Arial，最优的操作方法是（　　）。

A. 在幻灯片母版中通过“字体”对话框分别设置占位符中的标题和正文字体

B. 在一张幻灯片中设置标题，正文字体，然后通过格式刷应用到其他幻灯片的相应部分

C. 通过自定义主题字体进行设置

D. 通过“替换字体”功能快速设置字体

4. 小王在制作公司产品介绍的 PowerPoint 演示文稿时，希望每类产品可以通过不同的演示主题进行展示，最优的操作方法是（　　）。

A. 在演示文稿中选中每类产品包含的所有幻灯片，分别为其应用不同的主题。

B. 为每类产品分别制作演示文稿，每份演示文稿均应用不同的主题。

C. 通过 PowerPoint 中“主题分布”功能，直接应用不同的主题。

D. 为每类产品分别制作演示文稿，每份演示文稿均应用不同的主题，然后将这些演示文稿合并为一。

5. 若需要在 PowerPoint 演示文稿的每张幻灯片中添加包含单位名称的水印效果，最优的操作方法是（　　）。

A. 在幻灯片母版的特定位置放置包含单位名称的文本框

B. 制作一个带单位名称的水印背景图片，然后将其设置为幻灯片背景

C. 利用 PowerPoint 插入“水印”功能实现

D. 添加包含单位名称的文本框，并置于每张幻灯片的底层

6．在 PowerPoint 演示文稿普通视图的幻灯片缩略图窗格中，需要将第 3 张幻灯片在其后复制一张，最快捷的操作方法是（　　）。

A．按住 Ctrl 键的同时拖动第 3 张幻灯片到第 3 张和第 4 张幻灯片之间

B．右击第 3 张幻灯片并单击“复制幻灯片”命令

C．拖动第 3 张幻灯片到第 3 张和第 4 张幻灯片之间时按 Ctrl 键并松开鼠标

D．选择第 3 张幻灯片并通过复制、粘贴功能实现复制

第7章

PowerPoint 2016 高级应用

本章介绍幻灯片中各种对象的编辑和使用，以及如何设置幻灯片和其中对象的动画效果、幻灯片的切换效果及幻灯片的放映方式等。

7.1　幻灯片中对象的编辑

建立新的幻灯片后，还可以在幻灯片中插入图形、图片、表格、图表、SmartArt 图形、音频和视频、艺术字等对象，这会使演示文稿更加生动有趣并富有吸引力。

7.1.1　使用图形

可以在建立好的幻灯片中添加一个形状，或者合并多个形状以生成一个图形或一个更为复杂的形状。可用的形状包括线条、基本形状、箭头、公式形状、流程图、星与旗帜和标注。单击“插入”→“插图”→“形状”下拉按钮，弹出图 7.1 所示的列表，在其中选择要用到的图形，在幻灯片中根据大小进行绘制。

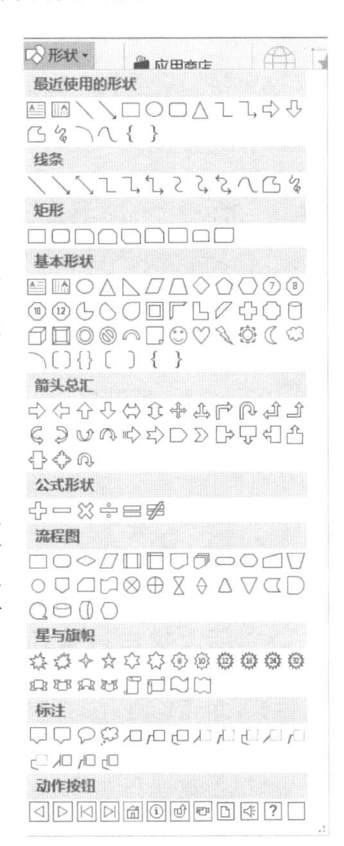

图 7.1　“形状”列表

7.1.2　使用图片

在幻灯片中插入漂亮的图片会使幻灯片显得更加美观、更加生动。在 PowerPoint 2016 中，既可以插入剪贴画，也可以插入来自文件的图片。带剪贴画或来自文件的图片的幻灯片可参照以下方法创建：利用自动版式建立，向已存在的幻灯片中插入剪贴画或图片。

1．利用自动版式建立带图片的幻灯片

利用自动版式建立带图片的幻灯片的步骤如下。

（1）打开一个演示文稿，选择其中的一张幻灯片。

（2）单击“开始”→“幻灯片”→“版式”下拉按钮。

（3）在弹出的列表中单击“标题和内容”命令，将所选幻灯片更改为一个含有插入图片的版式，如图 7.2 所示。

（4）单击文本框内容占位符中的“图片”按钮，打开“插入图片”对话框，如图 7.3 所示。

（5）选择需要的图片，将选定的图片插入幻灯片中预定的位置。

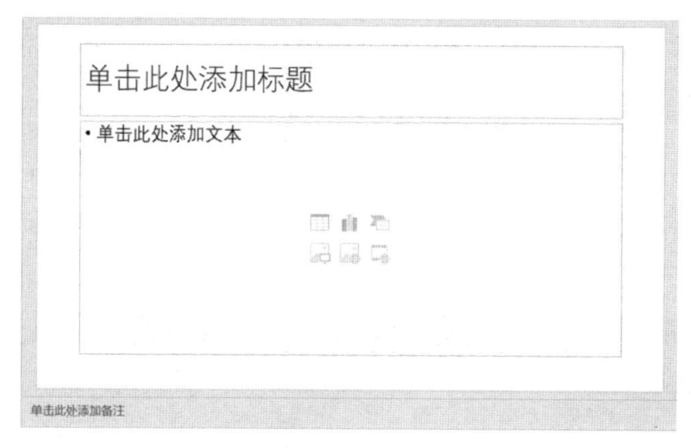

图 7.2 “标题和内容”版式幻灯片

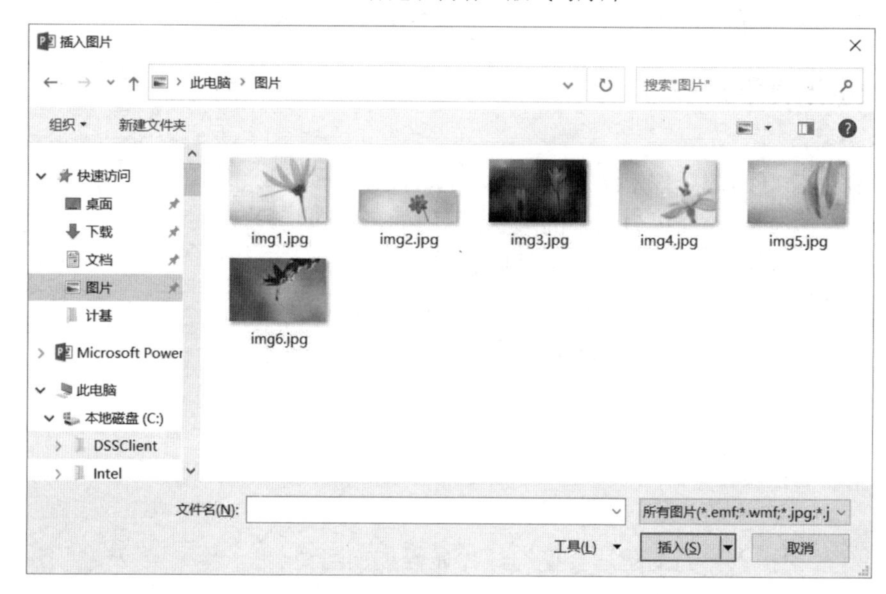

图 7.3 “插入图片”对话框

2．插入来自计算机的图片

（1）单击幻灯片上想要插入图片的位置。

（2）单击“插入”→“图像”→“图片”命令按钮，打开“插入图片”对话框。

（3）选择图片文件所在的位置，或在“文件名”文本框中输入文件的名称。

（4）单击“插入”命令按钮，插入所选的图片文件。

注意：如果想要一次插入多张图片，可在按住 Ctrl 键的同时选择想要插入的所有图片。

3．插入来自 Web 的图片

（1）单击幻灯片上想要插入图片的位置。

（2）单击“插入”→“图像”→“联机图片”命令按钮，打开图 7.4 所示的“插入图片”搜索框。

（3）在“必应图像搜索”文本框中，键入要搜索的内容，如“花朵”，然后按 Enter 键，查看 Creative Commons 许可证下的符合条件的联机图片。借助筛选器指定“尺寸”“类型”“颜色”“布局”，根据偏好对搜索出的结果进行调整，如图 7.5 所示。

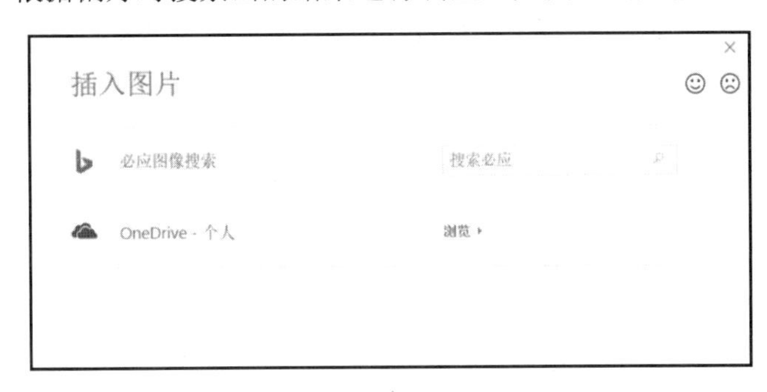

图 7.4 “插入图片”搜索框

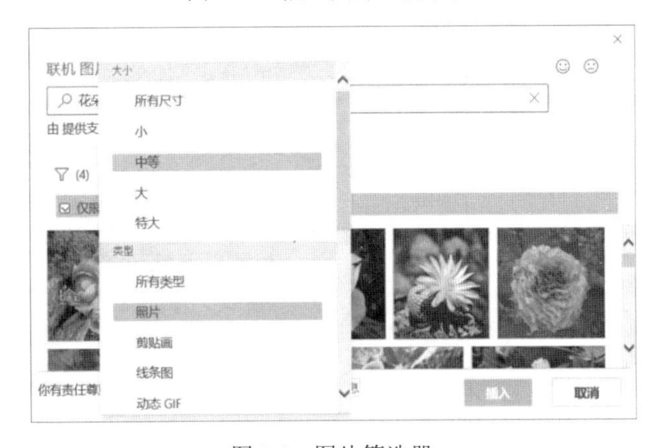

图 7.5 图片筛选器

（4）单击要插入的图片，然后单击“插入”按钮，将所选图片插入幻灯片中。

4．插入来自 Web 的剪贴画

与 PowerPoint 早期版本不同的是，PowerPoint 2013 和更新版本没有剪贴画库。若要向已存在的幻灯片插入剪贴画，可使用“插入”选项卡中的“联机图片”命令按钮搜索剪贴画，或者利用自动版式建立带“联机图片”的幻灯片。具体按照下述步骤进行。

（1）单击幻灯片上想要插入图片的位置。

（2）单击“插入”→“图像”→“联机图片”命令按钮，或者利用带联机图片版式的幻灯片，直接单击“联机图片”按钮。

（3）在“必应图像搜索”文本框中，键入要搜索的剪贴画，如“动物”，然后按 Enter 键，查看 Creative Commons 许可证下的各种有关动物的图片，如图 7.6 所示。

图 7.6 联机的动物图片

（4）在筛选器中指定“类型”为剪贴画，如图 7.7 所示。筛选出符合条件的动物剪贴画，如图 7.8 所示。

（5）单击要插入的剪贴画，然后单击“插入”命令按钮，将所选剪贴画插入幻灯片中。

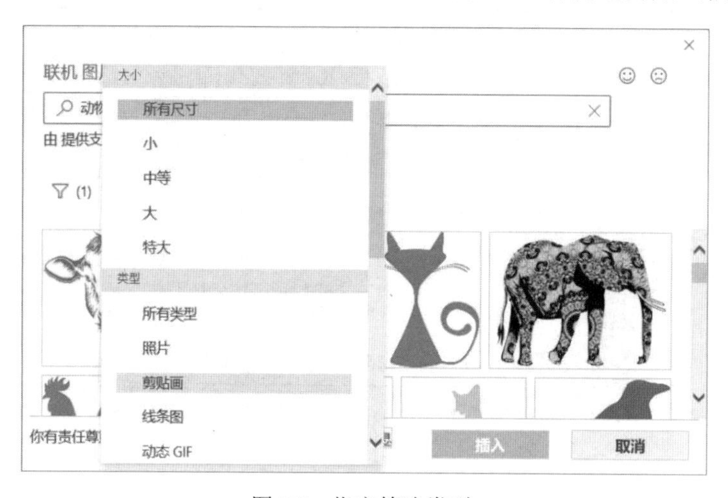

图 7.7 指定筛选类型

图 7.8 筛选结果

5. 插入屏幕截图或屏幕剪辑

PowerPoint 2016 可以快速而轻松地将屏幕截图或屏幕剪辑添加到演示文稿中，以增强可读性或捕获信息，不需要退出正在使用的程序。具体按照下述步骤进行。

（1）单击幻灯片上想要插入屏幕截图的位置。

（2）单击“插入”→“图像”→“屏幕截图”命令按钮。打开“可用的视窗”库，显示当前已打开的所有程序窗口的缩略图，如图 7.9 所示。

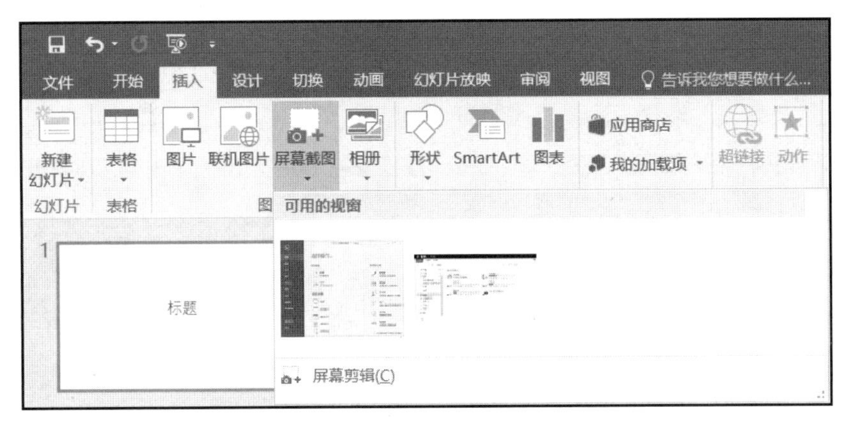

图 7.9 “可用的视窗”库

（3）执行下列操作之一。

① 若要将整个窗口的屏幕截图插入到演示文稿中，可单击“可用的视窗”库中相应窗口的缩略图插入整个程序窗口。

② 若要添加“可用的视窗”库中显示的第一个窗口的选定部分，单击“屏幕剪辑”命令；当屏幕变为白色且指针变成十字时，拖动鼠标选定要捕获的屏幕部分。

注意：如果打开了多个程序窗口，首先需要单击要捕获的窗口，然后再开始屏幕截图过程。这会将该窗口移动到“可用的视窗”库中的第一个位置。一次只能添加一个屏幕截图。若要添加多个屏幕截图，请重复上面的步骤（2）和步骤（3）。

（4）选定的窗口或部分屏幕将自动添加到文档中。可以使用“图片工具”选项卡中的命令编辑和增强屏幕截图。

7.1.3 使用表格

当需要在演示文稿中使用表格时，可以利用表格自动版式创建一张新幻灯片，也可以向已包含其他对象的原幻灯片中添加表格，还可以将 Excel 表格中的数据复制到演示文稿中。

1. 创建表格幻灯片

创建表格幻灯片的具体操作步骤如下。

（1）新建一张幻灯片并为其应用含有表格的版式，如图 7.10 所示。

（2）单击内容占位符中的“插入表格”按钮，打开“插入表格”对话框，如图 7.11 所示。

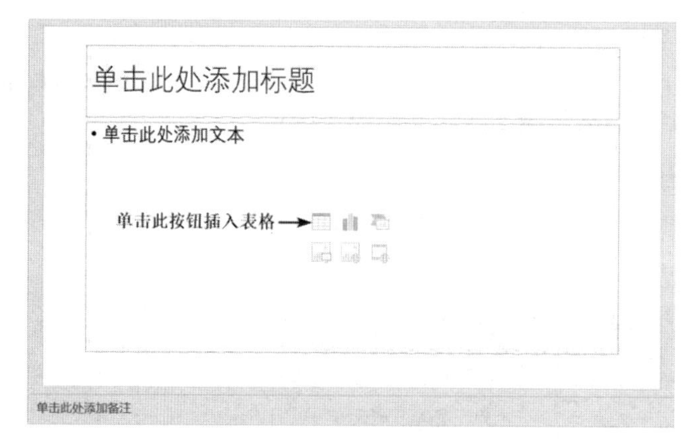

图 7.10　含有表格版式的幻灯片

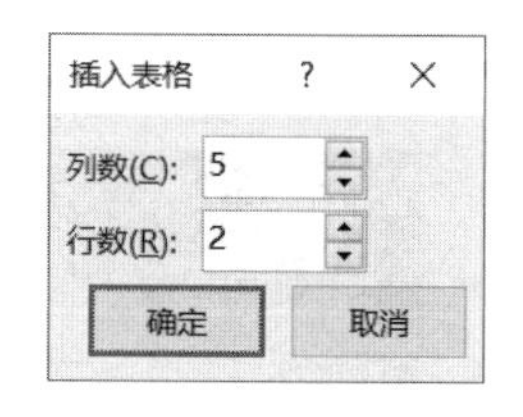

图 7.11　“插入表格”对话框

（3）在“列数”微调框中输入表格的列数，在“行数”微调框中输入表格的行数。也可以单击微调按钮来设置行数和列数。

（4）单击“确定”按钮。此时，在幻灯片上就生成了图 7.12 所示的表格，同时在 PowerPoint 功能区显示出“表格工具”上下文选项卡。

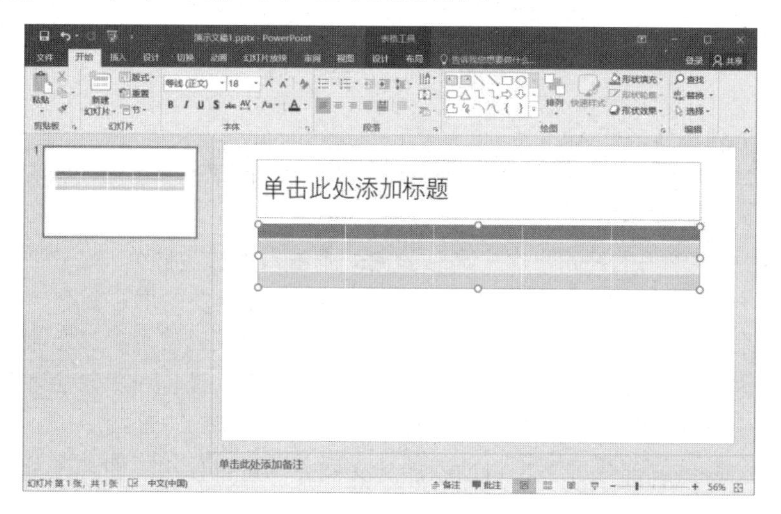

图 7.12　插入表格后的幻灯片

2．利用插入选项卡中的表格按钮

如果想向原有幻灯片中添加表格，可以单击“插入”→“表格”→“表格”下拉按钮，在弹出的列表的 4 种在幻灯片中生成表格的方法中选择一种。

（1）“表格”列表上方给出了 10（列）×8（行）的方格，滑动鼠标即可选择列数和行数。例如，选择“5×4 表格”，然后单击，在幻灯片上生成一个 4 行 5 列的表格，如图 7.13 所示。

（2）在“表格”列表中单击“插入表格”命令，打开图 7.11 所示的“插入表格”对话框，然后在“列数”和“行数”微调框中输入数字。

（3）在“表格”列表中单击“绘制表格”命令，此时鼠标指针变成铅笔形状，在当前

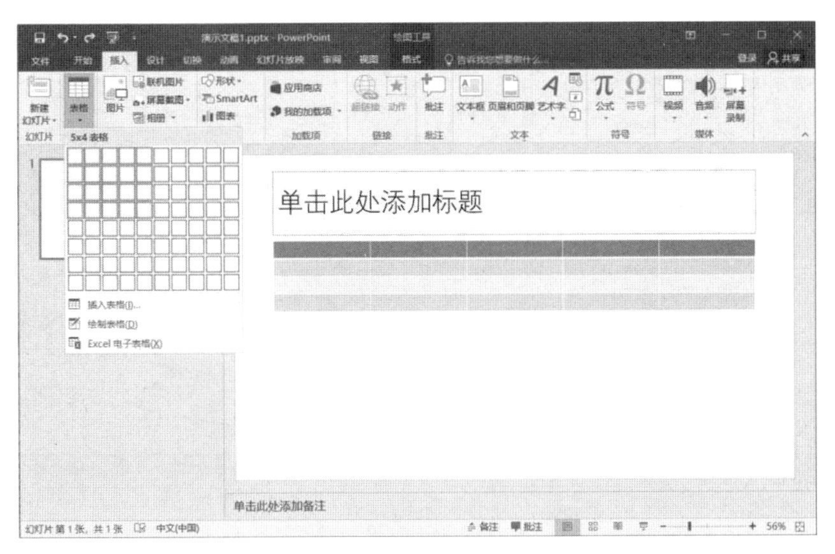

图 7.13　滑动鼠标选取方格生成表格

幻灯片上向右下角拖动鼠标即可绘制出一个矩形框，即表格的外框。这时，功能区同步显示表格工具的设计和布局选项卡，单击“设计”→“绘制边框”→“绘制表格”命令按钮，就可以在外框中绘制表格行的横线、列的竖线和表头的斜线，如图 7.14 所示。

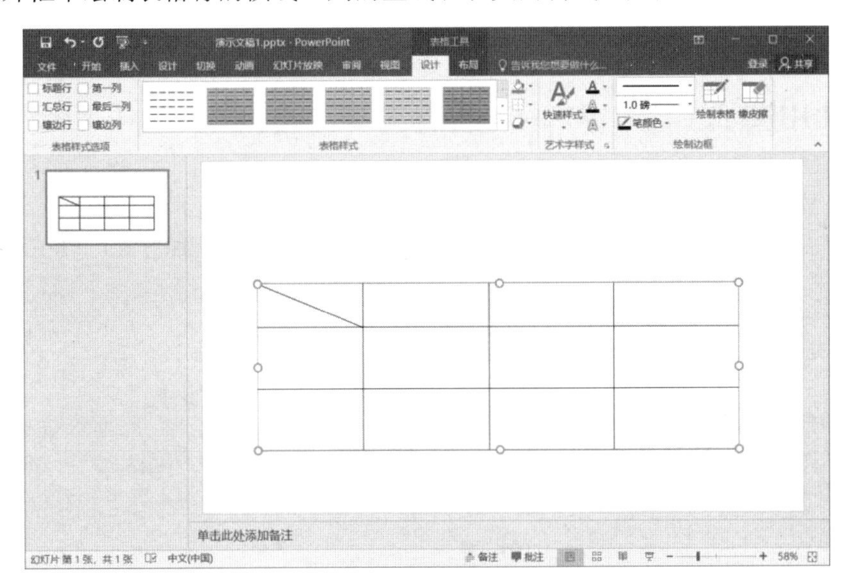

图 7.14　绘制表格

（4）在“表格”列表中单击“Excel 电子表格”命令，在当前幻灯片上绘制类似 Excel 环境的电子表格，如图 7.15 所示。

3．从 Word 中复制和粘贴表格

将 Word 中的表格复制到幻灯片中的步骤如下。

（1）在 Word 中单击要复制的表格，单击“表格工具”→“布局”→“表”→“选择”→“选择表格”命令按钮。

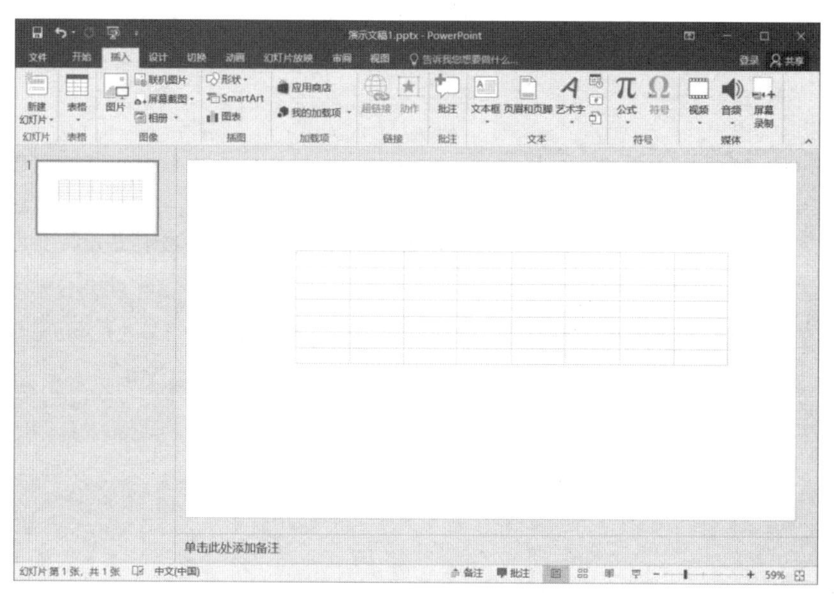

图 7.15　插入 Excel 电子表格

（2）单击“开始”→“剪贴板”→“复制”命令按钮。

（3）在 PowerPoint 演示文稿中，选择要将表格复制到的幻灯片，单击“开始”→“剪贴板”→“粘贴”命令按钮，完成表格的复制。

7.1.4 使用图表

在幻灯片的演示过程中，为了生动、形象、直观地表达一些具体的数据，使阅读者一目了然。可以使用图表来演示一些需要比较的数据，通过下列 3 种方式可以在幻灯片中插入图表。

1．创建图表幻灯片

创建图表幻灯片的具体操作步骤如下。

（1）新建一个幻灯片并为其应用含有图表的版式，如图 7.16 所示。

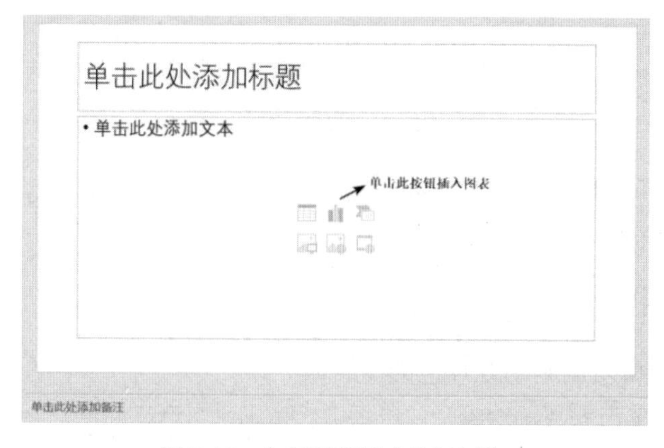

图 7.16　含有图表版式的幻灯片

（2）单击内容占位符上的“插入图表”按钮，打开“插入图表”对话框，如图 7.17 所示。选择一种图表样式，插入图表。

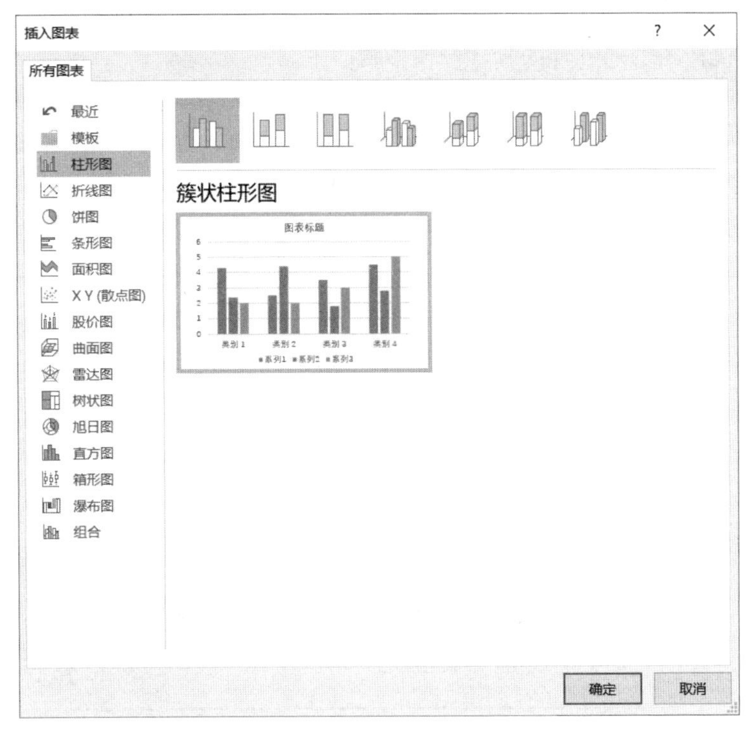

图 7.17 “插入图表”对话框

（3）若要替换示例表数据，可单击数据表上的单元格，然后输入需要的信息。

（4）若要返回幻灯片窗格，可单击 Excel 表格的“关闭”按钮。再次双击图表占位符还可以重新启动图表程序。

2. 向已有幻灯片中添加图表

向已有幻灯片中添加图表的具体操作步骤如下。

（1）在幻灯片窗格中打开要插入图表的幻灯片。

（2）单击“插入”→“插图”→“图表”命令按钮，启动图表程序，打开“插入图表”对话框，插入图表。此时不用担心图表的位置和大小，在输入数据后，还可以根据需要进行移动和调整。

3. 使用来自 Excel 的图表

可以将现有的 Excel 图表直接导入 PowerPoint 中，其方法非常简单，只需要直接将图表从 Excel 窗口拖曳或复制到 PowerPoint 的幻灯片中。

7.1.5 使用 SmartArt 图形

在演示幻灯片中放置的文字，总觉得有些“单薄”，使用 SmartArt 功能美化幻灯片可以达到专业演示的效果，通过下列 2 种方式可以在幻灯片中插入 SmartArt 图形。

1．创建 SmartArt 图形幻灯片

创建 SmartArt 图形幻灯片的具体操作步骤如下。

（1）新建一个幻灯片并为其应用含有 SmartArt 图形的版式，如图 7.18 所示。

（2）单击内容占位符上的“插入 SmartArt 图形”按钮，打开“选择 SmartArt 图形”对话框，如图 7.19 所示。

（3）从对话框左侧选择某一图形分类，再从该分类的列表中选取一种图形样式，单击“确定”按钮。

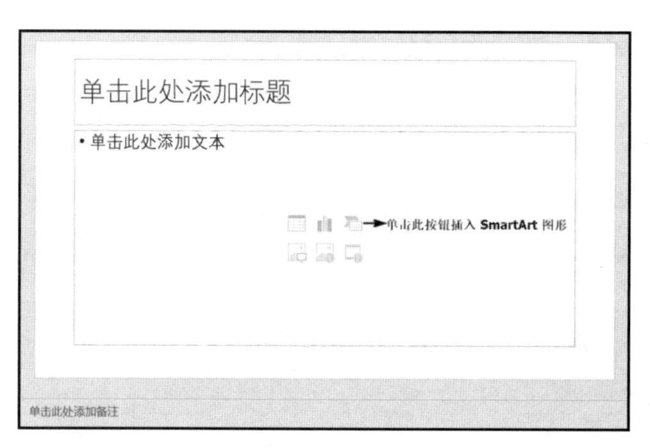

图 7.18　含有 SmartArt 图形版式的幻灯片

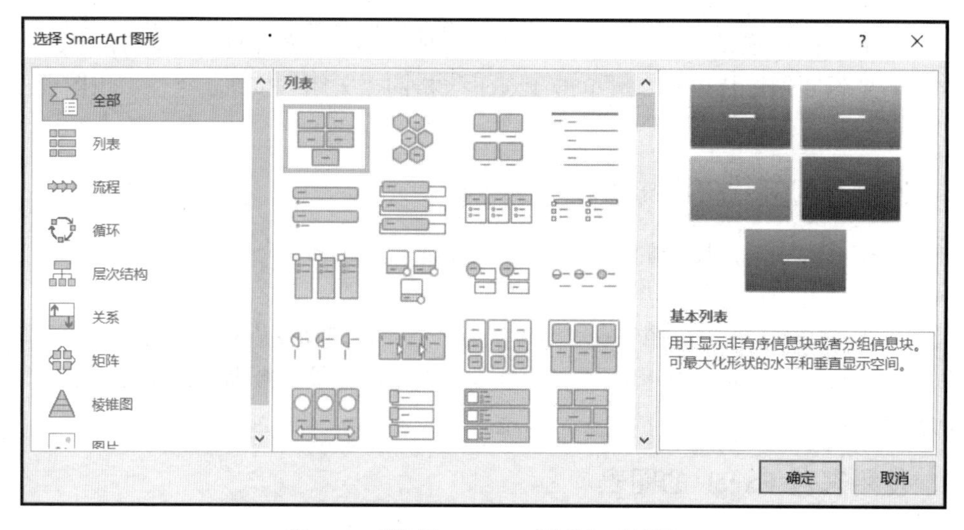

图 7.19　“选择 SmartArt 图形”对话框

2．向已有幻灯片中添加 SmartArt 图形

向已有幻灯片中添加 SmartArt 图形的具体操作步骤如下。

（1）在幻灯片窗格中打开要插入 SmartArt 图形的幻灯片。

（2）单击“插入”→“插图”→“SmartArt”命令按钮，打开图 7.19 所示的“选择 SmartArt

图形”对话框。

（3）从对话框左侧选择某一图形分类，再从该分类的列表中选取一种图形样式，单击“确定”按钮。

如果对当前的 SmartArt 样式不满意，还可以在“SmartArt 工具”→“设计”或“格式”选项卡中选择适当的样式布局，如图 7.20 所示。

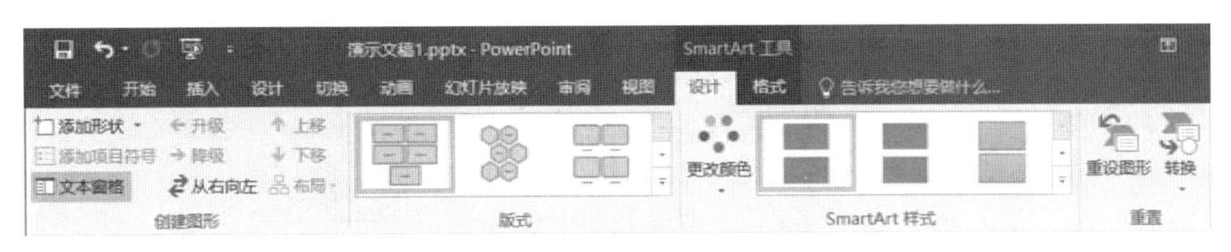

图 7.20 “SmartArt 工具”上下文选项卡

3. 将文本转换为 SmartArt 图形

利用幻灯片中文本转换为 SmartArt 图形的具体操作步骤如下。

（1）在幻灯片中输入文本。

（2）区分文本内容的层级关系。依次选中每段文本，单击“开始”→“段落”→“提高列表级别”/“降低列表级别”命令按钮，来设置文本内容的级别。也可以选择段落文本后，使用键盘上的【Tab】键来提高文本的列表级别。文本设置好级别后的效果如图 7.21 所示。

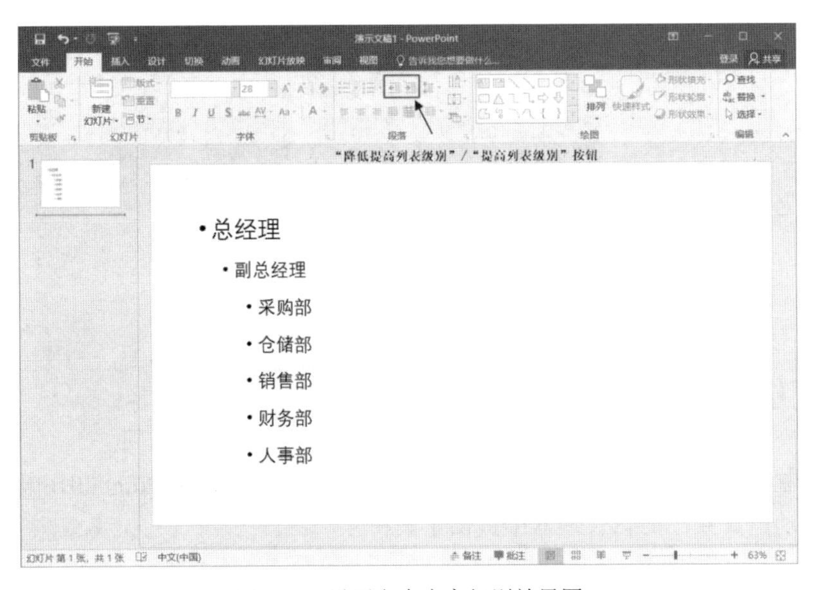

图 7.21 设置文本内容级别效果图

（3）选中文本，右击，在弹出的快捷菜单中单击“转换为 SmartArt”命令，如图 7.22 所示。在下一级菜单中选择 SmartArt 图形样式，或单击“其他 SmartArt 图形...”命令，在打开的“选择 SmartArt 图形”对话框中，选择某种图形分类，并在其列表中选择一种图形样式。例如选择“组织结构图”，转换后效果如图 7.23 所示。

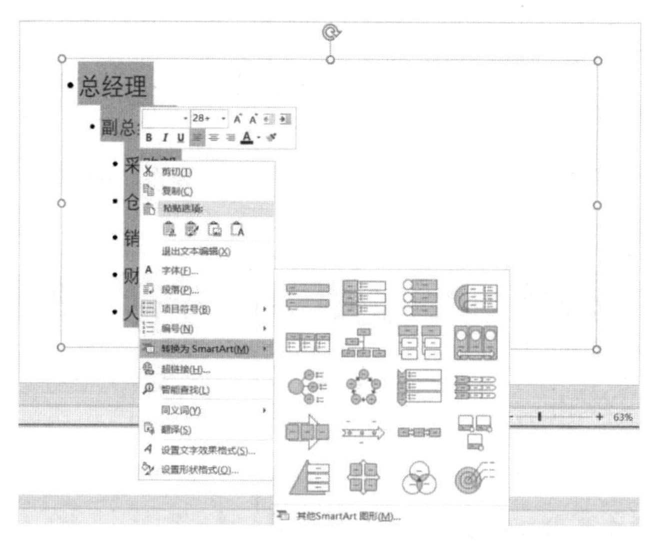

图 7.22 “转换为 SmartArt”命令

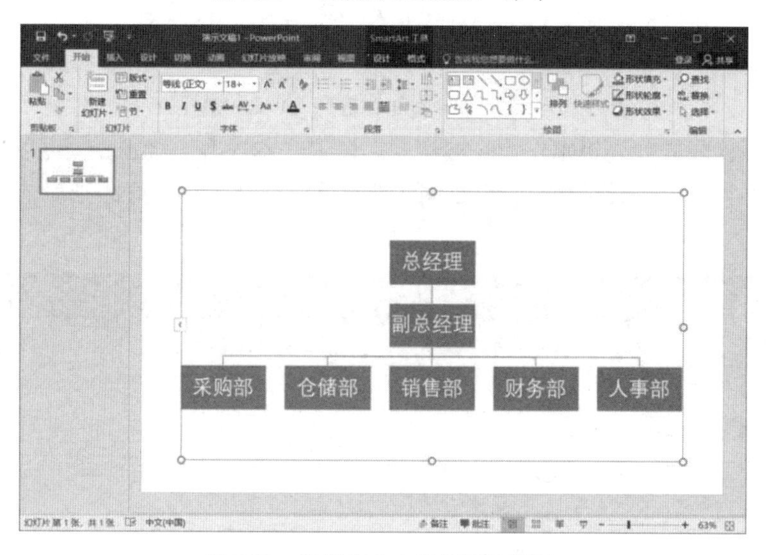

图 7.23 设置文本内容级别效果图

7.1.6 使用音频和视频

为了让制作的幻灯片给观众带来视觉、听觉上的冲击，PowerPoint 2016 提供了插入音频和视频的功能，并在剪辑管理器中提供了素材。

1. 插入视频

PowerPoint 2016 提供了 2 种插入视频的来源，分别是 PC 上的视频和联机视频。

（1）PC 上的视频。

选中要插入视频的幻灯片，单击“插入”→“媒体”→“视频”命令按钮，弹出“视频”下拉列表，如图 7.24 所示。单击“PC 上

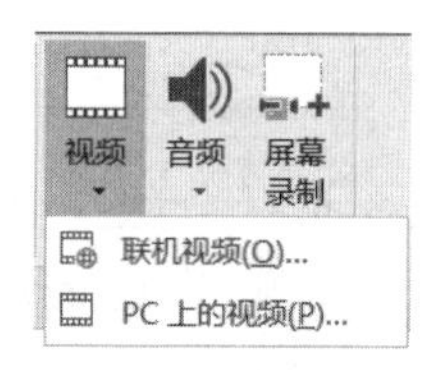

图 7.24 “视频”列表

的视频”命令，打开“插入视频文件”对话框，如图 7.25 所示。选择一个视频文件，单击“插入”命令按钮，就会插入所选的视频文件，播放幻灯片可以查看该视频。

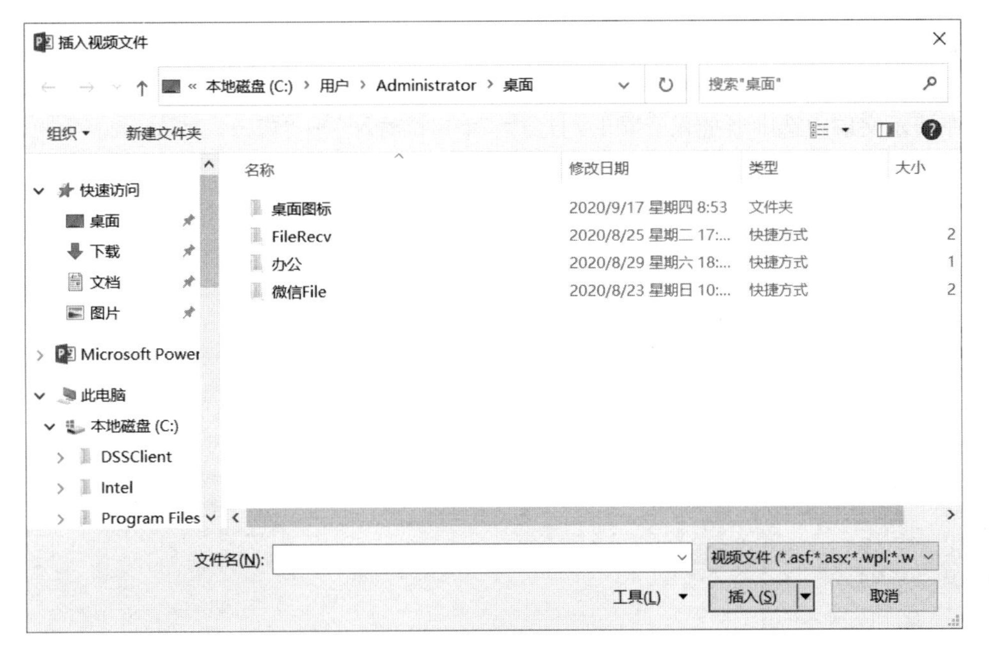

图 7.25 “插入视频文件”对话框

（2）联机视频。

联机视频包括 2 种，可以从 YouTube 添加视频或粘贴嵌入代码。具体操作是：选中要插入视频的幻灯片，单击“插入”→“媒体”→“视频”→“联机视频...”命令，打开“插入视频”搜索框，如图 7.26 所示。在“搜索 YouTube”文本框中，输入要搜索的内容，在列表中单击要插入的视频，然后单击“插入”按钮，将所选视频插入幻灯片中。或者打开视频网页，在网页中找到并复制该视频的 HTML 代码。在“来自视频嵌入代码”文本框中，“粘贴”嵌入代码，然后单击箭头按钮，插入该视频。

图 7.26 “插入视频”搜索框

2. 插入音频

幻灯片中插入音频的来源也有 2 种，分别是嵌入 PC 上的音频和录制音频。

（1）PC 上的音频。

在演示文稿中选中要插入音频的幻灯片。单击“插入”→“媒体”→“音频”下拉按钮，弹出图 7.27 所示的列表，在列表中单击“PC 上的音频”命令，打开图 7.28 所示的“插入音频”对话框，就可以选择一个声音文件插入当前幻灯片。

图 7.27 “音频”列表

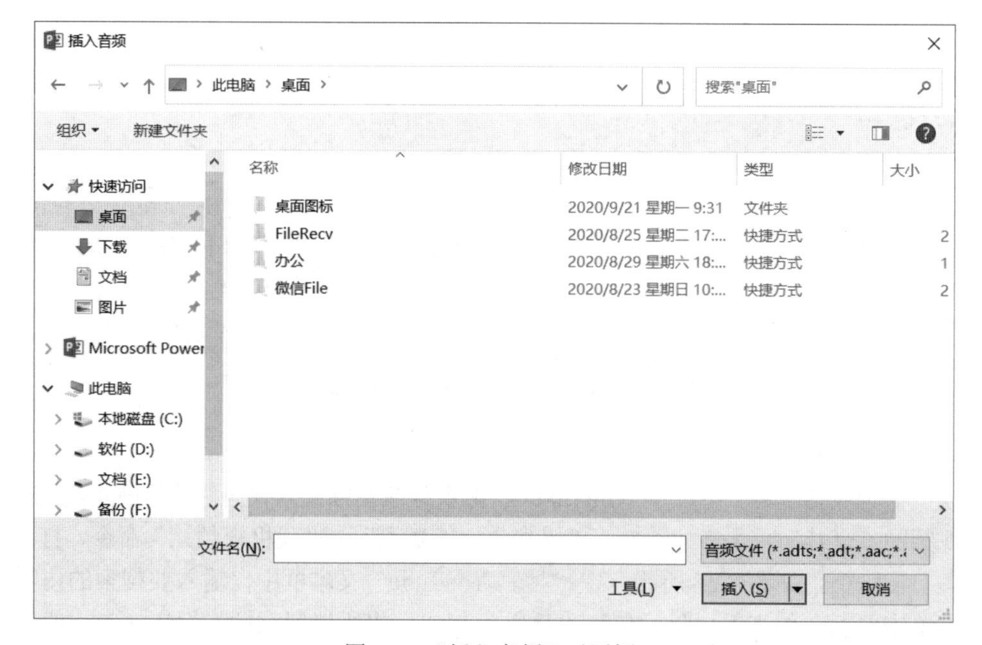

图 7.28 “插入音频”对话框

（2）录制音频。

在演示文稿中选中要插入音频的幻灯片，单击“插入”→“媒体”→“音频”→“录制音频”命令按钮，如图 7.29 所示。自行录制声音后便可插入当前幻灯片。

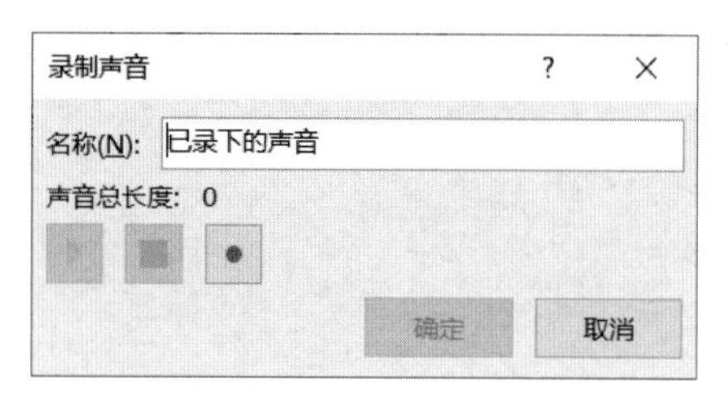

图 7.29 “录制音频”对话框

7.1.7 使用艺术字

艺术字是高度风格化的文字，经常被应用于各种演示文稿、海报和广告宣传册中，在演示文稿中使用艺术字，可以达到更为理想的设计效果，下面介绍艺术字的制作方法。

1. 插入艺术字

插入艺术字的具体操作步骤如下：单击“插入”→“文本”→“艺术字”下拉按钮，弹出图 7.30 所示的艺术字库。

选择一种艺术字效果，会自动在当前幻灯片上添加一个艺术字图形区，图形区里显示“请在此放置您的文字”字样。单击提示文字，将光标插入其中，先删除显示的字样再输入艺术字的文字内容，如图 7.31 所示。

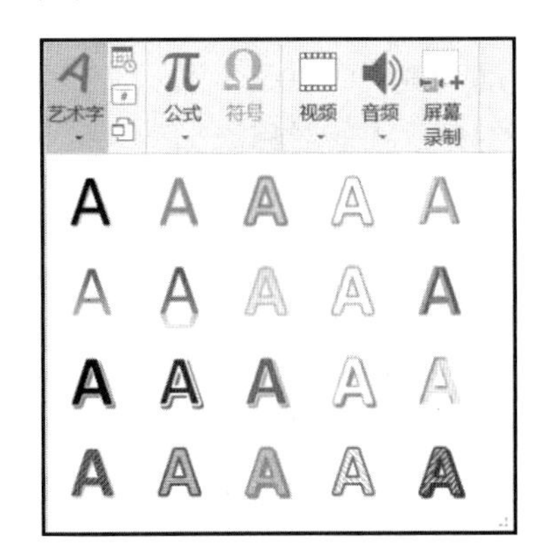

图 7.30　艺术字库

图 7.31　应用艺术字的幻灯片

2. 编辑艺术字

插入艺术字之后，如果要对插入的艺术字进行修改、编辑或格式化，可以单击图 7.32 中的命令按钮对艺术字和艺术字的图形区做相应的设置。

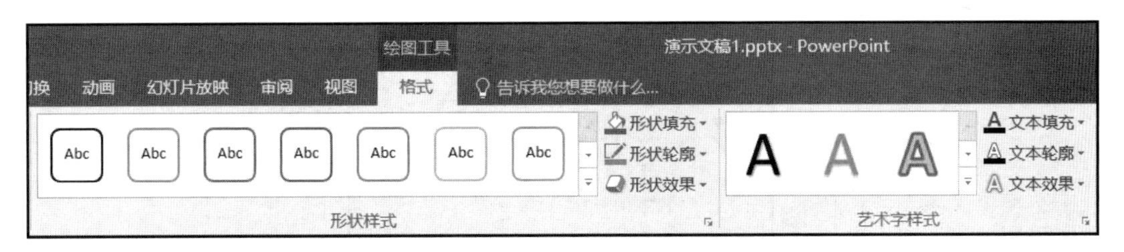

图 7.32　“形状样式”和“艺术字样式”组

- **“形状填充”**：用于设置艺术字图形区的背景，可以是纯颜色、渐变色、纹理和图片。
- **“形状轮廓”**：用于设置艺术字图形区边线的颜色、线条的样式和线条的粗细等。
- **“形状效果”**：用于设置艺术字图形区的效果，包括预设、阴影、映像、发光、柔化边缘、棱台和三维旋转。
- **“文本填充”**：用于设置艺术字文本的填充色，可以是纯颜色、渐变色、纹理和图片。
- **“文本轮廓”**：用于设置艺术字文本的边线颜色、线条的样式和线条的粗细。
- **“文本效果”**：用于设置艺术字文本的效果，包括阴影、映像、发光、棱台、三维旋转和转换。

7.2 幻灯片交互效果设置

本节介绍设置幻灯片放映的各种技巧，如设置幻灯片及其中对象的动画效果、幻灯片切换效果以及幻灯片超链接操作等。如果在幻灯片中应用了这些技巧，会显著提高演示文稿的表现力。

7.2.1 对象动画效果设置

可以为幻灯片中的文本、声音、图像和其他对象设置动画效果，以突出演示文稿的内容重点和控制信息的流程，并提高演示文稿的趣味性。为幻灯片中的对象添加动画效果的具体操作步骤如下。

（1）在普通视图中，显示包含要设置动画效果的文本或对象的幻灯片。

（2）选择要设置动画的对象。

（3）在“动画”组中单击选择相应的动画效果，如图 7.33 所示；或者单击“添加动画”下拉按钮，在弹出的图 7.34 所示的列表中自行定义文本和对象播放的动画效果。

图 7.33 “动画”组中的效果选项

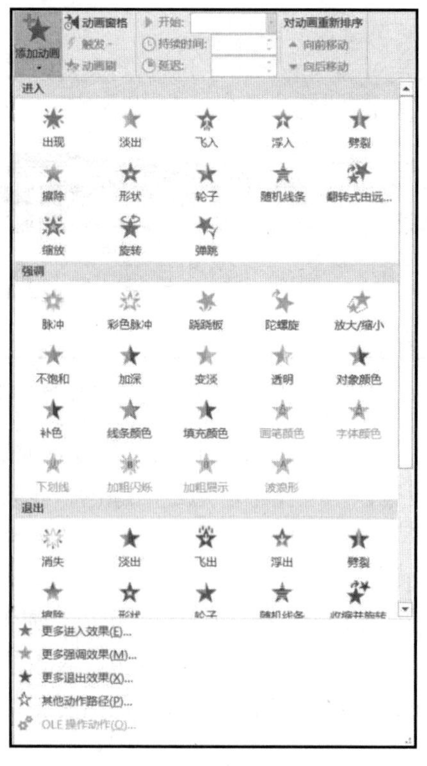

图 7.34 “添加动画”列表

7.2.2 幻灯片切换效果

演示文稿放映过程中由一张幻灯片进入另一张幻灯片就是幻灯片之间的切换，为了使幻灯片放映更具有趣味性，幻灯片切换可以使用不同的切换效果。PowerPoint 2016 为用户提供了多种幻灯片的切换效果，接下来就介绍设置切换效果的方法。

（1）选择需要设置切换效果的幻灯片后，选择“切换”选项卡，如图 7.35 所示。

图 7.35 “切换”选项卡

（2）单击“切换到此幻灯片”组右侧的其他按钮，在弹出的列表中选择合适的切换效果，如图 7.36 所示。

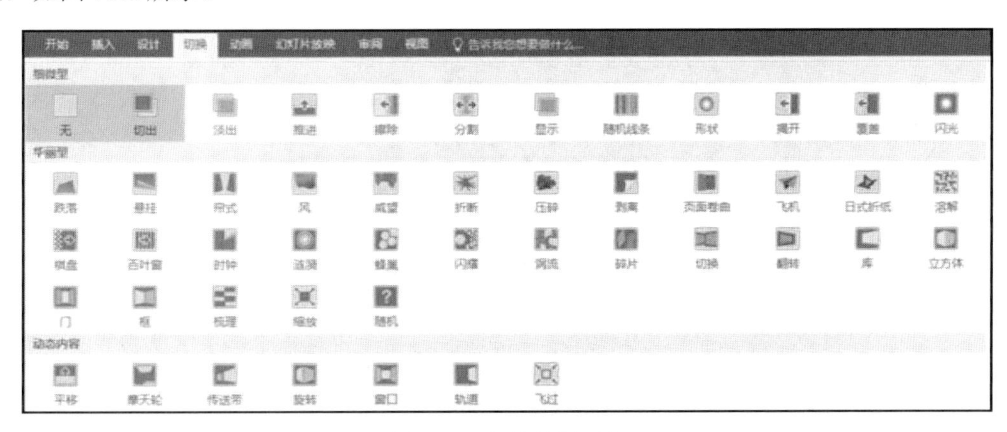

图 7.36 切换效果列表

（3）设置好了切换效果以后，幻灯片窗格中会有不同的显示。如果想让所有的幻灯片都是这个效果，单击“全部应用”（每张幻灯片都使用该效果）命令按钮即可。

（4）如果想制作不同的幻灯片切换效果，可依次选择需要设置切换效果的幻灯片，重复步骤（1）和步骤（2），即单独设置每张幻灯片的切换效果。

7.2.3 幻灯片超链接操作

在演示文稿中，对文本或其他对象（如图片、表格等）添加超链接后，单击该对象时可直接跳转到其他位置。在 PowerPoint 中，超链接可以是从一张幻灯片到同一演示文稿中另一张幻灯片的链接，也可以是从一张幻灯片到不同演示文稿中另一张幻灯片、电子邮件地址、网页或文件的链接。可以对文本或对象（如图片、图形、形状或艺术字）创建超链接。

下面介绍设置超链接的方法。

1. 利用超链接命令按钮或快捷菜单创建超链接

（1）在要设置超链接的幻灯片中选择要添加链接的对象。

（2）单击“插入”→“链接”→“超链接”命令按钮，如图 7.37 所示，或者选定对象后右击，在弹出的快捷菜单中单击“超链接”命令，如图 7.38 所示，打开“插入超链接”对话框，如图 7.39 所示。

图 7.37 “超链接”命令按钮

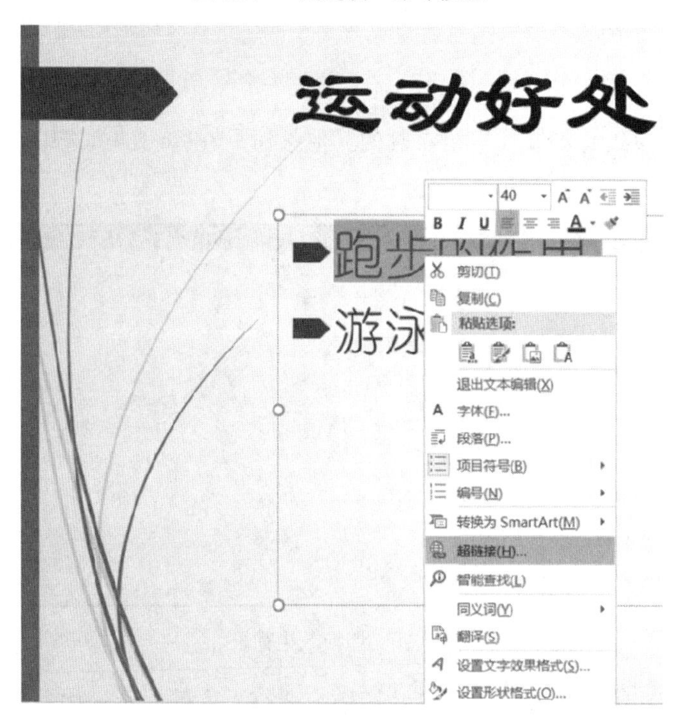

图 7.38 “超链接”命令

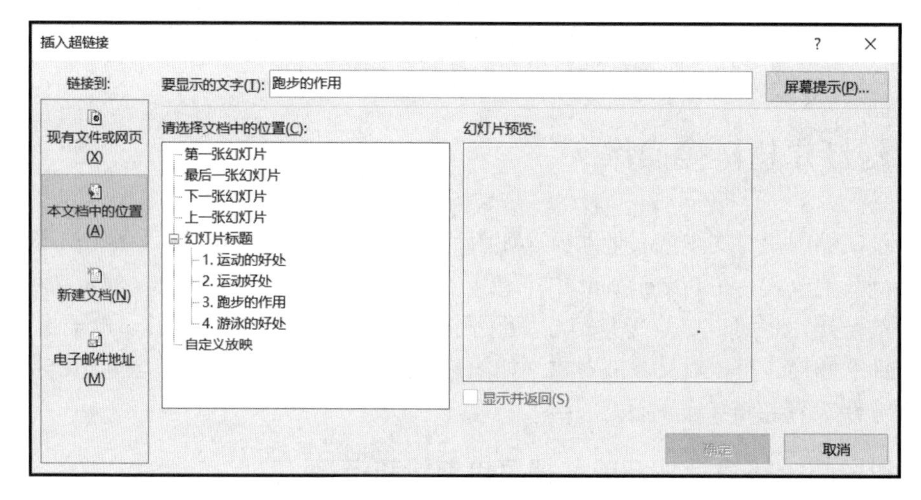

图 7.39 “插入超链接”对话框

（3）如果链接的是此文稿中的其他幻灯片，就在左侧的“链接到”选项组中单击“本文档中的位置”按钮，在“请选择文档中的位置”选项组中选择要链接到的那张幻灯片，如果链接的是已经存在的文件，则单击“现有文件或网页”按钮进行查找，选定要链接的内容。

（4）单击“确定”按钮完成超链接的设置。设置了超链接的幻灯片如图 7.40 所示，包含超链接的文本默认带下画线。

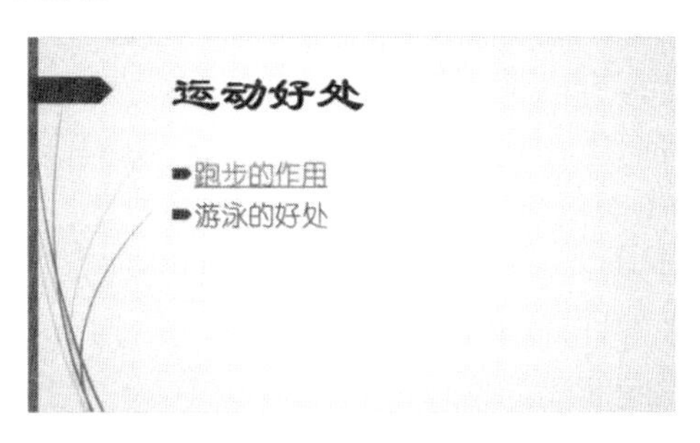

图 7.40　设置了超链接的幻灯片

2．利用“动作”创建超链接

单击要创建超链接的对象，使之高亮度显示，并将鼠标指针停留在所选对象上。单击“插入”→“链接”→“动作”命令按钮，打开“操作设置”对话框，如图 7.41 所示。对话框中有“单击鼠标”“鼠标悬停”两个选项卡，通常选择默认的“单击鼠标”选项卡，单击选中“超链接到”单选按钮，在其下拉列表框中根据实际情况进行选择，然后单击“确定”按钮。

图 7.41　“操作设置”对话框

如果要取消超链接，可右击插入了超链接的对象，在弹出的快捷菜单中单击“取消超链接”命令。

7.3　幻灯片的放映和输出

7.3.1　幻灯片的放映设置

在 PowerPoint 中，幻灯片可以由演讲者控制放映，也可以根据需要自行放映。因此在放映之前，根据需要进行相应的设置，能满足不同场合对放映的需求。如果在幻灯片放映时不想人工移动每张幻灯片，有以下两种方法设置幻灯片在屏幕上显示的时间：第一种方法是人工为每张幻灯片设置时间，然后运行幻灯片放映并查看设置的时间；第二种方法是使用排练计时功能，在排练时自动记录时间。

如果在排练之前设置时间，用“幻灯片浏览”视图处理方法最为方便，因为在该视图中可以看到演示文稿的每张幻灯片缩略图，并且显示“幻灯片浏览”工具栏。

人工设置幻灯片放映时间间隔的操作步骤如下。

（1）单击“视图”→“演示文稿视图”→“幻灯片浏览”命令按钮，切换到幻灯片浏览视图。

（2）选择要设置放映时间的幻灯片。

（3）在“切换”选项卡的“计时”组中选中“设置自动换片时间”复选框，输入希望幻灯片在屏幕上显示的秒数。如果要将此时间应用到所有的幻灯片上，单击“全部应用”按钮即可。幻灯片“计时”设置如图 7.42 所示。

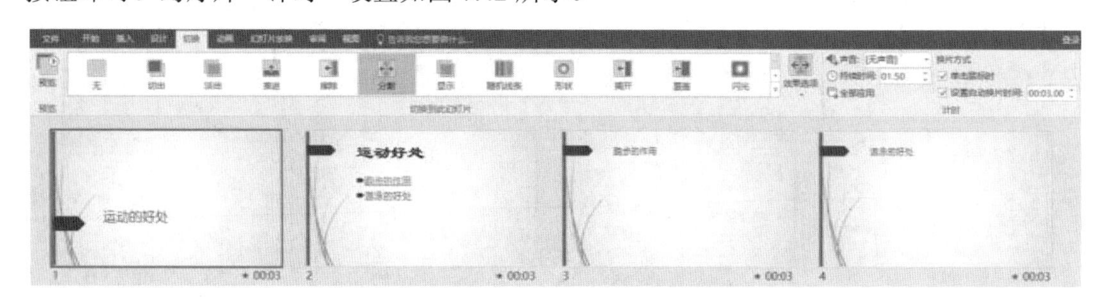

图 7.42　幻灯片“计时”设置

7.3.2　使用排练计时

如果对自行决定幻灯片放映时间没有把握，那么可以在排练幻灯片放映的过程中设置放映时间。PowerPoint 2016 具有排练计时功能，可以首先放映演示文稿，进行相应的演示操作，同时记录幻灯片之间切换的时间间隔。用排练计时来设置幻灯片切换的时间间隔的具体操作步骤如下。

（1）单击“幻灯片放映”→“设置”→“排练计时”命令按钮。

（2）系统以全屏幕方式播放，并出现“录制”对话框，如图 7.43 所示。在“录制”对话框的幻灯片放映时间框 0:00:04 中显示当前幻灯片的放映时间，在总放映时间框 0:00:08 中显示当前整个演示文稿的放映时间。

图 7.43　“录制”对话框

（3）如果对当前幻灯片的播放时间不满意，可以单击“重复”按钮，重新计时。如果知道幻灯片放映所需要的准确时间，可以直接在幻灯片放映时间框中输入。

（4）要播放下一张幻灯片，可以单击“录制”对话框中的“下一项”按钮，这时会播放下一张幻灯片，同时在幻灯片放映时间框中重新计时。

如果要暂停计时，可以单击“录制”对话框中的“暂停录制”按钮。放映到最后一张幻灯片时，系统会显示总共的时间，并询问是否保留新的幻灯片排练时间。如图 7.44 所示，单击“是”按钮则保留排练时间。

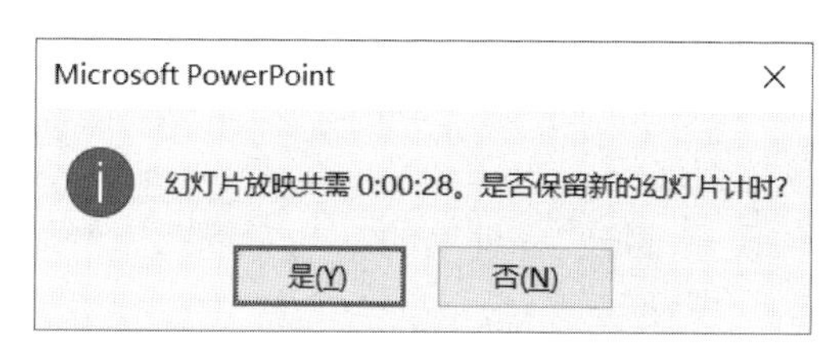

图 7.44　系统提示信息

在设置幻灯片的计时之后，如果要将设置的计时应用到幻灯片放映中，可单击“幻灯片放映”→“设置”→“设置幻灯片放映”命令按钮，打开“设置放映方式”对话框，如图 7.45 所示。在“换片方式”选项组中单击选中“如果存在排练时间，则使用它”单选按钮。如果不选择该单选按钮，即使设置了放映计时，在放映幻灯片时也不能使用。

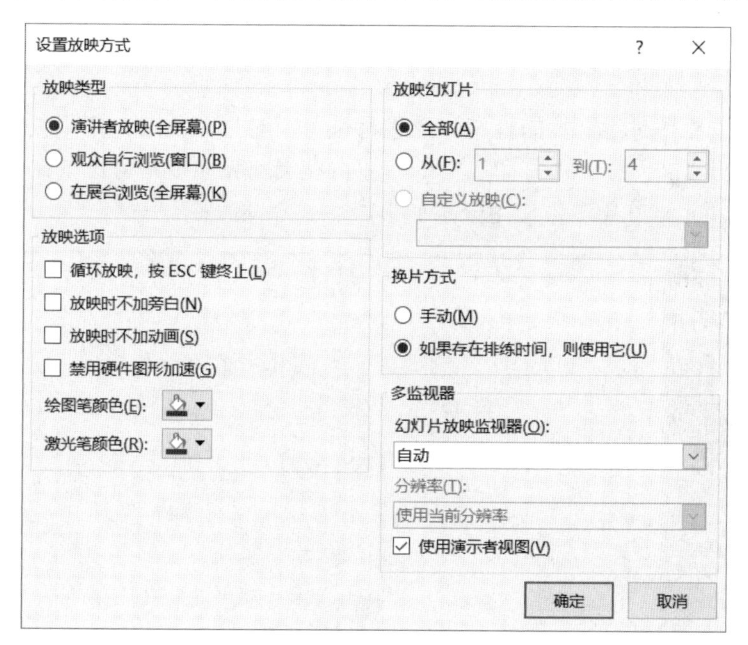

图 7.45　“设置放映方式”对话框

7.3.3　演示文稿输出

幻灯片制作完成后，可通过计算机进行放映观看，或者根据需要将制作好的幻灯片或其中包含的备注、大纲打印在纸张上。打印幻灯片是指将幻灯片的内容打印到纸张上，其过程主要包括页面设置、打印设置、打印幻灯片等。

1．页面设置

对幻灯片页面进行设置主要包括调整幻灯片的大小、设置幻灯片编号起始值、更改打印方向等，使之适合各种类型的纸张。页面设置的方法为打开需打印的演示文稿，单击“设计”→“自定义”→“幻灯片大小”→“自定义幻灯片大小...”命令，打开“幻灯片大小”对话框，如图 7.46 所示。各参数作用如下。

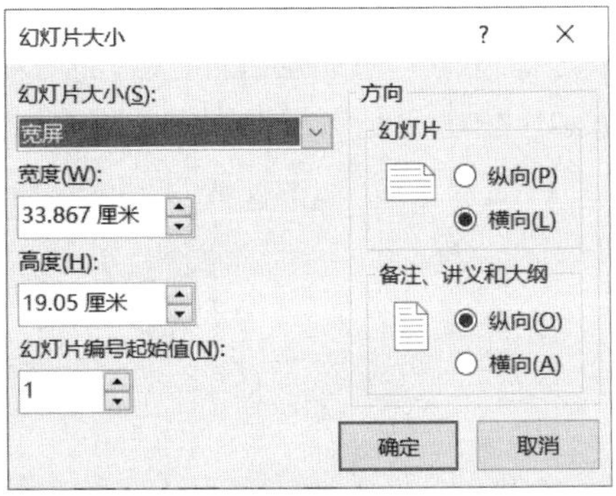

图 7.46 “幻灯片大小”对话框

- **“幻灯片大小”下拉列表框**：选择预设的幻灯片大小，具体设置可按实际使用的纸张大小进行选择。
- **“宽度”微调框和“高度”微调框**：自行设置幻灯片的大小。
- **“幻灯片编号起始值”微调框**：设置幻灯片起始的编号数值，以便打印后根据编号整理纸张。
- **“方向”选项组**：设置幻灯片的页面方向。
- **“备注、讲义和大纲”选项组**：统一设置备注、讲义和大纲的页面方向。

2．打印设置

打印设置主要是对幻灯片的打印效果进行预览，对打印范围、打印颜色等参数进行设置的操作。单击“文件”→“打印”命令按钮，在当前界面中即可预览、设置、打印幻灯片，如图 7.47 所示，其中参数作用分别如下。

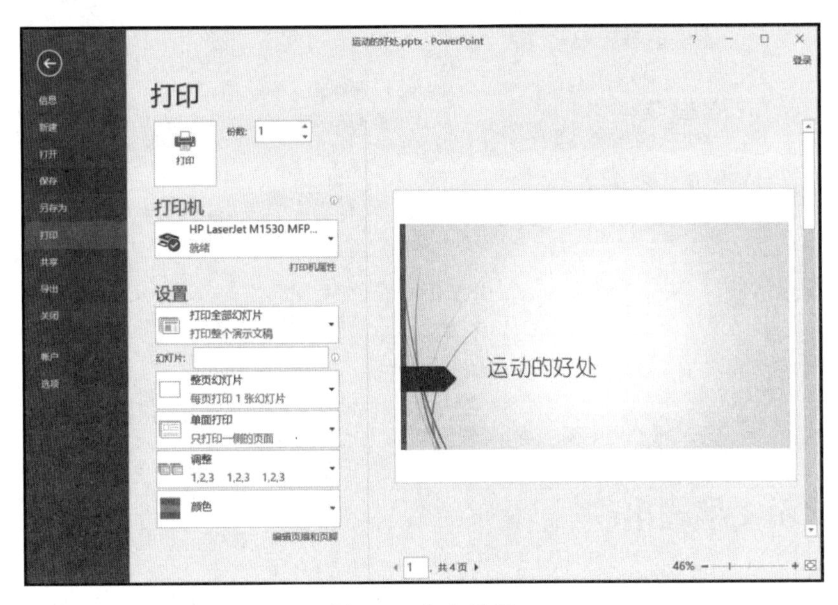

图 7.47 打印设置

- **“打印”按钮**：当完成打印设置并确认预览效果无误后，可单击此按钮开始打印幻灯片。
- **“份数”微调框**：在其中可设置幻灯片的打印数量。
- **“打印机”下拉列表框**：在其中可选择需要的打印机。
- **“设置”选项组中的第一个下拉列表框**：设置幻灯片的打印范围，包括打印全部幻灯片、打印所选幻灯片、打印当前幻灯片、自定义范围等。若自定义打印范围，则可在下方的“幻灯片”文本框中输入需要打印的幻灯片编号。
- **“单面打印”下拉列表框**：可在其中选择单面打印、双面打印等。
- **“颜色”下拉列表框**：有“颜色”“灰度”“纯黑白”3个选项。

7.4 案例——我和我的祖国

1. 案例要求

某大学团委李老师正在准备有关爱国主义教育活动的汇报演示文稿：根据Word文档“我和我的祖国素材.docx”中的内容创建一个演示文稿，命名为“我和我的祖国.pptx”。具体要求如下。

（1）该演示文稿需要包含Word文档中的所有内容，每一张幻灯片的对应Word文档中的一页，其中Word文档中应用“标题1”“标题2”“标题3”样式的文本内容分别对应演示文稿中每页幻灯片的标题文字、第1级文本内容、第2级文本内容。

（2）设置第1张幻灯片的版式为“标题幻灯片”，第3张幻灯片的版式为“两栏内容”。在最后插入一张“空白”版式的新幻灯片，插入艺术字“感谢聆听”。

（3）为演示文稿应用“回顾”主题样式，并将该主题颜色设置为“橙红色”；将所有级别文本修改为“微软雅黑”字体，适当调整每张幻灯片中的文本的字号和行距。

（4）为第1张幻灯片的标题和副标题分别指定动画效果，其顺序为：演示文稿放映时，标题自动在3秒内自左侧“飞入”进入，同时副标题以相同的速度自右侧“飞入”进入，1秒钟后标题与副标题同时自动在3秒内以“飞出”方式沿原进入方向退出。

（5）在第3张幻灯片右侧的图片占位符中插入素材中的图片“红色基因.jpg”，并应用一种恰当的图片样式。

（6）将第4张幻灯片的内容转换为SmartArt图形，布局为“水平项目符号列表”；为SmartArt图形添加动画效果，令其图形在放映时伴随着“风铃”声逐个按分支顺序自动“弹跳”式进入。

（7）为演示文稿添加幻灯片编号，且标题幻灯片中不显示。

（8）依据幻灯片顺序，将演示文稿分为3节：第1张幻灯片为“开始”节，第2～6张幻灯片为“内容”节，第7张幻灯片为“结束”节。并为每一节添加不同的幻灯片切换效果。

（9）设置演示文稿由观众自行浏览且自动循环播放，每张幻灯片每隔5秒自动换片。

2. 案例实现

（1）启动 PowerPoint 后，会自动新建一个演示文稿，默认名字为“演示文稿 1”。将包含的第 1 张标题幻灯片删除后，单击“文件”→“保存”命令，在演示文稿“另存为”界面选择“这台电脑”，指定保存路径为“D:\”、文件名为“我和我的祖国”和保存类型为“PowerPoint 演示文稿”，单击“保存”按钮。

单击“开始”→“幻灯片”→“新建幻灯片”→“幻灯片（从大纲）…”命令按钮，打开“插入大纲”对话框，选择“我和我的祖国素材.docx”文件后，就会依据该文件的内容生成 5 张幻灯片，如图 7.48 所示。

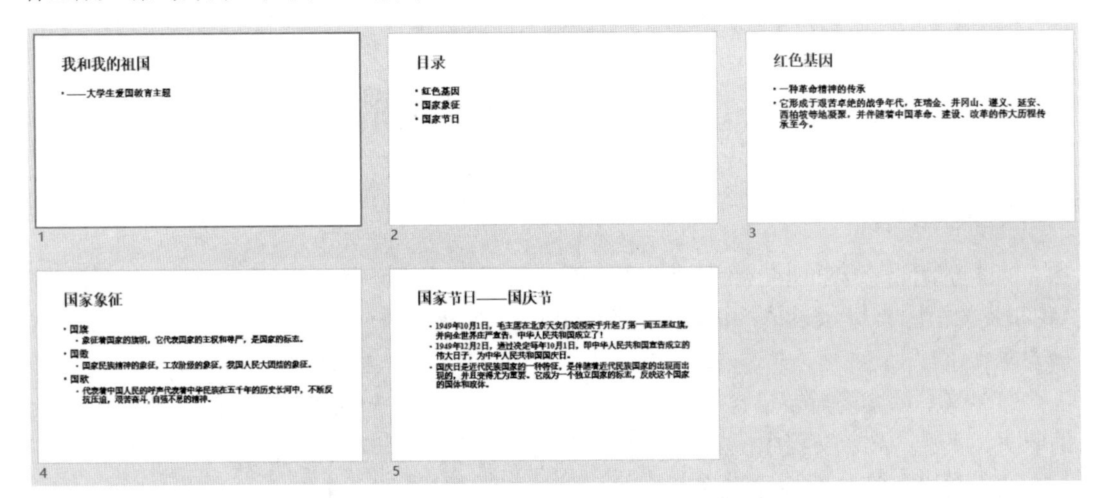

图 7.48　初始演示文稿

（2）选中第 1 张幻灯片，单击“开始”→“幻灯片”→“版式”下拉按钮，在版式列表中单击“标题幻灯片”。用同样的方法，选中第 3 张幻灯片后，在版式列表中单击“两栏内容”，完成版式设置。

在视图窗格中选中最后一张幻灯片，右击并在弹出菜单中单击“新建幻灯片”命令按钮，将版式设置为“空白”，然后单击“插入”→“文本”→“艺术字”中的一个版式，输入“感谢聆听”。

（3）单击“设计”→“主题”其他按钮展开主题列表，选择“回顾”主题，为当前演示文稿所有幻灯片应用上主题效果。单击“设计”→“变体”→“颜色”命令展开颜色列表，选择“橙红色”。

单击“开始”→“编辑”→“替换”→“替换字体”命令按钮，打开“替换字体”对话框，将当前的“宋体”替换为“微软雅黑”。字号和行距自行调整。

（4）在第 1 张幻灯片中，选中标题“我和我的祖国”所在文本框，单击“动画”→“动画”→“飞入”命令按钮，将“效果选项”设置为“自左侧”，并在“动画”→“计时”组中，将持续时间设为 3.00。

用同样的方法设置副标题的动画，将“效果选项”设置为“自右侧”，然后单击“动画”→“计时”→“开始”→“与上一动画同时”命令按钮，副标题将与标题同时飞入。

再次选中标题，单击“动画”→“高级动画”→“添加动画”→“飞出”命令按钮，将“效果选项”设置为“到左侧”；在“计时”组中，将“开始”设置为“上一动画之后”，持续时间设为 3.00，延迟时间设为 1.00。

用同样的方法设置副标题的动画，将“效果选项”设置为“到右侧”，在“计时”组中，将“开始”设置为“与上一动画同时”，持续时间设为 3.00，延迟时间设为 1.00。副标题将与标题同时飞出。

（5）在第 3 张幻灯片中，选择左侧占位框中“图片”按钮，打开“插入图片”对话框，选择“红色基因.jpg”后，单击“插入”按钮，将图片插入到幻灯片中。单击“图片工具”→“格式”→“图片样式”其他按钮展开图片样式列表，选择一个合适的图片样式。

（6）在第 4 张幻灯片中，选择文本框中所有内容后右击，在弹出的快捷菜单中单击“转换为 SmartArt”→“水平项目符号列表”命令，转换成 SmartArt 图形，如图 7.49 所示。

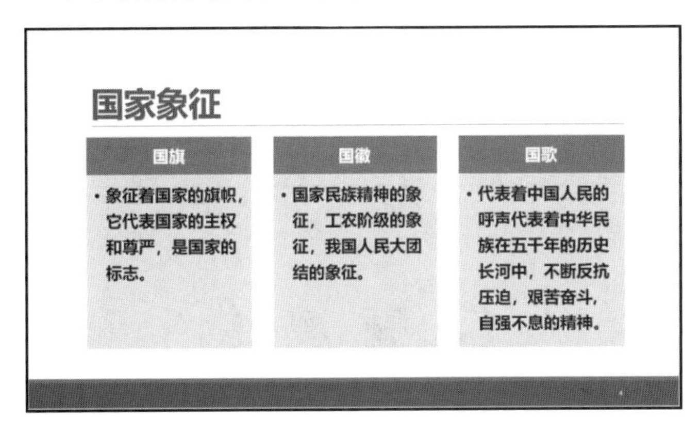

图 7.49　转换成 SmartArt 图形

单击该组织结构图，单击“动画”→“高级动画”→“添加动画”→“弹跳”命令按钮，将“效果选项”设置为“逐个”；在“计时”组中，将“开始”设置为“上一动画之后”；然后单击“动画”→“高级动画”→“动画窗格”命令，打开动画任务窗格。按下 Ctrl+A 组合键选中列表中的所有动画项，右击，在弹出的快捷菜单中单击“效果选项”命令，打开“弹跳”对话框，在“效果”选项卡的“声音”下拉列表框中选择“风铃”。

（7）单击“插入”→“文本”→“幻灯片编号”命令按钮，打开“页眉和页脚”对话框，选中“幻灯片编号”和“标题幻灯片中不显示”复选框，单击“全部应用”按钮。

（8）选择第 1 张幻灯片，单击“开始”→“幻灯片”→“节”→“新增节”命令按钮，新建“无标题节”。在无标题节上右击，在弹出的快捷菜单中单击“重命名节”命令，打开“重命名节”对话框，将节名称设为“开始”，单击“重命名”按钮。

用同样的方法，分别选择第 2 张和第 6 张幻灯片，设置“内容”和“结束”节，总体效果如图 7.50 所示。

（9）单击“幻灯片放映”→“设置”→“设置幻灯片放映”命令按钮，打开“设置放映方式”对话框。在“放映类型”选项组中单击选择“观众自行浏览”单选按钮，在“放映选项”选项组中选择“循环播放，按 ESC 键终止”复选框。

单击“保存”按钮保存演示文稿，并放映幻灯片以查看效果。

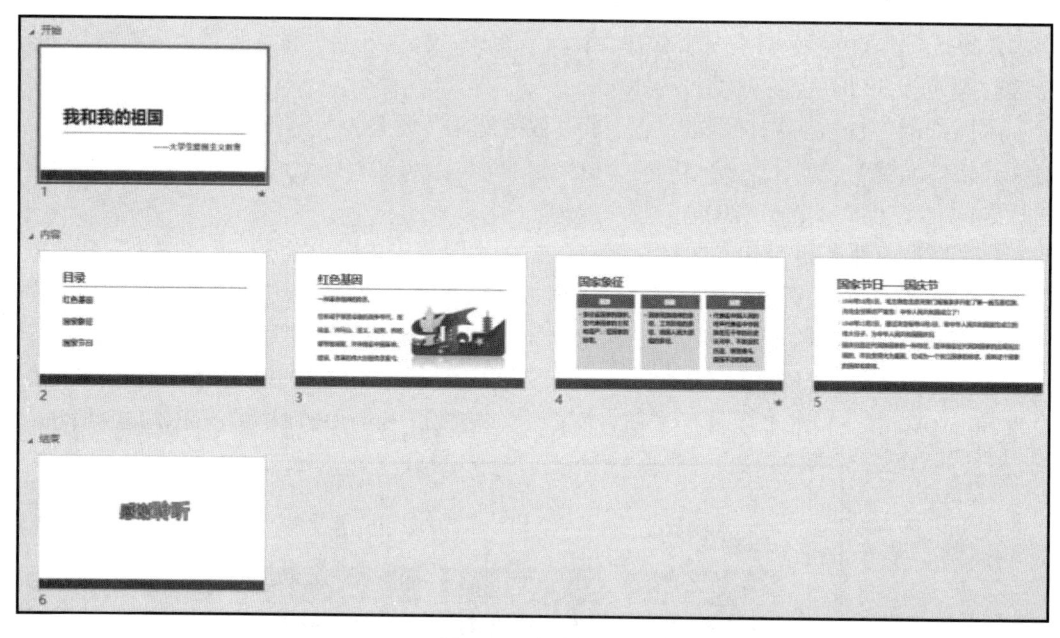

图 7.50　打印设置

习 题 演 练

一、选择题

1．可以在 PowerPoint 内置主题中设置的内容是（　　）。

A．效果、图片和表格　　B．字体、颜色和效果

C．效果、背景和图片　　D．字体、颜色和表格

2．在 PowerPoint 演示文稿中，不可以使用的对象是（　　）。

A．图片　　B．超链接　　C．视频　　D．书签

3．PowerPoint 演示文稿包含了 20 张幻灯片，需要放映奇数页幻灯片，最优的操作方式是（　　）。

A．将演示文稿的偶数张幻灯片删除后再放映

B．将演示文稿的偶数张幻灯片设置为隐藏后再放映

C．将演示文稿的所有奇数张幻灯片添加到自定义放映方案中，然后再放映

D．设置演示文稿的偶数张幻灯片的换片持续时间为 0.01 秒，自动换片时间为 0 秒，然后再放映

4．将一个 PowerPoint 演示文稿保存为放映文件，最优的操作方法是（　　）。

A．将演示文稿另存为.PPSX 文件格式

B．将演示文稿另存为.PPTX 文件格式

C．将演示文稿另存为.POTX 文件格式

D．在“文件”后台视图中选择“保存并发送”，将演示文稿打包成可自行放映的 CD

5．可以在 PowerPoint 同一窗口显示多张幻灯片，并在幻灯片下方显示编号的视图是（　　）。

A．普通视图　　B．幻灯片浏览视图

C．阅读视图　　D．备注页视图

6．针对 PowerPoint 幻灯片中图片对象的操作，描述错误的是（　　）。

A．可以在 PowerPoint 中直接将彩色图片转换为黑白图片

B．可以在 PowerPoint 中直接将图片转换为铅笔素描效果

C．可以在 PowerPoint 中直接删除图片对象的背景

D．可以在 PowerPoint 中将图片另存为.PSD 文件格式

二、操作题

1．为了加深对四大名著的了解，尝试制作一份包括文字、图片、音频等内容的演示文稿，围绕“四大名著”进行介绍。请根据文件夹中给出的素材，完成该任务，具体要求如下。

（1）新建一份演示文稿，并以“四大名著介绍”命名。

（2）第 1 张为标题幻灯片。标题设置为“四大名著介绍”，副标题为制作时间，如××××年××月××日，适当添加动画效果。

（3）在第 1 张幻灯片中插入歌曲“music.mp3”（要求在幻灯片放映期间，音乐一直播放），并设置声音图标在放映时隐藏。

（4）第 2 张幻灯片的版式为“标题和内容”。标题为“四大名著”，在文本区内用项目符号的形式依次添加内容：三国演义、水浒传、西游记、红楼梦。

（5）从第 3 张幻灯片开始按照三国演义、水浒传、西游记、红楼梦的顺序依次介绍各部名著，对应的“四大名著素材.docx”及图片都存放在文件夹中，要求每部名著占用一张幻灯片。

（6）最后一张幻灯片的版式为“空白”，插入艺术字“谢谢!”，水平居中对齐。

（7）在第 2 张幻灯片的各个名著名称上添加超链接，链接到对应的幻灯片上。

（8）为演示文稿设置一种主题，为每张幻灯片设置切换效果，为每张幻灯片里面的内容设置动画效果。

（9）除标题幻灯片外，其他幻灯片页脚包含幻灯片编号、日期和时间。

（10）保存以上操作。

2．党的二十大报告提出，大自然是人类赖以生存发展的基本条件。尊重自然、顺应自然、保护自然，是全面建设社会主义现代化国家的内在要求。必须牢固树立和践行绿水青山就是金山银山的理念，站在人与自然和谐共生的高度谋划发展。为了更好地推动绿色发展，现制作一份宣传以“生态文明，绿色发展”为主题的演示文稿，素材参见“生态文明，绿色发展.docx”，具体要求如下。

（1）新建一份演示文稿，并以“生态文明，绿色发展”命名。

（2）第一张为标题幻灯片，标题设置为“生态文明 绿色发展”，为其添加动画效果。令其首先以在 2 秒内“翻转式由远及近”方式进入，紧接着以“放大/缩小”方式强调。

（3）第二张幻灯片的版式为“标题和内容”，标题为“目录”，参考素材中的样例，在

文本区内插入一个“垂直框列表”Smart 图形，要求图形的布局与文字排列方式与样例一致，并适当更改图形的颜色及样式。

（4）第三张幻灯片应用“两栏内容”版式，编辑左右两个文本占位符的内容，适当调整文字的格式和行距，文本框设置上填充色，增加透明度。

（5）第四张幻灯片应用“两栏内容”版式，左侧插入文字内容，右侧插入素材中的图片，适当调整格式，使其美观。

（6）第五张和第六张幻灯片应用“标题和内容”版式，参考素材中的样例，在文本区内分别插入一个“基本维恩图”和“水平项目符号列表”Smart 图形，要求图形的布局与文字排列方式与样例一致，并适当更改图形的颜色及样式。

（7）最后一张幻灯片的版式为“空白”，插入艺术字“谢谢您的观看”，水平居中对齐。

（8）在第二张幻灯片的各个形状框上添加超链接，链接到对应的幻灯片上。

（9）使用素材中的背景图片作为“标题幻灯片”版式和“空白”版式的背景，为每张幻灯片设置切换效果。

（10）保存以上操作。

参 考 文 献

[1] 从飚，李晓佳，李闯，等．全国计算机等级考试教程二级 MS Office 高级应用（教材）[M]．北京：科学出版社，2017.

[2] 侯锟，罗琳，李晓佳，等．全国计算机等级考试教程二级 MS Office 高级应用（实验教材）[M]．北京：科学出版社，2017.

[3] 李昊，张运林，李颖，等．计算思维与大学计算机基础实验教程[M]．北京：人民邮电出版社，2013.

[4] 于萍．计算思维与大学计算机基础[M]．北京：科学出版社，2021.

[5] 叶娟，朱红亮，陈君梅，等. Office 2016 办公软件高级应用[M]．北京：清华大学出版社，2021.

[6] 张丽玮. Office 2016 高级应用教程[M]．北京：清华大学出版社，2020.

图 书 资 源 支 持

感谢您一直以来对清华版图书的支持和爱护。为了配合本书的使用，本书提供配套的资源，有需求的读者请扫描下方的“书圈”微信公众号二维码，在图书专区下载，也可以拨打电话或发送电子邮件咨询。

如果您在使用本书的过程中遇到了什么问题，或者有相关图书出版计划，也请您发邮件告诉我们，以便我们更好地为您服务。

我们的联系方式：

地　　址：北京市海淀区双清路学研大厦 A 座 714

邮　　编：100084

电　　话：010-83470236　010-83470237

客服邮箱：2301891038@qq.com

QQ：2301891038（请写明您的单位和姓名）

资源下载：关注公众号“书圈”下载配套资源。

资源下载、样书申请

书圈

图书案例

清华计算机学堂

观看课程直播